21 世纪高等院校规划教材

微机原理与汇编语言程序设计
（第二版）

主　编　荆淑霞

副主编　王　晓　何丽娟

中国水利水电出版社
www.waterpub.com.cn

内 容 提 要

本书首先介绍计算机硬件基本知识和微机的基本工作原理，然后以 Intel 8086/8088 系列微机为对象介绍汇编语言程序设计。全书共 11 章，主要内容有：微型计算机概述、计算机中的数据表示、80X86 微处理器及体系结构、8086 指令系统、汇编语言的基本表达及其运行、汇编语言程序设计、中断调用程序设计、高级汇编技术、汇编语言与高级语言的连接。

本书内容的安排力求循序渐进，重点突出，难点分散，融入了作者多年教学和实践的经验及体会。通过理论课的课堂讲授和上机实验，力争使学生能够掌握汇编语言的基本编程方法。本书配有《微机原理与汇编语言程序设计（第二版）——习题解答、实验指导和实训》。

本书适合作为高等学校教材，也可用于高等教育自学教材，还可作为从事微型计算机硬件和软件开发的工程技术人员学习和应用的参考书。

本书配有电子教案，读者可以从中国水利水电出版社网站及万水书苑上下载，网址为：http://www.waterpub.com.cn/softdown/和 http://www.wsbookshow.com。

图书在版编目（C I P）数据

微机原理与汇编语言程序设计 / 荆淑霞主编. -- 2
版. -- 北京：中国水利水电出版社，2014.3（2018.8 重印）
21世纪高等院校规划教材
ISBN 978-7-5170-1799-8

Ⅰ. ①微… Ⅱ. ①荆… Ⅲ. ①微型计算机－理论－高
等学校－教材②汇编语言－程序设计－高等学校－教材
Ⅳ. ①TP36②TP313

中国版本图书馆CIP数据核字(2014)第046569号

策划编辑：雷顺加　　　责任编辑：宋俊娥　　　封面设计：李 佳

书　　名	21世纪高等院校规划教材 **微机原理与汇编语言程序设计（第二版）**
作　　者	主　编　荆淑霞 副主编　王　晓　何丽娟
出版发行	中国水利水电出版社 （北京市海淀区玉渊潭南路 1 号 D 座　100038） 网址：www.waterpub.com.cn E-mail: mchannel@263.net（万水） 　　　　sales@waterpub.com.cn 电话：（010）68367658（发行部）、82562819（万水）
经　　售	北京科水图书销售中心（零售） 电话：（010）88383994、63202643、68545874 全国各地新华书店和相关出版物销售网点
排　　版	北京万水电子信息有限公司
印　　刷	三河市鑫金马印装有限公司
规　　格	184mm×260mm　16 开本　18.75 印张　462 千字
版　　次	2005 年 6 月第 1 版　2005 年 6 月第 1 次印刷 2014 年 3 月第 2 版　2018 年 8 月第 2 次印刷
印　　数	4001—6000 册
定　　价	36.00 元

再版前言

目前，微型计算机的应用已深入到社会生活的各个领域，从航空航天到家用电器。这就要求每一个从事计算机应用的工程技术人员和将要从事计算机应用的学生既要掌握软件方面的有关知识，又要掌握硬件方面的有关知识。微型计算机基础课程的教学任务是使学生从理论和实践上掌握微型计算机的基本组成、工作原理和实际应用，建立微型计算机整体结构概念，使学生具有微型计算机系统软硬件开发的初步能力。

微机原理与汇编语言程序设计是工科计算机及相关专业一门重要的专业技术基础课程，将微机原理知识与汇编语言程序设计融合为一体，借助硬件知识，重点讲解汇编语言程序。本课程可以帮助学生掌握微型计算机的硬件组成及应用；学会运用汇编语言进行程序设计；树立起计算机体系结构的基本概念；为后继的软硬件课程做好铺垫。对于应用型本科学生，既需要一定的专业基础理论知识，又不能过度强调理论的深度和系统性，应该打破以学科为特征的传统教学内容，注重面向应用型人才的专业技能和实用技术的培养。基于这种指导思想，本书采用"案例教学，任务驱动"的编写方式，将"微机原理"和"汇编语言程序设计"内容整合在一起，使教学内容联系密切，系统性强，避免在单独开设这两门课程时重复讲授。此外，在具体授课时可以根据各校的教学计划在内容上适当加以取舍。在编写过程中力争做到：微型计算机的相关概念、理论及应用均以基本要求为主，突出实用的特点，在表达上条理清晰，易于理解，脉络分明；在内容的编排上，力求由浅入深，循序渐进，举一反三，重点突出，通俗易懂。

由于 Intel 80X86 微处理器及以它为 CPU 构成的微型计算机是当前国内外广泛应用的机型，也是现今高档微型计算机结构的典范，从它的体系结构到芯片间的连接、信号的关系以及软件基础都已成为高档微型计算机设计时的参考对象和考虑因素，大家都保持同它的兼容性。因此，我们本着"推陈出新"的原则，把重点放在广泛应用的 80X86 微处理器上，系统分析微型计算机的基本工作原理和体系结构，详细介绍指令系统和汇编语言程序设计。

本教材的教学参考学时为 80～90 学时，并可按照实际情况进行调整。全书共 11 章，第 1章介绍计算机特别是微型计算机的发展、基本结构、工作原理和相关概念，分析微机系统的整体构成和应用特点；第 2 章介绍计算机中的数制及其转换、带符号数的表示，以及字符编码和汉字编码的相关知识；第 3 章介绍 80X86CPU 的内部结构、存储器和 I/O 组织、时钟、总线和工作方式；第 4 章介绍 8086 指令系统和寻址方式；第 5 章介绍汇编语言源程序的书写格式、伪指令、汇编语言程序的上机操作和运行过程；第 6 章介绍汇编语言程序设计的基本方法及顺序结构程序设计；第 7 章介绍分支结构程序设计；第 8 章介绍循环结构程序设计；第 9 章介绍子程序等的设计及 DOS、BIOS 中断功能调用，并给出实际应用；第 10 章介绍高级汇编技术；第 11 章介绍汇编语言与高级语言的连接。附录部分汇总了 8086 指令系统、DOS 和 BIOS 功能调用、中断向量表等，供读者查询。在每章的后面，给出了与内容紧密结合的思考题和习题，以供强化训练。

选用本教材的学校可以在中国水利水电出版社网站及万水书苑上下载，获取本书的相关教学材料、应用案例，网址为：http://www.waterpub.com.cn/softdown/或 http://www.wsbookshow.com，或通过电子邮件与作者联系，作者 E-mail：jingshx@nciae.edu.cn。

本书由荆淑霞主编，王晓、何丽娟任副主编。其中，第 1 章～第 3 章由王晓编写，第 4 章由吴焕瑞编写，第 5 章由何丽娟编写；第 6 章～第 8 章及附录部分由荆淑霞编写；第 10 章和第 11 章由曲凤娟编写。参加本书大纲讨论与部分内容编写的还有胡斌、邹澎涛、刑艺兰、朱杰、王兴会等。刘昭、刘俊新、张红亮、李武、张晓文、江小燕、李宏芳等参加了本书的校对和排版工作。全书由荆淑霞统稿。

由于时间仓促及编者水平有限，书中疏漏和错误之处在所难免，敬请广大读者批评指正。

编　者

2014 年 2 月

目　　录

第 1 章　微型计算机概述

本章学习目标

　　本章从计算机基本结构和工作原理出发，重点介绍微处理器和微型计算机的基本知识，要求熟悉计算机特别是微型计算机的发展历史、发展前景，掌握其工作特点、组成分类、应用领域等相关知识，为后续内容的学习打下良好的基础。通过本章的学习，读者应掌握以下内容：

- ● 计算机的发展、分类、基本结构及工作原理
- ● 微处理器的产生和发展、微处理器系统
- ● 微型计算机的分类、性能指标
- ● 微型计算机系统的组成情况以及微型计算机的应用

1.1　计算机的发展与应用

　　随着 1946 年第一台电子数字计算机的问世，计算机日益迅猛的发展对人类社会的进步带来了巨大的推动作用并产生了深刻的影响。最初，计算机只是作为一种现代化的计算工具，在 60 多年的发展历程中，计算机技术突飞猛进，尤其是微型计算机的出现为计算机的广泛应用开拓了极其广阔的前景，它已渗透到国民经济的各个领域和人民生活的各个方面。随着计算机技术的迅速发展，掌握计算机的基本知识和应用技术已经成为人们的迫切需要和参与社会竞争的必备条件，计算机的应用能力已成为当今衡量个人素质高低的重要标志。

1.1.1　计算机的发展历史及发展趋势

　　电子数字计算机是一种由各种电子器件组成的能高速自动地进行算术和逻辑运算以及信息处理的电子设备，它的出现标志着人类文明进入了一个崭新的历史阶段。

1. 第一台电子计算机

　　1946 年 2 月，在美国的宾夕法尼亚大学诞生了世界上第一台电子数字计算机，称为"埃尼阿克"（ENIAC，Electronic Numerical Integrator and Calculator，电子数字积分计算机），它是一个重量达 30 吨、占地 170 平方米、每小时耗电 150 千瓦、价值约 40 万美元的庞然大物。它采用了 18000 只电子管，70000 个电阻，10000 支电容，研制时间近三年，运算速度为每秒 5000 次加减法运算。

　　ENIAC 与现代计算机相比具有许多不足，它运算速度慢、存储容量小、全部指令没有存放在存储器中，而且机器操作复杂、稳定性差。虽然如此，在当时它毕竟是第一台正式投入运行的电子计算机，开创了计算机的新纪元。

2. 冯·诺依曼结构的计算机

由于 ENIAC 在存储程序方面存在的致命弱点，1946 年 6 月，美籍匈牙利科学家冯·诺依曼（Johe Von Neumman）提出了"存储程序"的计算机设计方案，其特点是：

● 采用二进制数的形式表示数据和计算机指令。

● 把指令和数据存储在计算机内部的存储器中，且能自动依次执行指令。

● 由控制器、运算器、存储器、输入设备、输出设备五大部分组成计算机硬件。

其工作原理的核心是"存储程序"和"程序控制"。

冯·诺依曼提出的计算机体系结构为后人普遍接受，人们把按照这一原理设计的计算机称为冯·诺依曼型计算机，现在的计算机系统基本上都是建立在冯·诺依曼型计算机原理上的。冯·诺依曼提出的体系结构奠定了现代计算机结构理论的基础，被誉为计算机发展史上的里程碑。

3. 按逻辑部件划分的计算机发展阶段

计算机的发展随着其主要电子部件的演变已经经历了四代。

（1）第一代计算机（1946 年～1958 年）：电子管计算机。

其主要特点是体积大、耗电多、运算速度慢，存储介质采用水银延迟线作为内存储器，磁鼓作为外存储器，存储容量小。最初只能使用二进制数表示机器语言，到 20 世纪 50 年代中期才出现汇编语言。在这期间，计算机主要用于科学计算和军事方面，此阶段的代表机型是美国国际商业机器公司的 IBM 系列计算机，如 1952 年推出的用于科学计算的 IBM 701、1953 年推出的用于数据处理的 IBM 702，以及后来的 IBM 704、IBM 705 等 IBM 700 系列计算机。

（2）第二代计算机（1959 年～1964 年）：晶体管计算机。

其主要特点是体积显著减小，重量轻、省电、寿命长、可靠性提高，运算速度可达每秒百万次。其内存储器主要采用磁芯，外存储器大量采用磁盘和磁带，输入和输出设备有较大的改进，软件开始使用编译系统和高级程序设计语言，计算机的应用领域扩大到数据处理、事务管理及过程控制等方面。这期间的代表机型是 IBM 7000 系列，如 IBM 7090、IBM 7094、IBM 7040、IBM 7044 等大型全晶体管化计算机。

（3）第三代计算机（1965 年～1970 年）：中小规模集成电路计算机。

其主要特点是采用集成电路部件代替了晶体管，用半导体存储器取代了磁芯存储器，从而大大提高了存储器容量，可达 1～4 兆字节；运算速度每秒钟达几百万至千万次，可靠性有较大提高，体积进一步缩小，成本进一步降低，出现了向大型化和小型化发展的趋势，在硬件设计上实现了系列化、通用化、标准化；软件在不断升级，有了操作系统，计算机语言逐步标准化，并提出结构化程序设计方法，计算机的应用开始向社会化发展，应用领域和普及程度迅速扩大。这期间的代表机型是 IBM 的 System/360 系列机。此外，美国数据设备公司（DEC）推出了 PDP-8 小型商用计算机，比大中型计算机的价格降低了许多，使计算机用户扩展到中小企业。

（4）第四代计算机（1971 年以后）：大规模和超大规模集成电路计算机。

大规模集成电路的出现使计算机发生了巨大的变化，半导体存储器的集成度越来越高。在此期间，美国 Intel 公司推出了微处理器，诞生了微型计算机，使计算机的存储容量、运算速度、可靠性、性能价格比等方面都比上一代计算机有较大突破。在系统结构方面发展了并行处理技术、多处理机系统、分布式计算机系统和计算机网络；在软件方面，推出了各种系统软件、支撑软件、应用软件，发展了分布式操作系统和软件工程标准化，并逐渐形成了软件产业。计算机的应用领域进入了以计算机网络为特点的信息社会时代，计算机成为人类社会活动中不可缺少的工具。

4. 按计算机应用划分的计算机发展阶段

计算机的产生与发展的每个过程都和其应用密切相关，尤其是 20 世纪 70 年代以后计算机应用发生了巨大的变化。计算机按其应用特点划分有以下 3 个发展阶段：

（1）超、大、中、小型计算机阶段（1946 年～1980 年）：这个阶段主要是采用计算机来代替人的脑力劳动，提高了工作效率，能够解决较复杂的数学计算和数据处理。

（2）微型计算机阶段（1981 年～1990 年）：这个阶段由于微型计算机的大量普及，几乎应用于所有领域，对世界科技和经济的发展起到了重要的推动作用。

（3）计算机网络阶段（1991 年至今）：计算机网络的出现为人类实现资源共享提供了有力的帮助，从而促进了信息化社会的到来。因特网的应用使得人们所处的距离大大缩短，实现了遍及全球的信息资源共享。

5. 计算机的发展趋势

（1）未来计算机的发展趋势。随着科学技术的发展，未来计算机将向高性能、网络化、人性化三大方向发展，发展趋势有如下几个方面：

1）现今计算机正朝着微型计算机和巨型计算机两极方向发展。微型计算机的发展反映了计算机的应用普及程度，巨型计算机的发展则代表了计算机科学的发展水平。多媒体技术是目前微型计算机的热点，并行处理技术则是当今巨型计算机的基础。

2）当前开发和研究的热点是多媒体计算机。由于多媒体技术能够将大量信息以数值、文字、声音、图形、图像、视频等形式进行表现，极大地改善和丰富了人机界面，能够充分运用人的听觉、视觉高效率地接收信息，从而得到人们的普遍认可。其中的关键技术是处理视频和音频数据，包括视频和音频数据的压缩/解压缩技术、多媒体数据的通信以及各种接口的实现方案等。

3）未来计算机发展的总趋势是智能化计算机。进入 20 世纪 80 年代以来，日本、美国等发达国家开始研制第五代计算机，也称为智能化计算机。它突出了人工智能方法和技术的应用，在系统设计中考虑了建造知识库管理系统和推理机，使得机器本身能够根据存储的知识进行推理和判断。这种计算机除了要具备现代计算机的功能之外，还要具有在某种程度上模仿人的推理、联想、学习等思维功能，并具有声音识别和图像识别能力。这种智能化计算机的研制思路是今后计算机的研究方向。

4）今后计算机应用的主流是计算机与通信相结合的网络技术。进入 20 世纪 80 年代以后，计算机网络技术的发展极为迅速，由简单的远程终端联机，经过计算机联网、网络互连，发展到今天的遍布全球的因特网，使人们对计算机网络技术形成了全新的认识。现在随着信息化社会的发展，信息的快速获取和共享已成为一个国家经济发展和社会进步的重要制约因素。

5）非冯·诺依曼型体系结构的计算机是提高现代计算机性能的另一个研究焦点。人们经过长期的探索，进行了大量的试验研究以后，一致认为冯·诺依曼的传统体系结构虽然为计算机的发展奠定了基础，但是它的"程序存储和控制"原理表现在"集中顺序控制"方面的串行机制却成为进一步提高计算机性能的瓶颈，而提高计算机性能的根本方向之一是并行处理。因此，许多非冯·诺依曼体系结构的计算机理论出现了，如"神经网络计算机"、"生物计算机"、

"光子计算机"等。

（2）新型计算机。

1）神经网络计算机：它是建立在人工神经网络研究的基础上、从内部基本结构来模拟人脑的神经系统。它用简单的数据处理单元模拟人脑的神经元，并利用神经元节点的分布式存储和相互关联来模拟人脑的活动。神经网络计算机以模拟人脑的学习能力和形象思维能力为目标，具有学习分类能力强、形象思维能力强、并行分布处理能力强等特点。

2）生物计算机：1994 年 11 月，美国首次公布了"生物计算机"的研究成果，它使用由生物工程技术产生的蛋白分子为材料的"生物芯片"，不仅具有巨大的存储能力，而且能以波的形式传播信息。由于它具备生物体的某些机能，所以更易于模拟人脑的机制。

3）光子计算机：光子计算机的特点是用光子代替电子，用光互连代替导线互连，用光硬件代替电子硬件，用光运算代替电子运算。它的运算速度比普通计算机要快上千倍。

（3）计算机与信息化。人类进入 21 世纪后，世界经济发展出现了一个明显的趋势，以高科技"信息"为主导的新兴产业在全球的经济领域中掀起了一场空前的革命。"知识"在这场革命中成为直接的推动力量，"知识经济"成为 21 世纪经济的主流，知识经济是以信息为基础的经济，而高速传递信息的计算机网络则构成了知识经济的基础设施。

信息化就是全面发展和利用现代信息技术，借以提高人类社会的生产、工作、学习、生活等诸方面的效率和创造能力，使社会的物质财富和精神文明得到最大提高。信息化具有以下特点：信息成为重要的战略资源；信息产业成为最大的产业；信息网络成为社会的基础设施。

信息化有三大技术支柱：计算机技术、通信技术和网络技术。随着因特网的不断发展，"网络就是计算机"的概念也被人们普遍接受。在信息化社会中，计算机总是和各种信息的加工、处理、存储、检索、识别、控制、分析和使用分不开的。由于信息化和计算机之间存在着互相依存关系，所以要求在发展信息产业的同时，必须同步普及计算机教育。

1.1.2　计算机的特点与分类

1．计算机的特点

电子数字计算机与过去的常规计算工具相比，具有以下特点：

（1）运算速度快：现在的 PC 机每秒钟可以处理几百万条指令，巨型机的运算速度可以达到几亿次以上。使得过去许多让人望而生畏、近乎天文数字的计算工作在极短的时间内就能够完成。

（2）计算精度高：计算机是采用二进制数字进行运算的，只要配置相关的硬件电路就可以增加二进制数字的长度，提高计算精度。目前普通微型计算机的计算精度就已达到 32～64 位二进制数。

（3）具有"记忆"和逻辑判断功能："记忆"功能指的是计算机能够存储大量信息，供用户随时检索和查询。现在一台普通 PC 机的存储容量都在 128 MB（兆字节）以上。逻辑判断功能指的是计算机不仅能够进行算术运算，还能进行逻辑运算和实践推理。记忆功能、算术运算和逻辑运算相结合，使得计算机能够模仿人类的某些智能活动，成为人类脑力延伸的主要工具，所以计算机又称为"电脑"。

（4）能自动运行且具备人机交互功能：所谓自动运行就是人们把需要计算机处理的问题编成程序，输入计算机中，当发出运行指令后，计算机便在该程序控制下依次逐条执行，不再需要人工干预。人机交互则是在人想要干预时，采用人机之间的一问一答形式，有针对性地解决问题。

以上这些特点都是过去的计算工具所不具备的。

2．计算机的分类

计算机的种类很多，随着计算机的不断发展和新型计算机的出现，计算机的分类方法也在不断变化。按照"电气与电子工程师协会"（IEEE）在 1989 年提出的分类方法，可以将计算机分为以下 6 种：

（1）个人计算机：即面向个人或家庭使用的低档微型计算机。

（2）工作站：是介于 PC 机和小型机之间的高档微型机。通常配备大屏幕显示器和大容量存储器，并具有较强的网络通信功能，多用于计算机辅助设计和图像处理。

（3）小型计算机：结构简单、成本较低、易维护和使用，其规模和设置可以满足一个中小型部门的工作需要。

（4）主机：也称为大型主机。具有大容量存储器，多种类型的 I/O 通道，能同时支持批处理和分时处理等多种工作方式。其规模和配置可以满足一个大中型部门的工作需要。相当于一个计算中心所要求的条件。

（5）小巨型计算机：也称为桌上型超级计算机。与巨型计算机相比，最大的特点是价格便宜，且具有较好的性能价格比。

（6）巨型计算机：也称为超级计算机。具有极高的性能和极大的规模，价格昂贵。多用于尖端科技领域，生产这类计算机的能力可以反映出一个国家的计算机科学水平，我国是世界上生产巨型计算机的少数国家之一。

1.1.3　计算机的应用

自 ENIAC 问世到 20 世纪 70 年代初，计算机一直被作为大学和研究机构的娇贵设备，环境条件要求比较高。20 世纪 70 年代中期后，大规模集成电路技术日趋成熟，微芯片上集成的晶体管数一直按每三年翻两番的 Moore 定律增长，微处理器的性能也按此几何级数提高，而价格却以同样的几何级数下降。除了计算机价格猛跌外，计算机软件技术日趋完善，人们在使用计算机时感到越来越方便。因此，人们终于使计算机走出了实验室而渗透到各个领域乃至普通百姓家中。尤其是近年来计算机技术和通信技术相互融合，出现了沟通全球的因特网，更使计算机的应用范围从科学计算、数据处理等传统领域扩展到办公自动化、人工智能、电子商务、虚拟现实、远程教育等，遍及政治、经济、军事、科技以及个人文化生活和家庭生活的各个角落。不久的将来，计算机将像人们日常生活中的水和电一样将成为必需品。

1．科学计算

科学计算是计算机应用最早且一直是重要的应用领域之一，其特点是计算量大而且很复杂，像数学、力学、核物理学、量子化学、天文学、生物学等基础科学的研究等，至于航天、超音速飞行器、人造卫星与运载火箭轨道、桥梁设计、地质探矿、水利发电等方面的庞大计算都必须依靠高速计算机。有些问题例如天气预报，时间性很强，利用计算机很快即可得出结果。另外，对于投资大、周期长、要求高的现代化重大工程设计，要想选择一种理想的设计方案，通常需要认真模拟计算数十种设计方案才能选出最优的，所以计算机在石油勘探、桥梁设计、土木工程设计等领域都得到了广泛的应用。

2. 数据处理

数据处理即人们把大批复杂的事务数据交给计算机处理，也是计算机的重要应用领域之一。例如政府机关公文、报表和档案；大银行、大公司、大企业的财务、人事、物料，包括市场预测、情报检索、经营决策、生产管理等大量的数据信息，都由计算机收集、存储、整理、检索、统计、修改、增删等，并由此获得某种决策数据和趋势，供各级决策指挥者参考。

3. 工业控制和实时控制

目前的工业控制系统已比 20 世纪六七十年代时先进得多。它以标准的工业计算机软硬件平台构成集成系统，具有适应性强、开放性好、易于扩展、经济、开发周期短等显著优点。通常工业控制系统可分为三层：控制层、监控层和管理层。控制层是最下层，它通过各种传感器获得有效信号。监控层下连控制层，上连管理层，它不但实现对现场的实时监测与控制，而且常在自动控制系统中完成上传下达、组态开发的重要作用。就目前发展趋势而言，工业控制应用已经向控管一体化方向发展。利用网络技术，通过传感技术和多媒体技术，操作者可以在控制室内通过大屏幕显示掌握各车间、各工位、各部门的生产运行情况，并可直接由控制室发出各种控制命令，指挥全厂正常工作。

实时控制即计算机将通过各种传感器获得的某一物理信号（如温度）转换为可测可控的数字信号，然后经计算机运算处理，再根据处理结果去驱动执行机构来调整这一物理量来达到控制的目的。实时控制广泛应用于冶金、机械、纺织、化工、电力等行业中。

在军事上，导弹的发射及飞行轨道的计算控制、先进的防空系统等现代化军事设施通常也都是由计算机构成的控制系统。例如将计算机嵌入到导弹的弹头内，利用卫星定位系统将飞行目标和飞行轨迹事先存储在弹载计算机内，导弹在飞行中对实际飞行轨迹进行不断修正，直接袭击目标，其命中率几乎接近 100%。美国在海湾战争以及后来的军事冲突中，其计算机实时控制技术发挥了极为突出的作用。

4. CAD／CAM／CIMS

（1）CAD（Computer Aided Design）。CAD 是人们借助计算机来进行设计的一项专门技术，广泛应用于航空、造船、建筑工程及微电子技术等方面。利用 CAD 技术，首先按设计任务书的要求设计方案，然后进行各种设计方案的比较，确定产品结构、外形尺寸、材料选择，进行模拟组装，再对模拟整机进行各种性能测试，根据测试结果还可对其进行任意修正，最后设计产品。产品设计完成后再将其分解为零件、分装部件，并给出零件图、分部装配图、总体装配图等。上述全部工作均可由计算机完成，大大降低了产品设计的成本，缩短了产品设计周期，最大限度地降低了产品设计的风险。因此 CAD 技术已被各制造业广泛应用。目前随着计算机软硬件技术的发展，已经可以利用计算机实现产品的创意设计，设计者可以提出一个朦胧的思想，在计算机上进行概念设计，并对它进行不断的修改完善，最后确定一种新颖的产品。

（2）CAM（Computer Aided Manufacturing）。计算机辅助制造（CAM）是利用计算机来代替人去完成制造系统中的以及与制造系统有关的工作。广义 CAM 一般指利用计算机辅助从毛坯到产品制造过程中的直接或间接的活动，包括工艺准备、生产作业计划、物料作业计划的运行控制、生产控制、质量控制等。狭义 CAM 通常仅指数控程序的编制，包括刀具路径的规划、刀位文件的生成、刀具轨迹仿真及数控代码的生成等。例如，刀具、夹具及各种零件的加工程序，就是以数控机床为主体，利用存有全部加工资料的数据库，自动完成加工工作；同时还可以在加工过程中进行自动换刀的控制。目前人们已经将数控、物料流控制及储存、机器人、柔性制造、生产过程仿真等计算机相关控制技术统称为计算机辅助制造。

利用计算机参与人脑的辅助工作非常普遍，而且还在不断开拓新的领域，例如计算机辅助工艺规划 CAPP（Computer Aided Process Planning）、计算机辅助工程 CAE（Computer Aided Engineering）等都越来越得到广泛的应用。

（3）CIMS（Computer Integrated Manufacturing System）。CIMS 即将企业生产过程中有关人、技术、设备、经费管理及其信息流和物质流等有机集成并优化运行，包括信息流、物质流与组织的集成，生产自动化、管理现代化与决策科学化的集成，设计制造、监测控制和经营管理的集成。具体而言，以企业选定的产品为龙头，在产品设计过程、管理决策过程、加工制造过程、产品质量管理和控制等过程中，采用各种计算机辅助技术和先进的科学管理方法，在计算机网络和数据库的支持下，实现信息集成，进而使企业优化运行，达到产品上市快、质量好、成本低、服务好的目的，以此提高产品的市场占有率和企业的市场竞争能力。显然，要形成计算机集成制造系统的企业，必须广泛采用 CAD／CAE／CAPP／CAM，并且已经建立了企业 MIS（Management Infornation System）系统，只有通过生产、经营各个环节的信息集成，支持了技术集成，并由技术集成进入技术、经营管理和人员组织的集成，最终达到物流、信息流、资金流的集成并优化运行，才能提高企业的市场竞争能力和应变能力。

5. 人工智能

人工智能是指用计算机来模拟人的智能的技术。人工智能的研究课题是多方面的。近年来在模式识别、语音识别、专家系统和机器人制作方面都取得了很大的成就。

模式识别即由计算机对某些感兴趣的客体（如图像、文字等，统称为模式）进行定量的或结构的描述，并自动地分配到一定的模式类别中去。例如对人体细胞显微图像的识别，可以区别出正常细胞和癌细胞，从而可以确定内脏是否发生病变；对动植物细胞显微图像进行分析，可以确定环境是否被污染；对地表植物的遥感图像进行分析，可以预测作物的长势等。文字识别进展很快，从数字识别到正规的印刷体识别，现在手写体的计算机输入系统已被广泛使用。其他还有公安系统的指纹识别以及身份证件、凭证鉴别等。

语音识别、语言翻译也是人工智能的一个重要研究领域，经过几十年的努力，目前语音录入计算机的软件、语言翻译机已开始在市场上问世，但离人们的实用要求还有一定距离。不过这些技术的突破是指日可待的，使计算机会听、会看、会说的时代已经不是很远了。

专家系统是指用计算机来模拟专家的行为，将各类专家丰富的知识和经验以数据形式储存于知识库中，通过专用软件根据用户输入查询的要求向用户作出所要求的解答的系统。这种系统已用于医学、工程、军事、法律等领域。

机器人通常工作在一些重复性劳动，特别是一些不适宜人们工作的高温、有毒、辐射、深水等恶劣环境中。例如海底探测，人在海底的时间是非常有限的，如果让机器人进行海底探测就方便多了。可以让机器人配上摄像机，构成它的眼睛；配上双声道的声音接收器，变成它的耳朵；再配上合适的机械装置，使它可以活动、触摸、承受各种信息并直接送到计算机进行处理，这样它就可以模仿人完成海底探测。现在还有一些更高级的"智能机器人"，具有一定的感知和识别能力，还能简单地说话和回答问题。总之，随着科学技术的不断发展，更高级的机器人将会不断出现。

6. 虚拟现实

虚拟现实是利用计算机生成的一种模拟环境，通过多种传感设备使用户"投入"到该环境中，实现用户与环境直接进行交互的目的。这种模拟环境是用计算机构成的具有表面色彩的立体图形，它可以是某一特定现实世界的真实写照，也可以是纯粹构想出来的世界。这类技术早在 20 世纪 60 年代初就开始研究，但直到 90 年代，由于各种传感设备价格不断降低，计算机技术飞速发展，实时三维图形生成及显示、三维声音定位与合成、环境建模等技术的发展，才使虚拟现实技术获得迅速发展和广泛应用。虚拟现实在军事、教育、航天、航空以及娱乐、生活中的应用不仅会改变人们的思维方式和生活方式，而且必将导致一场重大的技术革命。

通过下面的两个例子可以看出虚拟现实的巨大魅力。

近年来虚拟演播室已成为影视制作的热点，它综合运用现代计算机图形和图像处理、计算机视觉和现代影视技术，将摄像机拍摄的图像实时地与计算机三维虚拟背景或另一地点实拍的背景按统一的三维透视成像关系进行合成，从而形成一种新的影视节目，它的效果是传统影视制作无可比拟的。在虚拟演播室里，演员可以在没有任何道具的舞台上演戏，然后根据剧情需要用计算机制作的画面进行合成。不仅如此，演员也可以是虚拟的，可以根据事先拍好的演员镜头，利用演技数据用计算机图形学技术制作演员的特定动作，这对于一些特技的制作显得格外重要。这种在虚拟演播室制作的影视剧大大降低了制作成本，缩短了制作时间，并且可以制作更有魅力的艺术作品。

飞行员的虚拟现实仿真系统可以形成真实的飞行环境和飞行员的真实感觉。如在环境图像生成中，以 50Hz 的频率生成彩色图像，而且具有纹理、天气效果（如雾、雨、雪、晴、云等）、非线性图像映射、碰撞检测、高山地形、细节模拟等。如飞机着陆时跑道灯应按飞机着陆的不同而变换颜色，并能确认飞机与跑道上其他飞机甚至建筑物的相互距离。飞行员必须体验到真实飞行的感觉，犹如在一个真实飞机的机舱里，每个仪表都必须如在真实环境下工作，油表指示必须反映虚拟引擎对油的使用率，并且还必须精确地反映动力和温度。在飞机接触跑道时，必须有真实的冲击感和震动感。显然对于价值数千万美元的飞机来说，让飞行员在虚拟现实仿真系统中训练更合算，它既不危及人的生命安全，又不损坏飞机，也不造成公害。所以各类仿真模拟训练器都已被广泛应用。

7. 远程教育

Internet 和 WWW 技术日新月异的发展正在迅速地改变人们传统的生活、工作和学习方式。就教育而言，随着融合影像、语音和文本等多媒体信息的网络技术的成熟以及互联网应用的不断普及，使得网上教学获得了前所未有的强大技术支持手段和广泛交流的传播途径。这就是日渐兴起的远程教育。

在现有的以课堂为主、面对面的传统教育模式中，作为受教育的学生在教学过程中处于受灌输的被动地位，其主动性、积极性难以发挥，学生无法主动探索，不利于创新能力的形成和创新型人才的成长。此外这种模式受场地、空间、时间的限制，投资大，受教育面有限，不能适应各种学科的终身教育和全面教育，已经远远不能满足知识更新极快的现代化信息社会教育发展的需要。

远程教育可使各种教学资源通过互联网穿过时空，以更加生动的形式传播到那些渴望知识的人群当中。学生受教育可以不受时间、空间和地域的限制，可以通过网络伸展到全球的每个角落，在世界范围内建立起真正意义上的开放式的虚拟学校。每个学生可在任意时间、任意地点通过网络自由学习。每个学生都可以获得第一流老师的指导，都可以向世界最权威的专家请教，都可以从世界的任何角落获取最新的信息和资料。到那时，可以说任何人都享有高等教育和终身教育的可能。

8. 办公自动化

办公自动化即利用计算机及自动化的办公设备来替代原来的办公人员完成工作，例如用计算机起草、登录文件，安排日常的各类公务活动（如会议、会客、外出购票等），收集各类信息，将各类信息以数字的形式存于数据库内，并可随时进行查询、检索及修改。一个完整的办公自动化系统包括文秘、财务、人事、资料、后勤等各项管理工作。近年来由于 Internet 的应用，将计算机、办公自动化设备与通信技术相结合，使办公自动化向更高层次发展。例如，电子邮件的收发、远距离会议或电视会议、高密度的电子文件、多媒体信息的处理等得到普遍应用。

9. 电子商务

电子商务的内涵十分广泛，凡是以电子形式在信息网络上进行的商品交易活动和服务都可归结为电子商务。例如某企业可以通过在 Internet 上的网页向全球发布推出的商品，并向它的各地代理商发出各种指令。当某客户欲购此商品时，他可以通过网上直接与生产企业联络，也可与当地代理商联系，进一步了解该商品的性能，并将其姓名、地址、个人电子账号及送货要求等告诉卖主；企业或推销者通过 Internet 与银行联络，查询、核实该客户的资金状况，并通过协定的支付方式由银行实行电子交付，而商品则由企业推销者直接送到客户手中。电子商务以其公平、快捷、方便、效率高、成本低、中间环节少且可进行无国界、全天候（24 小时不间断）交易和服务等巨大优势赢得了人们的青睐。在短短的几年内，电子商务得到了突飞猛进的发展。随着全球信息网络的建立和完善，电子商务将成为一股不可阻挡的潮流改变整个未来世界的面貌，推动全球经济一体化的进程。

1.2　计算机的基本结构和工作原理

1.2.1　计算机的基本结构

自从第一台电子计算机问世以来，它的更新换代实质上是硬件的更新换代。但无论如何变化，就其基本工作原理而言，多属存储程序控制的原理，基本结构属于冯·诺依曼型，由运算器、控制器、存储器、输入设备和输出设备五大部分组成。原始的冯·诺依曼型计算机在结构上以运算器和控制器为中心，但随着计算机系统结构的设计实践和发展，已逐步演变到以存储器为中心的计算机结构。

图 1-1 所示是一般计算机的基本结构框图，其中运算器和控制器是计算机的核心，统称为中央处理器 CPU（Central Processing Unit）。下面讲述各部分的主要功能。

（1）输入设备：用于输入原始信息和处理信息的程序。输入信息包括数据、字符和控制符等，其中字符包括英文字母、汉字和其他一些字符。常用的输入设备有键盘、鼠标器和扫描仪等。

（2）输出设备：用来输出计算机的处理结果及程序清单。处理结果可以是数字、字符、表格、图形等。最常用的输出设备有显示器和打印机，可以分别在屏幕和打印纸上输出各种信息。

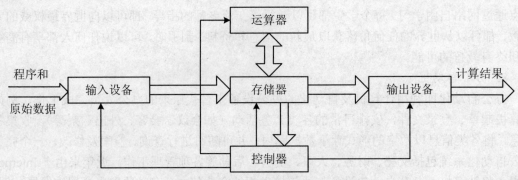

图 1-1   一般计算机的基本结构框图

（3）存储器：用来存放程序和数据，在控制器的控制下，可与输入设备、输出设备、运算器、控制器等交换信息，是计算机中各种信息存储和交流的中心。

（4）运算器：用来对信息及数据进行处理和计算。计算机中最常见的运算是算术运算和逻辑运算，所以也可以将运算器称为算术逻辑部件 ALU（Arithmetic and Logic Unit）。算术运算有加、减、乘、除等，逻辑运算有比较、判断、与、或、非等。往往将一些复杂的运算分解为一系列简单的算术运算和逻辑运算。

（5）控制器：控制器是整个计算机的指挥中心，它取出程序中的控制信息，经分析后按要求发出操作控制信号，用来指挥各部件的操作，使各部分协调一致地工作。

从图 1-1 可以看出，计算机中有两类信息在流动：一类是采用双线表示的数据信息流，它包括原始数据、中间结果、计算结果和程序中的指令；另一类是采用单线表示的控制信息流，它是控制器发出的各种操作命令。

1.2.2   计算机的工作原理

1. 存储程序原理

计算机之所以能够模拟人脑自动完成各种操作，就在于它能够将程序和数据装入自己的"大脑"——存储器，它的工作过程就是执行程序和处理数据的过程。

程序是由一条条计算机指令按一定的顺序组合而成的，因此计算机工作时必须按顺序执行每条指令才能完成预定的任务。当我们利用计算机来完成某项工作时，例如完成一道复杂的数学计算和进行数据处理等，都必须事先制定好解决问题的方案，再将其分解成计算机能够执行的基本操作步骤，然后用计算机指令来实现这些操作步骤。把实现这些操作步骤的指令按一定顺序排列起来就组成了程序。计算机能够识别并执行的每条操作命令被称为一条计算机指令，而每一条计算机指令都规定了所要执行的一种基本操作。把事先编制好的由计算机指令组成的程序存放到存储器内，计算机在运算时依次取出指令，根据指令的功能进行相应的运算，这就是存储程序原理。

需要指出的是，计算机不但能按照指定的存储顺序依次读取并执行指令，而且还能根据指令执行的结果进行程序的灵活转移，这就使得计算机具有了类似于人脑的逻辑判断思维能力，再加上它的高速运算特征，计算机才真正成为人类脑力劳动的得力助手。

虽然计算机技术发展很快，但存储程序原理至今仍然是计算机内在的基本工作原理。这一原理决定了人们使用计算机的主要方法是编写程序和运行程序。科学家们一直致力于提高程序设计的自动化水平，改进用户的操作界面，提供各种开发工具、环境与平台，其目的都是为了让人们更加方便地使用计算机，可以少编制程序甚至不用编程来使用计算机。

2. 程序的自动执行

计算机完成的基本功能是执行程序。要执行的程序由存于存储器中的一串指令组成。中央处理器（CPU）通过执行程序中指定的指令来完成实际的工作。计算机执行指令的过程就是计算机的工作过程。为了简单起见，暂把指令处理看成由 CPU 每次从内存中读取指令，然后执行指令两个步骤组成。程序的执行由重复取指令和执行指令的过程组成，如图 1-2 所示。

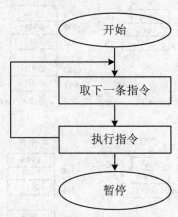

图 1-2　基本指令执行过程

取指令是每条指令的共同操作，完成从内存单元中读取一条指令，而执行指令的操作则随指令的不同而不同。

图 1-2 所示的基本指令执行过程又称为一个指令周期。除非关机或遇到不可恢复的错误，或遇到一条停机指令，否则程序执行将不会停止。

每个指令周期开始时，CPU 都从存储器中取指令。根据前面的讨论，要执行的指令地址已在程序计数器 PC 中，取出的指令装入 CPU 中的指令寄存器 IR，然后根据具体的指令完成相应的操作。下面通过一个简单的例子来说明指令的执行过程。

计算机的简化结构如图 1-3 所示。CPU 中仅包含程序计数器 PC、指令寄存器 IR 和一个累加器 AC，AC 用来暂时存储数据。与存储器相联系的两个寄存器 MAR 和 MDR、ALU、CU 都未考虑，涉及的几条指令无输入输出操作（程序已事先存入主存），所以图中 I/O 也未画出。指令格式如下：

15　　12	11　　　　　　　　　　　　　　　　　　　　　　0
操作码	地址码

操作码告诉计算机执行什么操作，地址码指出操作数在存储单元的地址，本例四位操作码中：0001 表示将某一存储单元的内容装入累加器 AC；0000 表示将累加器 AC 的内容存入某一存储单元；0101 表示将某一存储单元的内容与累加器 AC 的内容相加，结果放入 AC。

指令和数据都是 16 位。这一指令格式最多可以表示 $2^4=16$ 种不同的操作码，而且最多可直接访问 $2^{12}=4096$ 个存储单元。

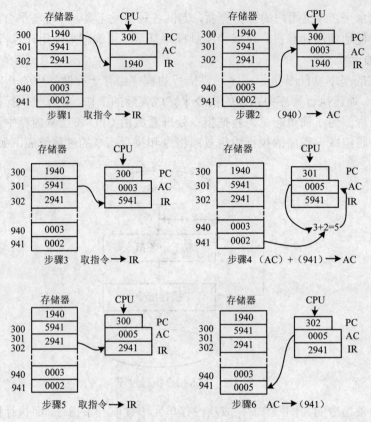

图 1-3　程序执行举例

图 1-3 举例说明了 3 条指令的执行过程，这三条指令是：第一，将地址为 940_{16} 的存储单元的内容装入累加器 AC；第二，将累加器的内容与地址为 941_{16} 的存储单元的内容相加，结果放入 AC；第三，将累加器的内容存入地址为 941_{16} 的单元。执行这三条指令共分 6 步：

（1）程序计数器 PC 的内容是 300，即第一条指令地址，这一地址的内容（第一条指令 1940）装入指令寄存器 IR（注意这一过程包含对存储器地址寄存器 MAR 和存储器数据寄存器 MDR 的使用，为简单起见，未考虑这些中间寄存器）。

（2）IR 中的前 4 位指出要装载累加器（AC），其余 12 位指出地址为 940_{16}，则本条指令完成将地址为 940_{16} 的存储单元的内容（0003）装入 AC。

（3）PC 加 1，取下一条指令，将 5941 送入 IR。

（4）IR 中的前 4 位指出将 AC 中存放的内容（0003）和 941_{16} 单元的内容（0002）相加，结果放入 AC（0005）。

（5）PC 加 1，取下一条指令，将 2941 送入 IR。

（6）IR 中的前 4 位指出将 AC 的内容（0005）存入 941 单元。

在这个例子中，用了 3 条指令（3 个指令周期），实际完成的功能是将 940_{16} 单元的内容加到 941_{16} 单元。每条指令都包含取指令和执行指令两个步骤，所以六步才能完成。如果采用更复杂的指令，则需要的步骤可少些。例如指令 ADD　B,A，将内存单元 A 和 B 的内容相加，结果放入内存单元 A 中，实际完成的功能与上述三条指令完成的功能相同，这条指令由下列几步完成：

（1）取指令。

（2）将存储单元 A 的内容读入 CPU。

（3）将存储单元 B 的内容读入 CPU（此时，为了使 A 的内容不丢失，CPU 必须用两个寄存器存放从存储器取出的数据，而不能是一个累加器）。

（4）将两个数相加。

（5）把结果从 CPU 写到内存单元 A。

1.3　计算机系统

一个实用的计算机系统应该包括硬件和软件两大部分。所谓硬件是指构成计算机的所有物理部件的集合，这些部件是由电子元器件、各类光机电设备、电子线路等构成的有形物体，如主机、外设等。所谓软件是指运行、维护、管理及应用计算机所编制的所有程序的总和。硬件是计算机系统的物质基础，软件必须在硬件的支持下才能运行。但是光有硬件，计算机也无法工作，必须编制程序才能让计算机完成某一任务。现代计算机的软件不仅可以充分发挥计算机的硬件功能，提高计算机的工作效率，而且已经发展到能局部模拟人类的思维活动。因此软件的地位和作用在整个计算机系统中越来越重要。整个计算机系统性能的好坏，则取决于软硬件功能的总和。

1.3.1　计算机的硬件系统

1. 存储程序与冯·诺依曼体制

计算机是一种不需要人的直接干预能对各种数字化信息进行算术和逻辑运算的快速工具。但为了告诉计算机做什么事，按什么步骤去做，需要事先编制程序。所谓存储程序就是把编好的程序（由计算机指令组成的序列）和原始数据预先存入计算机的主存储器中，计算机在工作时能够连续、自动、高速地从存储器中取出一条条指令并加以执行，从而自动完成预定的任务。存储程序的概念最早是由美籍匈牙利数学家冯·诺依曼于 1946 年提出来的，他提出了数字计算机设计的一些基本思想，归纳起来如下：

（1）采用二进制形式表示数据和指令。

（2）采用存储程序方式（前文已述），这是冯·诺依曼思想的核心内容。

（3）由运算器、存储器、控制器、输入设备和输出设备五大部件组成计算机系统，并规定了这五部分的基本功能。

几十年来，虽然计算机的体系结构经历了重大的变化，性能也有了惊人的提高，但就其结构原理来说，至今大多数计算机仍然沿用这一体制，称为冯·诺依曼计算机。不同之处只是原始的冯·诺依曼计算机在结构上是以运算控制器为中心，随着计算机体系结构的发展，而逐渐演变到现在以存储系统为中心。冯·诺依曼的上述概念奠定了现代计算机的基本结构思想，并开创了程序设计的新时代，是计算机发展史中的一个里程碑。弄清楚存储程序的概念，研究它在计算机内部的实现过程，乃是了解现代计算机工作原理的关键。学习计算机的工作原理也就从冯·诺依曼概念入门。

冯·诺依曼计算机的这种工作方式可称为指令流（控制流）驱动方式，即按照指令的执行序列依次读取指令，根据指令所含的控制信息调用数据进行处理。

现代计算机中，还有另一类属于非冯·诺依曼体制。这类计算机采用数据流驱动的工作方式，只要数据已经准备好，有关的指令即可并行执行，又称为数据流计算机。它为并行处理开辟了新的前景，但控制比较复杂。

传统的冯·诺依曼机从根本上讲是采取串行顺序处理的工作机制，逐条执行指令序列，单处理机结构，集中控制。为了提高计算机的性能，现代的计算机已经在许多方面突破了传统冯·诺依曼体制的束缚。例如，对传统的冯·诺依曼机进行改造，采用多个处理部件形成流水处理，依靠时间上的重叠提高处理效率；组成阵列结构形成单指令流多数据流以提高处理速度；用多个冯·诺依曼机组成多机系统支持并行算法结构等。这些是系统结构课的内容，本书重点介绍单机系统的组成和工作原理。

2. 计算机的主要部件

前文已述，计算机由运算器、存储器、控制器、输入设备和输出设备五大部件组成。运算器与控制器合称为中央处理器（Central Processing Unit，CPU）。在早期的计算机结构中，运算器和控制器曾是相对独立的两部分。由于两者结构关系非常密切，之间有大量信息频繁交换，现在的计算机常将它们组织成一个整体。CPU 是计算机的核心部件，控制着计算机内数据流与控制流的操作；向计算机系统中的其他部件发出各种控制信息，收集各部件的状态信息，与其他部件间交换数据等。在微型计算机与其他应用大规模集成电路的系统中，常将 CPU 集成于一块芯片之中，构成单片 CPU。这里的存储器是指可以和 CPU 直接交换信息的主存储器（又称为内存储器），简称主存或内存。这样，现代计算机可以认为由三大部分组成：CPU、主存和 I/O 设备。CPU 和主存合起来称为主机，I/O 设备又称为外部设备。这些部分以某种方式互相连接，实现计算机的基本功能，即执行程序，如图 1-4 所示。

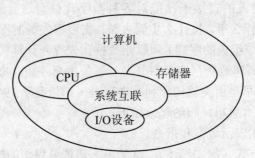

图 1-4　计算机的硬件结构

下面简要介绍计算机的各个部分。

（1）主存储器。主存储器的功能是存放程序和数据，可以和 CPU 直接交换信息。在计算机里还有另一类存储器叫做辅助存储器，又称为外存储器，包括磁盘、光盘、磁带等。

（2）中央处理器 CPU。CPU 实质上包括运算器和控制器两大部分。运算器完成对数据的加工与处理。加工处理主要包括对数值数据的算术运算（如加、减、乘、除等）以及对逻辑数据的逻辑运算（如与、或、非等），这些功能是由 CPU 内一个称为算术与逻辑运算的部件 ALU 完成的。控制器是计算机组成的神经中枢，它指挥全机各部件自动、协调地工作。具体来说，就是控制计算机执行程序的指令序列。控制器由程序计数器 PC（Program Counter）、指令寄存器 IR（Instruction Register）以及控制单元 CU（Control Unit）等几部分组成。PC 用来存放将要执行的下一条指令的地址，除非遇到转移指令，CPU 在每次从内存取出指令之后，总是向 PC 加上一个增量，以顺序地取下一条指令。从内存读取的指令装入 CPU 的指令寄存器 IR，指令以二进制代码的形式存在，它规定了 CPU 将要执行的动作。CU 用来分析当前指令所需完成的操作，并发出各种微操作命令序列，用于控制所有被控对象，以完成指令的功能。

CPU 除了上述基本的组成部件外，通常还有若干个寄存器用于临时存储常用的操作数和中间结果。

（3）I/O 模块。I/O 模块包括输入设备和输出设备及其相应的接口。输入设备以某种形式接收数据和指令，并将其转换成计算机能够使用的内部形式。输出设备将计算机的处理结果转换成人们或其他设备所能接收的形式。由于 I/O 设备的速度一般不能与 CPU 的速度匹配以及两者表达信息的格式不同等原因，每一种设备都是由 I/O 接口与主机联系的，它接收 CPU 发出的各种控制命令完成相应的操作。

3．互连结构

一台计算机由 CPU、主存储器和 I/O 设备组成，它们之间需要相互通信，因此必须有使这些部件连接在一起的通路。

多年来人们尝试过许多互连结构，迄今为止最普遍的是总线结构。

（1）总线概念。总线是连接多个部件的信息传输线，是各部件共享的传输介质。当多个部件连接到总线上时，一个部件发出的信息可以为其他所有连接到总线上的部件所接受（接受相同的信息），但如果两个或两个以上的部件同时向总线发送信息，势必导致信号冲突，使传输无效。因此，在某一时刻，只允许有一个部件向总线发送信息（发送端的分时性）。

总线由许多传输线组成，每条线可以传输一位二进制代码，一串二进制代码可在一段时间内逐一传输完成，若干条传输线可以同时传输若干位二进制代码。如 16 条传输线组成的总线可以同时传输 16 位二进制代码。

计算机系统含有多种总线，它们在计算机系统的各个层次提供部件之间的通路。

（2）总线分类。总线的应用很广泛，从不同的角度可以有不同的分类方法。下面按连接部件的不同，分几类简单介绍。

1）片内总线。片内总线是指芯片内部的总线，如在 CPU 芯片内部，寄存器与寄存器之间，寄存器与算术逻辑单元之间都有总线连接。

2）系统总线。系统总线是指连接 CPU、主存、I/O 设备（通过 I/O 接口）各大计算机部件的总线。按系统传输信息的不同，系统总线可分为三类：数据总线、地址总线和控制总线。

3）通信总线。这类总线用于计算机系统之间或计算机系统与其他系统之间的通信。

1.3.2　计算机的软件系统

人们从使用计算机的角度出发，要求有一个既能使计算机硬件功能得到充分发挥，又方便用户进行操作的工作环境。所以设计了实现上述目的的各种程序，这就是计算机软件。软件是指支持计算机运行的各种程序以及开发、使用和维护这些程序的各种技术资料的总称。没有软件的计算机硬件系统称为"裸机"，它不能做任何工作，只有在配备了完善的软件系统之后才具有实际的使用价值。因此，软件是计算机与用户之间的一座桥梁，是计算机中不可缺少的部分。随着计算机硬件技术的发展，计算机软件也在不断完善。

（1）软件系统组成的层次结构。软件系统由系统软件和应用软件组成，它们形成层次关系。这里的层次关系是指：处在内层的软件要向外层软件提供服务，外层软件必须在内层软件支持下才能运行。软件系统的组成结构如图 1-5 所示。

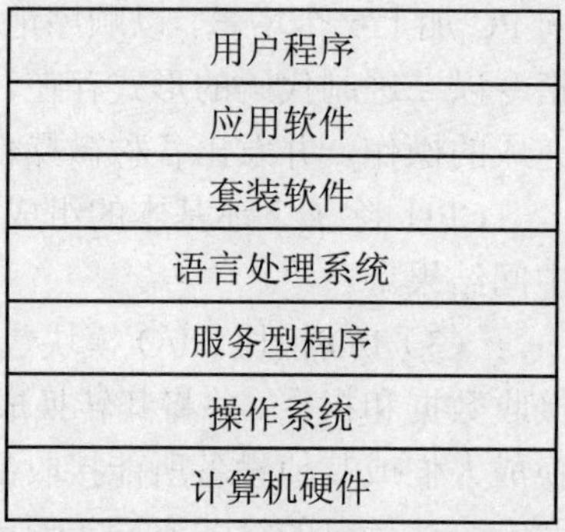

（2）系统软件。系统软件的主要功能是简化计算机操作，充分发挥硬件功能，支持应用软件的运行并提供服务。

系统软件的两个主要特点是：

1）通用性：其算法和功能不依赖于特定的用户，无论哪个应用领域都可以使用。

2）基础性：其他软件都是在系统软件的支持下进行开发和运行的。

系统软件主要包括以下 3 个方面：

用户程序
应用软件
套装软件
语言处理系统
服务型程序
操作系统
计算机硬件

图 1-5　软件系统的组成结构

● 操作系统：操作系统是硬件的第一级扩充，是软件中最基础的部分，支持其他软件的开发和运行。操作系统由一系列具有控制和管理功能的模块组成，实现对计算机全部软硬件资源的管理和控制，使计算机能够自动、协调、高效地工作。任何用户都是通过操作系统使用计算机的，也只是在有了操作系统之后，用户才可以非常方便地使用计算机。通常，操作系统有五大管理功能：进程与处理机调度、作业管理、存储管理、设备管理、文件管理。

● 语言处理系统：在层次上介于应用软件和操作系统之间，其功能是把用高级语言编写的应用程序翻译成等价的机器语言程序，而具有这种翻译功能的编译或解释程序则是在操作系统支持下运行的。

● 服务型程序：也称为支撑软件，能对计算机实施监控、调试、故障诊断等工作。它是进行软件开发和维护工作中使用的一些软件工具，例如支持用户录入源程序的各种编辑程序、调整汇编语言程序的汇编程序、能把高级语言源程序经编译后产生的目标程序连接起来成为可执行程序的连接程序等。这些程序在操作系统支持下运行，而它们又支持应用软件的开发和维护。

（3）应用软件。应用软件处于软件系统的最外层，直接面向用户，为用户服务。应用软件是为了解决各类应用问题而编写的程序，包括用户编写的特定程序以及商品化的应用软件和套装软件。

1）特定用户程序：是为特定用户解决某一具体问题而设计的程序，一般规模都比较小，使用范围有限。

2）应用软件包：是为实现某种大型功能而精心设计的结构严密的独立系统，面向同类应用的大量用户，例如财务管理软件、统计软件、汉字处理软件等。

3）套装软件：这类软件的各内部程序可在运行中相互切换和共享数据，从而达到操作连贯、功能互补的效果，例如微软的 Office 套装办公软件就包含了 Word（文字处理）、Excel（表格处理）、Access（数据库）、PowerPoint（图形演示）、Ms-mail（电子邮件）等。

（4）计算机语言。计算机语言也称为程序设计语言，是人机交流信息的一种特定语言，在编写程序时用指定的符号来表达语义，它是人与计算机之间交换信息的工具。按其演变过程可以分为三类。

1）机器语言：机器语言是计算机硬件系统能够直接识别的计算机语言，不需要翻译。机器语言中的每一条语句实际上是一条二进制数形式的指令代码，由操作码和操作数组成。操作码指出应该进行什么样的操作，操作数指出参与操作的数本身或它在内存中的地址。

使用机器语言编写程序，工作量大、难以记忆、容易出错、调试修改麻烦，但执行速度快。机器语言随机器型号不同而不同，不能通用，所以称它是"面向机器"的语言。

2）汇编语言：汇编语言用助记符代替操作码，用符号地址代替操作数。由于这种"符号化"的做法，所以汇编语言也称为符号语言。用汇编语言编写的程序称为汇编语言源程序。

汇编语言源程序不能直接运行，需要用"汇编程序"把它翻译成机器语言程序后方可执行，这一过程称为"汇编"。汇编语言源程序比机器语言程序易读、易检查、易修改，同时又保持了机器语言执行速度快、占用存储空间小的优点。汇编语言也是"面向机器"的语言，不具备通用性和可移植性。

3）高级语言：高级语言是由各种意义的"词"和"数学公式"按照一定的"语法规则"组成的。由于高级语言采用自然词汇，并且使用与自然语言语法相近的语法体系，所以它的程序设计方法比较接近人们的习惯，编写出的程序更容易阅读和理解。

高级语言的最大优点是它"面向问题"而不是"面向机器"。这不仅使问题的表述更加容易，简化了程序的编写和调试，能够大大提高编程效率；同时还因为这种程序与具体的机器无关，所以有很强的通用性和可移植性。目前世界上的高级语言已有数百种之多。

用高级语言编写的程序称为高级语言源程序，它也不能直接运行，需要用"编译程序"把它翻译成机器语言程序后方可执行，这一过程称为"编译"。

1.4 微型计算机的基本概念

1.4.1 微处理器的产生、发展及分类

1. 微处理器的产生和发展

微处理器诞生于 20 世纪 70 年代初，是大规模集成电路发展的产物。大规模集成电路作为计算机的主要功能部件出现，为计算机的微型化打下了良好的物质基础。微型计算机的发展是与微处理器的发展相对应的，将传统计算机的运算器和控制器集成在一块大规模集成电路芯片上作为中央处理部件，简称为微处理器（Microprocessor）。微型计算机是以微处理器为核心，再配上存储器、接口电路等芯片构成的。

微处理器一经问世，就以体积小、重量轻、价格低廉、可靠性高、结构灵活、适应性强和应用面广等一系列优点占领了世界计算机市场并得到了广泛的运用，成为现代社会不可缺少的重要工具。

自从微处理器和微型计算机问世以来，按照计算机 CPU、字长和功能划分，它经历了五代的演变。

（1）第一代（1971 年～1973 年）：4 位和 8 位低档微处理器。第一代微处理器的代表产品是美国 Intel 公司的 4004 微处理器和由它组成的 MCS-4 微型计算机以及随后的改进产品 8008 微处理器和由它组成的 MCS-8 微型计算机。Intel 公司于 1971 年顺利开发出全球第一块微处理器芯片 4004，它采用 PMOS 工艺，集成了 2300 多个晶体管，工作频率为 108kHz，寻址空间只有 640B，指令系统比较简单，价格较低廉，主要用于处理算术运算、家用电器以及简单的控制等。

（2）第二代（1974 年～1978 年）：8 位中高档微处理器。第二代 8 位中高档微处理器以

Intel 公司的 8080 为代表。Intel 公司在 1974 年推出了新一代 8 位微处理器 8080，它采用 NMOS 工艺，集成了 6000 个晶体管，时钟频率为 2MHz，指令系统比较完善，寻址能力有所增强，运算速度提高了一个数量级，主要用于教学和实验、工业控制、智能仪器等。

（3）第三代（1978 年～1980 年）：16 位微处理器。第三代微处理器以 Intel 公司的 8086 为代表。Intel 公司于 1978 年推出了 16 位的微处理器芯片 8086，它采用 HMOS 工艺，各方面的性能指标比第二代又提高了一个数量级，它的出现成为 20 世纪 70 年代微处理器发展过程中的重要分水岭。8086 是真正的 16 位微处理器芯片，其内部集成了 29000 个晶体管，主频速率达 5MHz/8MHz/10MHz，寻址空间达到 1MB。其间，Intel 公司又推出了 8086 的一个简化版本 8088，它的时钟频率为 4.77MHz，它将 8 位数据总线独立出来，减少了管脚，成本也比较低。1979 年，IBM 公司采用 Intel 的 8086 和 8088 作为个人计算机 IBM PC 的 CPU，个人计算机 PC 时代从此诞生。

Intel 公司的 8086 和 8088 为硬件平台配备了比较完备的操作系统和相对丰富的应用软件，使得以 Intel 16 位 8086 为平台的 PC 机成为第一代微处理器的典型代表。

1982 年 2 月，Intel 公司推出了超级 16 位微处理器 80286，它集成了 13 万多个晶体管，主频速率达 20MHz，各方面的性能有了很大的提高，它的 24 位地址总线可以寻址 16MB 地址空间，还可以访问 1GB 的虚拟地址空间，能够实现多任务并行处理。

（4）第四代（1981 年～1992 年）：32 位微处理器。典型的代表产品有 Intel 80386 微处理器。这是在 1985 年 10 月推出的，它集成了 27.5 万个晶体管，时钟频率达到 33MHz，数据总线和地址总线均为 32 位，具有 4GB 的物理寻址能力。由于在芯片内部集成了分段存储管理部件和分页存储管理部件，它能够管理高达 64TB 的虚拟存储空间。另外还提供一种叫做“虚拟 8086”的工作方式，使芯片能够同时模拟多个 8086 处理机，可以同时运行多个 8086 应用程序，保证了多任务处理能够向上兼容。

1989 年 4 月，Intel 公司推出了 80486 微处理器，它在芯片内集成了 120 万个晶体管，是 Intel 第一次将微处理器的晶体管数目突破 100 万只。它不仅把浮点运算部件集成进芯片内，同时还把一个规模大小为 8KB 的一级高速缓冲存储器 Cache 也集成进了 CPU 芯片。这种集成再加上时钟倍频技术的引进极大地加快了 CPU 处理指令的速度，兼容性得到了更大的提高。

（5）第五代（1993 年以后）：32 位全新高性能奔腾（Pentium）系列微处理器。1993 年 3 月，Intel 公司推出 32 位的 Pentium 微处理器芯片（俗称 586）。Pentium 微处理器芯片内部集成了 310 万个晶体管，采用了全新的体系结构，性能大大高于 Intel 系列的其他微处理器。由于 Pentium 系列微处理器制造工艺精良，其 CPU 的浮点性能是其他系列 CPU 中最强的，可超频性能最大。Pentium 系列 CPU 的主频从 60MHz 到 100MHz 不等，它支持多用户、多任务，具有硬件保护功能，支持构成多处理器系统，由于采用超标量结构，使它在一个时钟周期里可执行多条指令，其速度大大加快。

1996 年，Intel 公司推出了高能奔腾（Pentium Pro）微处理器，它集成了 550 万个晶体管，内部时钟频率为 133MHz，采用了独立总线和动态执行技术，处理速度大大提高。

1996 年底，Intel 公司又推出了多能奔腾（Pentium MMX）微处理器，MMX（Multi Media eXtension）技术是 Intel 公司最新发明的一项多媒体增强指令集技术，它为 CPU 增加了 57 条 MMX 指令。此外，还将 CPU 芯片内的高速缓冲存储器 Cache 由原来的 16KB 增加到 32KB，使处理多媒体的能力大大提高。

1997 年 5 月，Intel 公司推出了 Pentium II 微处理器，它集成了 750 万个晶体管，8 个 64 位的 MMX 寄存器，时钟频率达 450MHz，二级高速缓冲存储器 Cache 达到 512KB，它的浮点运算性能、MMX 性能都是最出色的。

1999 年 2 月，Intel 公司发布了 Pentium III 微处理器。Pentium III 在 Pentium II 的基础上增加了 70 多条新指令，主要包括提高多媒体处理性能和浮点运算能力的指令，可以提高三维图像、视频、声音等程序的运行速度，并可优化操作系统和网络的性能。此外，将 256KB 的二级高速缓冲存储器 Cache 与 CPU 集成在同一个芯片上，访问 Cache 的速度比 Pentium II 提高了一倍。Pentium III 集成了 950 万个晶体管，时钟频率为 500 MHz。

2000 年 3 月，Intel 公司推出了新一代高性能 32 位 Pentium 4 微处理器，它采用了 NetBurst 的新式处理器结构，可以更好地处理互联网用户的需求，在数据加密、视频压缩和对等网络等方面的性能都有较大幅度的提高。

Pentium 4 微处理器有以下处理能力：

- 采用超级流水线技术，指令流水线深度达到 20 级，使 CPU 指令的运算速度成倍增长，在同一时间内可以执行更多的指令，显著提高了处理器的时钟频率以及其他性能。
- 快速执行引擎使处理器的算术逻辑单元达到了双倍内核频率，可以用于频繁处理诸如加、减运算之类的重复任务，实现了更高的执行吞吐量，缩短了等待时间。
- 执行追踪缓存，用来存储和转移高速处理所需的数据。
- 高级动态执行，可以使微处理器识别平行模式，并对要执行的任务区分先后次序，以提高整体性能。
- 400 MHz 的系统总线可以使数据以更快的速度进出微处理器，此总线在 Pentium 4 微处理器和内存控制器之间提供了 3.2GB 的传输速度，是现有的最高带宽台式机系统总线，具备了响应更迅速的系统性能。
- 增加了 114 条新指令，主要用来增强微处理器在视频和音频等方面的多媒体性能。
- 为用户提供了更加先进的技术，使之能够获得丰富的互联网体验。

随着微处理器的不断升级，微型计算机也在不断发展，其功能不断完善，应用领域扩展到了国民经济和人们生活中的各个方面。

2. 微型计算机的分类

（1）按照 CPU 的字长来分类。微型计算机的性能通常取决于微处理器，如果将微处理器能够处理的字长作为分类标准，可以有以下几种分类：

1）4 位微型计算机：采用 4 位字长的微处理器作为 CPU，系统传送的数据位数为 4 位。

2）8 位微型计算机：CPU 的字长为 8 位，系统并行传送的数据位数为 8 位。在计算机中，通常将 8 位二进制数称为一个字节（Byte）。

3）16 位微型计算机：采用高性能的 16 位微处理器作为其 CPU，系统并行传送的数据位数为 16 位。

4）32 位微型计算机：采用 32 位微处理器组成微型计算机，系统并行传送的数据位数可以达到 32 位。

（2）按照微处理器器件的工艺来分类。这种方式可以分成 MOS 工艺的通用微处理器和双极型 TTL 工艺的微处理器。双极型工艺具有速度快、灵活多变，但功耗较大的特点。

（3）按照微型计算机的利用形态来分类。

1）单片微型计算机：单片微型计算机是在一个芯片上包括有 CPU、RAM、ROM 及 I/O 接口电路的完整计算机功能的电路。由于集成度的关系，其存储容量有限，I/O 电路也不多，所以通常用于一些专用的小系统中。

2）单板微型计算机：这是在一块印刷电路板上，把微处理器和一定容量的存储器芯片以及 I/O 接口电路等大规模集成电路组装在一起而成的一种微型计算机。通常，在这块板上还包含有固化在 ROM 中的容量不大的监控程序以及配置的一些典型的外部设备。

3）位片式微型计算机：这是采用多片双极型位片组合而成的 CPU，由这种多位片 CPU 构成的微型计算机称为位片式微型计算机。因为采用了双极型工艺，所以处理速度较高。此外，由于双极型工艺集成度较低、功耗较大，因此在一个单片上的位数不可能做得很多。位片式微处理器以位为单位构成 CPU 芯片，常用多片位片式微处理器构成高速、分布式系统和阵列式系统。

4）微型计算机系统：微型计算机系统是将包含有 CPU、RAM、ROM 和 I/O 接口电路的主板以及其他若干块印刷板电路（如存储器扩展板、外设接口板、电源等）组装在一个机箱内，构成一个完整的、功能更强的计算机装置。在这种系统中，通常还配有磁盘、光盘等作为外部存储器，并配有键盘、屏幕显示器等人机对话工具，还配有打印机、扫描仪等外部设备，且有丰富的软件支持。

1.4.2   微型计算机的性能指标介绍

在描述微型计算机性能的时候，通常要用到下面一些计算机术语及性能指标。

1. 位

这是计算机中所表示的最基本、最小的数据单元，它是一个二进制位（bit），由 0 和 1 两种状态构成。若干个二进制位的组合可以表示各种数据、字符等信息。

2. 字节

字节（Byte）是计算机中通用的基本单元，它由 8 个二进制位组成，即 8 位二进制数组成一个字节。在计算机中，K 通常代表 2^{10}，即 1024，所以 1KB=1024Byte，依此类推，1MB=1024KB，1GB=1024MB，1TB=1024GB。

3. 字

这是计算机内部进行数据处理的基本单位，是指计算机一次能够加工处理的二进制串。对于一个 16 位微型计算机，它由两个字节组成，每个字节长度为 8 位，分别称为高位字节和低位字节，组合后称为一个字。对于 32 位的微型计算机，它由 4 个字节组成。

4. 字长

机器字长是指 CPU 一次能处理的数据位数，它决定着寄存器、运算部件、数据总线等的位数。字长越长，表示数的范围越大，精度也越高，相应的硬件成本也越高。为了适应不同需要，较好地协调计算精度与成本的关系，在硬件或软件上允许变字长运算。例如，半字长、全字长、双字长等。

因为数和指令都存放在主存储器中，字长和指令存在着密切的对应关系，指令长度受到字长的限制，所以字长又直接影响着指令系统功能的强弱。

机器字长从 8 位、16 位、32 位一直发展到 64 位，为了更灵活地处理字符一类的信息，大多数计算机既具备全字长运算能力，又可按字节（8 位）为单位进行处理。

5. 主频

计算机的主频也称为时钟频率，通常是指计算机中时钟脉冲发生器所产生的时钟信号的频率，单位为 MHz（兆赫），它决定了微型计算机的处理速度。对于 Intel 系列微机来说，8088 的主频为 4.77MHz，8086 的主频为 5MHz，奔腾系列微型计算机的主频在 200MHz 以上，可达到上千兆赫。Pentium 4 系列的 CPU 主频在 2GHz 以上。

6. 存储容量

存储容量应包括主存容量和辅存容量。

主存容量：以字（Word）为单位的计算机常以字数乘以字长来表示主存储器的容量，如 65536×16 位，表示有 65536 个存储单元，每个单元字长为 16 个二进制位。以字节（Byte）为单位的计算机则以字节的数量表示容量，上述 65536 个字可以表示成 131072 个字节。可以直接访问的存储容量一般受地址码长度的限制。例如 16 位的地址码，最大只能访问 65536 个单元。现代计算机常以字节的个数来描述主存容量的大小，如 64MB、128MB、256MB 等。辅存容量一般以字节数表示，如硬盘容量为 60GB。

7. 指令数

计算机完成某种操作的命令被称为指令。一台微型计算机可有上百条指令，计算机完成的操作种类越多，即指令数越多，表示该类微机系统的功能越强。

8. 基本指令执行时间

计算机完成一件具体的操作所需的一组指令称为程序。执行程序所花的时间就是完成该任务的时间指标，时间越短，速度越高。

由于各种微处理器的指令其执行时间是不一样的，为了衡量微型计算机的速度，通常选用 CPU 中的加法指令作为基本指令，它的执行时间就作为基本指令执行时间。基本指令执行时间越短，表示微型计算机的工作速度越快。

9. 可靠性

可靠性是指计算机在规定的时间和工作条件下，正常工作不发生故障的概率。其故障率越低，说明可靠性越高。

10. 兼容性

兼容性是指计算机的硬件设备和软件程序可用于其他多种系统的性能。主要体现在数据处理、I/O 接口、指令系统等的可兼容性。

11. 性能价格比

这是衡量计算机产品优劣的综合性指标，它包括计算机的硬件和软件性能与售价的关系，通常希望以最小的成本获取最大的功能。

1.4.3　微型计算机的特点及应用

1. 微型计算机的特点

建立在微电子技术加工工艺基础上的微型计算机有许多突出优点，正是由于这些优点，使得微型计算机从问世以来就得到了极其迅速的发展和广泛的应用。概括起来微型计算机的特点主要有以下几个方面：

（1）功能强。微型计算机具备运算速度快、计算精度高、具有记忆和逻辑判断的能力，而且每种微处理器都配有一整套支持相应微型计算机工作的软件。硬件和软件的配合相辅相成，使微型计算机的功能大大增强，适合各行各业的各种不同目的的应用。

（2）可靠性高。由于微处理器及其配套系列芯片上可以集成上百万个元件，减少了大量的焊点、连线、接插件等不可靠因素，使可靠性大大增加。从资料上显示，芯片集成度增加100倍，系统的可靠性也可增加100倍。目前，微处理器及其系列芯片的平均无故障时间可以达到107～108小时。

（3）价格低。微处理器及其配套系列芯片采用集成电路工艺，集成度高，适合工厂大批量生产，因此产品造价十分低廉。据统计，集成度每增加100倍，其价格也可降为同功能分立元件的百分之一。低廉的价格对于微型计算机的推广和普及是十分有利的。

（4）适应性强。在微型计算机中，硬件扩展是很方便的，而且系统的软件是很容易改变的。因此，在相同的配置情况下，只要对硬件和软件作某些变动就可以适应不同用户的要求。

（5）周期短，见效快。微处理器制造厂家除生产微处理器芯片外，还生产各种配套的支持芯片，同时也提供许多有关的支持软件，为用户根据需求构成一个微型计算机应用系统创造了十分有利的条件，从而可以节省研制时间，缩短研制周期，使研制的系统很快地投入使用，取得明显的经济效益。

（6）体积小、重量轻、耗电省。微处理器及其配套支持芯片的尺寸均比较小，最大也不过几百平方毫米。近几年在微型计算机中还大量采用了大规模集成专用芯片（ASIC）和通用可编程门阵列（GAL）器件，使得微型计算机的体积明显缩小。目前微型计算机中的芯片大多采用MOS和CMOS工艺，这样耗电量就很少，这对于那些在体积、重量、功耗等方面要求比较严格的使用者来说是很有实际意义的。

（7）维护方便。现在用微处理器及其系列技术所构成的微型计算机已逐渐趋于标准化、模块化和系列化，从硬件结构到软件配置都作了比较全面的考虑，一般都可用自检、诊断及测试发现系统故障。另一方面，发现故障以后，排除故障也比较容易，如可以迅速地更换标准化模块或芯片。

2. 微型计算机的应用

微型计算机具有价格低廉、体积小、重量轻、功耗低、可靠性高、使用灵活等优点，随着大规模和超大规模集成电路工艺的不断发展，其功能也在不断增强，使得微型计算机的应用日益深入到各行各业，微型计算机在当今信息社会是不可缺少的重要工具。

微型计算机按其复杂程度的不同，可适用于各种行业，从仪器仪表和家电的智能化到科学计算、自动控制、数据和事务处理、辅助设计、办公自动化、生产自动化、数据库应用、网络应用、人工智能、计算机模拟、计算机辅助教育等各个领域都得到了广泛的应用。

1.4.4　微型计算机系统的组成

微型计算机是在大规模集成电路技术基础上发展起来的电子计算机，它的组成原理和一般电子计算机既有许多共性，也有其特殊性。

一台完整的微型计算机系统包括硬件和软件两大部分：硬件是指组成计算机的物质基础，包括主机和外围设备，也称为机器系统；软件是指为了方便用户使用和充分发挥计算机性能的各种程序的总称，也叫做程序系统。

1. 微型计算机系统的一般结构

完整的微型计算机系统由硬件系统和软件系统两大部分组成，其组成结构如图1-6所示。

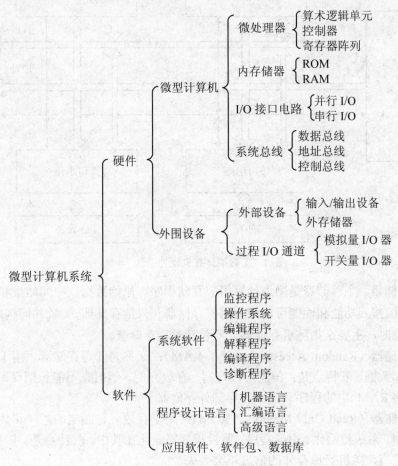

图 1-6   微型计算机系统的组成

其中，硬件系统是由电子部件和机电装置所组成的计算机实体，硬件的基本功能是接受计算机程序，并在程序的控制下完成数据输入、数据处理和输出结果等任务。

软件系统是指为计算机运行工作服务的全部技术资料和各种程序。软件系统保证计算机硬件的功能得以充分发挥，并为用户提供一个宽松的工作环境。计算机的硬件和软件二者缺一不可，否则不能正常工作。

2. 微型计算机的硬件结构

微型计算机是大规模集成电路技术发展的产物，微处理器是它的核心部件。自从1971年在美国硅谷诞生第一片微处理器以来，微型计算机异军突起，发展极为迅速。

微型计算机硬件系统结构如图1-7所示。

下面分析各组成模块及其功能。

（1）中央处理器。中央处理器（Control Processing Unit，CPU）是微型计算机的核心部件，它是包含有运算器、控制器、寄存器组以及总线接口等部件的一块大规模集成电路芯片，俗称微处理器。

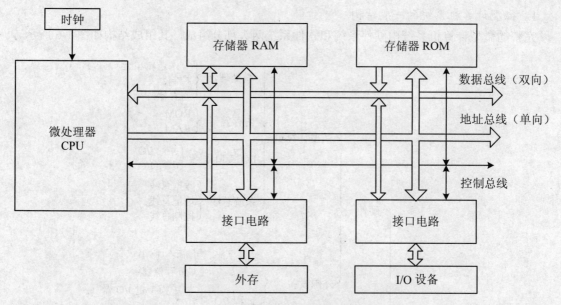

图 1-7　微型计算机硬件系统

（2）主存储器。主存储器是微型计算机中存储程序、原始数据、中间结果和最终结果等各种信息的部件。按其功能和性能可以分为随机存储器和只读存储器，二者共同构成主存储器。通常说内存容量时，主要是指随机存储器，不包括只读存储器。

1）随机存储器（Random Access Memory，RAM）：又称为读写存储器，用于存放当前参与运行的程序和数据。其特点是：信息可读可写，存取方便，但信息不能长期保留，断电会丢失。关机前要将 RAM 中的程序和数据转存到外存储器上。

2）只读存储器（Read Only Memory，ROM）：用于存放各种固定的程序和数据，由生产厂家将开机检测、系统初始化、引导程序、监控程序等固化在其中。其特点是：信息固定不变，只能读出不能重写，关机后原存储的信息不会丢失。

（3）系统总线。控制器发出的控制信号有 3 种类型：数据信号、地址信号、控制信号。各个部件直接用系统总线相连，信号通过总线相互传送。系统总线是 CPU 与其他部件之间传送数据、地址和控制信息的公共通道。根据传送内容的不同，可以分成以下 3 种：

1）数据总线（Data Bus，DB）：用于 CPU 与主存储器、CPU 与 I/O 接口之间传送数据。数据总线的宽度等于计算机的字长。数据总线一般为双向总线，可以向两个方向传输数据。

2）地址总线（Address Bus，AB）：用于 CPU 访问主存储器和外部设备时传送相关的地址。地址总线的宽度决定 CPU 的寻址能力。在计算机中，存储器、存储单元、输入设备、输出设备等都有各自的地址。地址信号通常由 CPU 发出，用来确定数据的传输方向。如果输入输出设备直接发出存储器的地址信号，而不必经过 CPU 就可以与存储器进行数据传送，这种方式称为直接存储器存取方式，即 DMA（Direct Memory Access）。

3）控制总线（Control Bus，CB）：用于传送 CPU 对主存储器和外部设备的控制信号。控制总线是控制器发送控制信号的通道，控制信号通过控制总线通往各个设备，使这些设备完成指定的操作。

上述结构使得各部件之间的关系都成为单一面向总线的关系，即任何一个部件只要按照标准挂接到总线上，就进入了系统，可以在 CPU 的统一控制下进行工作。

（4）输入/输出接口电路。输入/输出接口电路也称为 I/O（Input /Output）电路，即通常所说的适配器、适配卡或接口卡，它是微型计算机与外部设备交换信息的桥梁。

1）接口电路的结构。一般由寄存器组、专用存储器和控制电路几部分组成，当前的控制指令、通信数据以及外部设备的状态信息等分别存放在专用存储器或寄存器组中。

2）接口电路的连接。所有外部设备都通过各自的接口电路连接到微型计算机的系统总线上。

3）接口电路的通信方式。分为并行通信和串行通信，并行通信是将数据的各位同时传送，串行通信则使数据一位一位地顺序传送。

（5）主机板。微型计算机是由 CPU、RAM、ROM、I/O 接口电路及系统总线组成的计算机装置，简称"主机"。主机加上外部设备就构成微型计算机的"硬件系统"，硬件系统安装软件系统以后就称为"微型计算机系统"。

主机的主体是主机板，也称为系统主板或简称主板，CPU 就安装在它的上面。主机板上有内存槽、扩展槽、各种跳线和一些辅助电路。

1）内存槽（Bank）。内存槽用来插入内存条。一个内存条上安装有多个 RAM 芯片。目前微型计算机的 RAM 都采用这种内存条结构，以节省主板空间并加强配置的灵活性。现在使用的内存条有 8MB、16MB、32MB、64MB 等规格。所选择内存条的读写速度要与 CPU 的工作速度相匹配。

2）扩展槽。扩展槽用来插入各种外部设备的适配卡。选择主板时要注意它的扩展槽数量和总线标准。前者反映计算机的扩展能力，后者表达对 CPU 的支持程度以及对适配卡的要求。

总线标准先后推出过 ISA、MCA、EISA、VESA、PCI 等，这些标准涉及的主要技术参数有数据总线宽度、最高工作频率、数据传输率等，如表 1-1 所示。

表 1-1　总线标准及其参数

总线标准	ISA	MCA	EISA	VESA	PCI
推出时间（年）	1985	1987	1988	1992	1993
最高频率（MB）	8	10	8	33	33
传输率（Mb/s）	8	40	33	132	132
总线宽度（位）	16	32	32	32	32/64
并行处理能力	×	×	×	√	√
扩展槽数目	8	8	6	3	10
多媒体功能	×	×	×	√	√

近几年推出的 PCI 总线标准具有并行处理能力，支持自动配置，I/O 过程不依赖 CPU，充分满足多媒体要求，从而使得 Pentium 系列 CPU 的优点得以充分发挥。

3）跳线、跳线开关和排线。

跳线：是一种起"短接"作用的微型开关，它与多孔微型插座配合使用。当用这个插头短接不同的插孔时，可以调整某些相关的参数，以扩大主板的通用性。如调整 CPU 的速度、总线时钟、Cache 的容量、选择显示器的工作模式等。

跳线开关：是一组微型开关。它利用开关的通、断实现跳线的短路、开路作用，比跳线更加方便、可靠。新型的主板大多使用跳线开关。

排线：主板上设置有若干多孔微型插座，称为排线座，用来连接电源、复位开关、各种指示灯以及喇叭等部件的插头。

4）主要辅助电路。

CMOS 电路：工作电压低，耗电量要比动态读写存储器（DRAM）少得多。在 CMOS 中保存有存储器和外部设备的种类、规格、当前日期、时间等大量参数，以便为系统的正常运行提供所需数据。如果这些数据记载错误或者因故丢失，将造成机器无法正常工作，甚至不能启动运行。当 CMOS 中的数据出现问题或需要重新设置时，可以在系统启动阶段按照提示按 Del 键启动 SETUP 程序，进入修改状态。开机时 CMOS 电路由系统电源供电，关机以后则由电池供电。

ROM BIOS 芯片：BIOS 是指在 ROM 中固化的"基本输入输出系统"程序。BIOS 程序的性能对主板影响较大，好的 BIOS 程序能够充分发挥主板各种部件的功能，以提高效率，并能在不同的硬件环境下方便地兼容运行多种应用软件。所以 BIOS 为系统提供了一个便于操作的软硬件接口。

外部 Cache 芯片：高速缓冲存储器强调的是存取速度，所以它采用静态读写存储器（SROM）来补充 CPU 内部 Cache 容量的不足。Cache 由两部分组成：一部分存放数据，另一部分是此数据的标记。这两部分分别存放在两个芯片中，存放数据的芯片写作 Data RAM；存放标记的芯片写作 Tag RAM。

芯片组：是成套使用的一组芯片，负责将 CPU 运算或处理的结果以及其他信息传送到相关的部件，从而实现这些部件的控制，芯片组是 CPU 与所有部件的硬件接口。

振荡晶体：产生 CPU 主频所要求的固定频率。有的主板采用可调式振荡晶体，利用跳线生成多种频率，以适应不同的 CPU。

（6）外存储器。目前微型计算机使用的外部存储器大都是磁盘存储器，分为软磁盘和硬磁盘。磁盘存储器由磁盘、磁盘驱动器和驱动器接口电路组成，统称为磁盘机。

1）软磁盘：软磁盘由盘片、盘套组成，盘片与盘轴连接，上有读写定位机构，在盘套上开设有读写窗口和写保护块。目前比较常见的软磁盘是 3.5 英寸双面高密度磁盘，其容量为 1.44MB。

使用软磁盘需要注意以下事项：

● 关闭系统电源之前，要从驱动器中取出磁盘；磁头正在进行读写操作时，不能取出或插入盘片。

● 不要触摸、刻划磁盘的裸露部分，也不要用硬笔在磁盘的标签上写字，更不要弯曲、折叠磁盘，以防盘片损坏。

● 平时保管磁盘应注意防尘、防霉、防磁、防火，垂直放置。此外，长期存放磁盘会出现退磁，对于重要的文件，最好做两个以上的备份，并定期更新。

● 软盘驱动器是比较容易出故障的部件，若灰尘附在磁头上，不仅会划伤盘片，还会影响数据的正确读写。为此，需要定期地清洗磁头，可采用专用的清洗盘。

2）硬磁盘：硬磁盘采用金属为基底，表面涂覆有磁性材料，由于刚性较强，所以称为硬磁盘。

应用最广的是小型温切斯特式硬磁盘机，是在一个轴上平行安装若干个圆形磁盘片，它们同轴旋转。每个磁盘的表面都装有一个读写磁头，在控制器的统一控制下沿着磁盘表面径向同步移动，若干层盘片上具有相同半径的磁道可看作是一个圆柱，每个圆柱称为一个"柱面"。盘片与磁头等有关部件被密封在一个腔体中，构成一个组件，只能整体更换。

目前在硬盘市场上使用较多的是 2.5 或 3.5 英寸温切斯特式硬盘机。硬盘使用注意事项主要有以下两点：

- 不要频繁开关电源，供电电源应稳定。
- 未经授权的普通用户不要进行"磁盘低级格式化"、"磁盘分区"、"硬盘高级格式化"等操作。硬盘要通过磁盘驱动器和驱动器接口电路来完成信息的读写操作。

硬磁盘与软磁盘的对比如表 1-2 所示。

表 1-2　硬磁盘与软磁盘的对比

比较内容	软磁盘	硬磁盘
结构特点	单片，划分有磁道和扇区	多片密封，组合成柱面和扇区
读写方式	磁头直接接触磁盘	磁头采用浮动方式工作
存储容量	密度低，单片存储容量小	密度高，存储容量大
存取速度	旋转速度慢，存取速度慢	旋转速度快，存取速度快
使用方式	随身携带，使用方便	多安装在机箱内部
使用寿命和价格	易损坏，寿命短，价格低	不易损坏，寿命长，价格高

3）光盘：由于多媒体技术的广泛应用，加上计算机处理大量数据、图形、文字、声像等多种信息能力的增强，磁盘存储器容量不足的矛盾日益突出。在这种背景下，人们又研制出了一种新型的"光盘存储器"，而且发展非常迅速。

光盘存储器使用激光进行读写，比磁盘存储器具有更大的存储容量；又由于激光头与介质无接触、没有退磁问题，所以信息保存时间长。但是光盘读写速度比硬磁盘慢，驱动器价格较贵。

光盘存储器由光盘、光盘驱动器和接口电路组成。它用激光进行读写，按读写功能可以分为只读型、一次写入型、可重写型 3 种，它们的工作原理并不完全相同。

- 只读型光盘（Compact Disk Read Only Memory，CD-ROM）：厂家按用户要求写入数据后，永久不能改变其内容。
- 一次写入型光盘（Write Once Read Many Disk，WORM）：使用时允许写入一次，不能擦除，以后可以读出。
- 可重写型光盘（ReWriteable，E-R/W）：使用中允许用户重复改写和读出。

光盘通过光盘驱动器进行读写，是接收光盘视频、音频、文本信息的必备部件，是多媒体计算机的重要组成部分。

（7）输入/输出设备。键盘和鼠标是计算机最常用的输入设备，显示器和打印机则是计算机中最常用的输出设备。

1）键盘：主要用于输入数据、文本、程序和命令。按照各类按键的功能和排列位置，可将键盘分为 4 个主要部分：打字机键盘、功能键、编辑键和数字小键盘。

2）鼠标：键盘用于输入字符、数字和标点符号都很方便，但却不适合图形操作。随着计算机软件的发展，图形处理的任务越来越多，键盘已显得很不够用。因此出现了"鼠标器"，它是一种屏幕标定装置。鼠标器不能像键盘那样直接输入字符和数字，但是在图形处理软件支持下，在屏幕上进行图形处理则比键盘方便得多。尤其现在出现的一些大型软件，几乎全部采用各种形式的"菜单"或"图标"操作，操作时只要在屏幕的特定位置上用鼠标器选定一下，该操作即可执行。

目前常用的有线鼠标器有两种：机械式和光电式。机械式鼠标器采用其下面滚动的小球在桌面上移动，使屏幕上的光标随着移动，这种鼠标器价格便宜，但易沾灰尘，影响移动速度，要经常清洗；光电式鼠标器通过接收其下面光源发出的反射光，并转换为移动信号送入计算机，使屏幕光标随着移动，光电式鼠标器功能优于机械式鼠标器。

鼠标器的主要技术指标有分辨率和轨迹速度。分辨率越高越便于控制，大部分鼠标器的标准分辨率为 200～400DPI。轨迹速度反映了鼠标的移动灵敏度，通常在 600mm/s。

3）显示器：显示器通过显示卡连接到系统总线上，两者一起构成显示系统，显示器是微型计算机中最重要的输出设备，是人机对话不可缺少的工具。

显示器是操作计算机时传递各种信息的窗口，它能以数字、字符、图形、图像等形式显示各种设备的状态和运行结果，编辑各种程序、文件和图形，从而建立起计算机和操作人员之间的联系。

显示器的主要技术指标有屏幕尺寸、显示分辨率、刷新频率等。屏幕尺寸采用矩形屏幕的对角线长度，以英寸为单位，反映显示屏幕的大小。现在使用较多的是 14、15、17 英寸，图形处理专用机多为 20 英寸以上。显示分辨率是指屏幕像素的点阵，它取决于垂直方向和水平方向扫描线的线数，也与选择的显示卡类型有关，通常显示分辨率越高，显示的图像越清晰，但要求扫描频率也越快。刷新频率是指屏幕上的像素点经过一遍扫描以后得到一帧画面，将每秒钟内屏幕画面更新的次数称为刷新频率。刷新频率越高，画面闪烁越小，通常是 75Hz～200Hz。

连接 CPU 与显示器的接口电路是显示卡，它负责把需要显示的图像数据转换成视频控制信号，控制显示器显示该图像。显示卡按采用的图形芯片可分为单色显示卡、彩色显示卡、2D图形加速卡、3D 图形加速卡；按配合的总线类型分为 ISA 卡、VESA 卡、PCI 卡。

显示器具有速度快、无噪音、无机械磨损、不需要消耗品、使用简便、可靠性高等特点，但是显示的信息不能长期保存，因此一般都将显示器与打印机配合使用。

4）打印机：打印机也是重要的输出设备，它可以将计算机的运行结果、中间信息等打印在纸上，便于长期保存。

打印机按输出方式可分为行式打印机和串式打印机，前者是按"点阵"逐行打印，后者按"字符"逐行打印。目前，比较常用的打印机有针式打印机、喷墨打印机、激光打印机等。

打印机的主要技术参数有打印速度、打印分辨率和打印纸最大尺寸。

3. 微型计算机的软件系统

微型计算机的软件系统通常可以分为两大类：系统软件和应用软件。

（1）系统软件。系统软件又称为系统程序，主要用来管理整个计算机系统，监视服务，使系统资源得到合理调度，确保高效运行。它包括：标准程序库、语言处理程序、操作系统、服务性程序、数据库管理系统、网络软件等。

（2）应用软件。应用软件又称为应用程序，它是计算机用户在各自的应用领域中开发和使用的程序。由于计算机的应用极其广泛，所以这类软件种类繁多，不胜枚举。如：科学计算类程序、工程设计类程序、数据处理类程序、信息管理类程序等。

本章小结

电子计算机的产生和发展是 20 世纪最重要的科技成果之一，进入 20 世纪 70 年代，微型计算机开始登上历史舞台，并以不可阻挡的势头迅猛发展，成为当今计算机发展的一个主流方向。当前，以微型计算机为代表的计算机已日益普及，其应用已深入到社会的各个角落，极大地改变着人们的工作方式、学习方式和生活方式，成为信息时代的主要标志。

本章从计算机的发展和应用开始，对计算机特别是微型计算机的基本概念、硬件结构、工作原理、系统组成、应用特点等知识作了相应的概述。通过本章的学习，读者要了解微型计算机的发展历史和应用场合，关注当前微型计算机的发展动向，尤其是微处理器芯片的更新换代以及相关软件的应用；要掌握微型计算机的分类方式，熟悉微型计算机系统组成以及工作原理，理解微型计算机硬件和软件各主要模块的功能及其在系统中所处的地位。为后续内容的学习打下一个良好的基础。

习题 1

1．计算机的发展到目前为止经历了几个时代？每个时代的特点是什么？

2．计算机的特点表现在哪些方面？简述计算机的应用领域。

3．冯·诺依曼型计算机由哪些部分组成？各部分的功能是什么？分析其中数据信息和控制信息的流向。

4．计算机中的 CPU 由哪些部件组成？简述各部分的功能。

5．微型计算机系统主要由哪些部分组成？各部分的主要功能和特点是什么？

6．微型计算机的分类方法有哪些？

7．什么是微型计算机的系统总线？定性说明微处理器三大总线的作用。

8．微型计算机的总线标准有哪些？怎样合理地加以选择？

9．简述微型计算机的主要应用方向及其应用特点。

10．奔腾系列微处理器有哪些特点？与其他微处理器相比有哪些改进？

11．解释并区分下列名词术语的含义。

（1）微处理器、微型计算机、微型计算机系统

（2）字节、字、字长、主频、基本指令执行时间、指令数

（3）硬件和软件

（4）RAM、ROM、CMOS、BIOS、Cache 芯片

（5）机器语言、汇编语言、高级语言、操作系统、语言处理程序、应用软件

12．微型计算机系统软件的主要特点是什么？它包括哪些内容？

13．定性比较微型计算机的内存储器和外存储器的特点及组成情况。

第 2 章　计算机中的数据表示

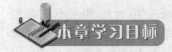

　　本章介绍计算机中数据的表示方法，重点讲述计算机中常用的数制及其转换、带符号数的表示、字符编码和汉字编码的基本知识。通过本章的学习，读者应掌握以下内容：

- 计算机中数制的基本概念、数制之间的相互转换
- 无符号数和带符号数的表示方法
- ASCII 码和 BCD 码的相关概念和应用
- 汉字编码及其应用

2.1　计算机中的数制及其转换

　　在计算机内，不论是指令还是数据，都采用了二进制编码形式，包括图形和声音等信息，也必须转换成二进制数的形式，才能存入计算机中。由于计算机的处理对象是各种各样的数据，在使用上，我们把计算机中的数据分为两类：

　　（1）数：用来直接表示量的多少，它们有大小之分，能够进行加减等运算。

　　（2）码：通常指代码或编码，在计算机中用来代表某个事物或描述某种信息。

　　在计算机中，数和码仅仅在使用场合上有区别，用于表示不同性质的数据，而在使用形态上并没有区别。

2.1.1　数制的基本概念

1. 数的表示

　　人们在日常生活中最熟悉、最常用的数是十进制数，它采用 0～9 共 10 个数字符号及其进位来表示数的大小。其相关概念如下：

- 0～9 这些数字符号称为"数码"。
- 全部数码的个数称为"基数"，十进制数的基数为 10。
- 用"逢基数进位"的原则进行计数，称为进位计数制。十进制数的基数是 10，所以其计数原则是"逢十进一"。
- 进位以后的数字，按其所在位置的前后将代表不同的数值，表示各位有不同的"位权"。

例如：十进制数个位的"1"，代表 1，即个位的位权是 1。

十进制数十位的"1"，代表 10，即十位的位权是 10。

十进制数百位的"1"，代表 100，即百位的位权是 100，依此类推。

● 位权与基数的关系：位权的值等于基数的若干次幂。

例如：十进制数 2518.234，可以展开为下面的多项式：

$2518.234=2\times10^3+5\times10^2+1\times10^1+8\times10^0+2\times10^{-1}+3\times10^{-2}+4\times10^{-3}$

式中：10^3、10^2、10^1、10^0、10^{-1}、10^{-2}、10^{-3} 即为该位的位权，每一位上的数码与该位位权的乘积就是该位的数值。

● 任何一种数制表示的数都可以写成按位权展开的多项式之和，其一般形式为：

$$N=d_{n-1}b^{n-1}+d_{n-2}b^{n-2}+d_{n-3}b^{n-3}+\dots d_{-m}b^{-m}=\sum_{i=-m}^{n-1}d_i\times b^i$$

式中：

n——整数的总位数。

m——小数的总位数。

d_i——表示该位的数码。

b——表示进位制的基数。

b^i——表示该位的位权。

2. 计算机中常用的进位计数制

计算机内部的电子部件有两种工作状态，即电流的"通"与"断"（或电压的"高"与"低"），因此计算机能够直接识别的只是二进制数，这就使得它所处理的数字、字符、图像、声音等信息都是以 1 和 0 组成的二进制数的某种编码。

由于二进制在表达一个数字时，位数太长，不易识别，且容易出错，因此在书写计算机程序时，经常将它们写成对应的十六进制数或八进制数，也采用人们熟悉的十进制数表示。

在计算机内部可以根据实际情况的需要分别采用二进制数、八进制数、十进制数和十六进制数。

表 2-1 给出了计算机中常用计数制的基数、数码以及进位关系。

表 2-1　计算机中常用计数制的基数、数码以及进位关系

计数制	基数	数码	进位关系
二进制	2	0、1	逢二进一
八进制	8	0、1、2、3、4、5、6、7	逢八进一
十进制	10	0、1、2、3、4、5、6、7、8、9	逢十进一
十六进制	16	0、1、2、3、4、5、6、7、8、9、A、B、C、D、E、F	逢十六进一

表 2-2 给出了常用计数制的表示方法。

表 2-2　计算机中常用计数制的表示方法

十进制	二进制	八进制	十六进制	十进制	二进制	八进制	十六进制
0	0000	0	0	10	1010	12	A
1	0001	1	1	11	1011	13	B
2	0010	2	2	12	1100	14	C
3	0011	3	3	13	1101	15	D
4	0100	4	4	14	1110	16	E
5	0101	5	5	15	1111	17	F
6	0110	6	6	16	10000	20	10
7	0111	7	7	17	10001	21	12
8	1000	10	8	18	10010	22	13
9	1001	11	9	19	10011	23	14

3. 计数制的书写规则

为了区分各种计数制的数据，经常采用如下方法进行书写表达。

（1）在数字后面加写相应的英文字母作为标识。

B（Binary）：表示二进制数，二进制数的 100 可以写成 100B。

O（Octonary）：表示八进制数，八进制数的 100 可以写成 100O。

D（Decimal）：表示十进制数，十进制数的 100 可以写成 100D，通常其后缀可以省略。

H（Hexadecimal）：表示十六进制数，十六进制数的 100 可以写成 100H。

（2）在括号外面加数字下标。

$(1011)_2$：表示二进制数的 1011。

$(3157)_8$：表示八进制数的 3157。

$(2468)_{10}$：表示十进制数的 2468。

$(2DF2)_{16}$：表示十六进制数的 2DF2。

2.1.2　数制之间的转换

1. 十进制数转换为二进制数

一个十进制数通常由整数部分和小数部分组成，这两部分的转换规则是不同的，在实际应用中，整数部分与小数部分要分别进行转换。

（1）十进制整数转换为二进制整数。

十进制整数转换为二进制整数的方法是：采用基数 2 连续去除该十进制整数，直至商等于"0"为止，然后逆序排列余数，即可得到与该十进制整数相应的二进制整数各位的系数。

【例 2-1】将十进制整数$(105)_{10}$转换为二进制整数，采用"除 2 倒取余"的方法，过程如下：

```
2 | 105
 2 | 52          余数为1
  2 | 26         余数为0
   2 | 13        余数为0
    2 | 6        余数为1
     2 | 3       余数为0
      2 | 1      余数为1
         0       余数为1
```

所以，$(105)_{10}=(1101001)_2$

（2）十进制小数转化为二进制小数。

十进制小数转换为二进制小数的方法是：连续用基数 2 去乘以该十进制小数，直至乘积的小数部分等于"0"，然后顺序排列每次乘积的整数部分，即可得到与该十进制小数相应的二进制小数各位的系数。

【例 2-2】将十进制小数$(0.8125)_{10}$转换为二进制小数，采用"乘 2 顺取整"的方法，过程如下：

```
0.8125×2=1.625          取整数位 1
0.625×2=1.25           取整数位 1
0.25×2=0.5             取整数位 0
0.5×2=1.0              取整数位 1
```

所以，$(0.8125)_{10}=(0.1101)_2$

如果出现乘积的小数部分一直不为"0"，则根据精度的要求截取一定的位数即可。

2. 十进制数转换为八进制数和十六进制数

同理，十进制数转换为八进制数或十六进制数时，可以参照十进制数转换为二进制数的对应方法来处理。

（1）十进制整数转换为八进制整数或十六进制整数。

十进制整数转换为八进制整数或十六进制整数的方法是：采用基数 8 或基数 16 连续去除该十进制整数，直至商等于"0"为止，然后逆序排列所得到的余数，即可得到与该十进制整数相应的八进制整数或十六进制整数各位的系数。

【例 2-3】将十进制整数$(1687)_{10}$转换为八进制整数，采用"除 8 倒取余"的方法，过程如下：

```
8 | 1687
 8 | 210          余数为7
  8 | 26          余数为2
   8 | 3          余数为2
      0           余数为3
```

所以，$(1687)_{10}=(3227)_8$

将十进制整数$(2347)_{10}$转换为十六进制整数，采用"除 16 倒取余"的方法，过程如下：

$$16 \underline{\smash{)}\ 2347}$$
$$16 \underline{\smash{)}\ 146} \qquad\qquad 余数为11（十六进制数为B）$$
$$16 \underline{\smash{)}\ \ \ 9} \qquad\qquad 余数为2$$
$$0 \qquad\qquad\quad 余数为9$$

所以，$(2347)_{10}=(92B)_{16}$

（2）十进制小数转换为八进制小数或十六进制小数。

十进制小数转换为八进制小数或十六进制小数的方法是：连续用基数 8 或基数 16 去乘以该十进制小数，直至乘积的小数部分等于"0"，然后顺序排列每次乘积的整数部分，即可得到与该十进制小数相应的八进制小数或十六进制小数各位的系数。

【例 2-4】将十进制小数$(0.9525)_{10}$转换为八进制小数，采用"乘 8 顺取整"的方法，过程如下：

$$0.9525 \times 8 = 7.62 \qquad\qquad 取整数位\ 7$$
$$0.62 \times 8 = 4.96 \qquad\qquad 取整数位\ 4$$
$$0.96 \times 8 = 7.68 \qquad\qquad 取整数位\ 7$$
$$0.68 \times 8 = 5.44 \qquad\qquad 取整数位\ 5$$

如果数据的计算精度取小数点后 4 位数，则其后的数可以不再计算。

所以，$(0.9525)_{10}=(0.7475)_8$

【例 2-5】将十进制小数$(0.5432)_{10}$转换为十六进制小数，采用"乘 16 顺取整"的方法，过程如下：

$$0.5432 \times 16 = 8.6912 \qquad\qquad 取整数位\ 8$$
$$0.6912 \times 16 = 11.0592 \qquad\qquad 取整数位\ 11（十六进制数为\ B）$$
$$0.0592 \times 16 = 0.9472 \qquad\qquad 取整数位\ 0$$
$$0.9472 \times 16 = 15.1552 \qquad\qquad 取整数位\ 15（十六进制数为\ F）$$

取数据的计算精度为小数点后 4 位数。

所以，$(0.5432)_{10}=(0.8B0F)_{16}$

3. 二进制数、八进制数、十六进制数转换为十进制数

二进制数、八进制数、十六进制数转换为十进制数时，按照"位权展开求和"的方法即可得到。

（1）二进制数转换为十进制数。

二进制数转换为十进制数时，用其各位所对应的系数 1（系数为 0 时可以不必计算）来乘以基数为 2 的相应位权，即可得到与二进制数相应的十进制数。

【例 2-6】将二进制数$(1011001.101)_2$转换为十进制数，过程如下：

$$(1011001.101)_2 = 1 \times 2^6 + 1 \times 2^4 + 1 \times 2^3 + 1 \times 2^0 + 1 \times 2^{-1} + 1 \times 2^{-3}$$
$$= 64 + 16 + 8 + 1 + 0.5 + 0.125$$
$$= (89.625)_{10}$$

（2）八进制数转换为十进制数。

八进制数转换为十进制数时，用其各位所对应的系数来乘以基数为 8 的相应位权，即可得到与八进制数相应的十进制数。

【例 2-7】将八进制数(1476.52)₈转换为十进制数，过程如下：

$(1476.52)_8 = 1×8^3+4×8^2+7×8^1+6×8^0+5×8^{-1}+2×8^{-2}$

$= 512+256+56+6+0.625+0.03125$

$= (830.65625)_{10}$

（3）十六进制数转换为十进制数。

十六进制数转换为十进制数时，用其各位所对应的系数来乘以基数为 16 的相应位权，即可得到与十六进制数相应的十进制数。

【例 2-8】将十六进制数(2D7.A)₁₆转换为十进制数，过程如下：

$(2D7.A)_{16} = 2×16^2+13×16^1+7×16^0+10×16^{-1}$

$= 512+208+7+0.625$

$= (727.625)_{10}$

4. 二进制数与八进制数和十六进制数之间的转换

（1）二进制数与八进制数之间的转换。

因为 $8=2^3$，所以一位八进制数相当于三位二进制数，这样八进制数与二进制数之间的转换就很方便了。由八进制数转换成二进制数时，只要将每位八进制数用三位二进制数表示即可；而由二进制数转换成八进制数时，先要从小数点开始分别向左或向右将每三位二进制数分成一组，不足三位数的要补 0，然后将每三位二进制数用一位八进制数表示即可。

● 八进制数转换为二进制数的方法是"一分为三"。

八进制数：　0　　　1　　　2　　　3　　　4　　　5　　　6　　　7

二进制数：000　　001　　010　　011　　100　　101　　110　　111

【例 2-9】将八进制数(3257.461)₈转换为二进制数，过程如下：

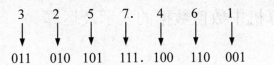

所以，$(3257.461)_8=(11010101111.100110001)_2$

● 二进制数转换为八进制数的方法是"三合一"。

整数部分：自右向左三位一组，不够位时补 0，每组对应一个八进制数码。

小数部分：自左向右三位一组，不够位时补 0，每组对应一个八进制数码。

【例 2-10】将二进制数(11010010110.10101101)₂转换为八进制数，过程如下：

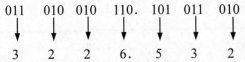

所以，$(11010010110.10101101)_2=(3226.532)_8$

（2）二进制数与十六进制数之间的转换。

因为 $16=2^4$，所以一位十六进制数相当于四位二进制数。从十六进制数转换为二进制数时，只要将每位十六进制数用四位二进制数表示即可；而从二进制数转换为十六进制数时，先要从小数点开始分别向左或向右将每四位二进制数分成一组，不足四位的要补 0，然后将每四位二进制数用一位十六进制数表示即可。

● 十六进制数转换为二进制数的方法是"一分为四"。

十六进制数：　　0　　　1　　　2　　　3　　　4　　　5　　　6　　　7

　二进制数：0000　　0001　0010　0011　0100　0101　0110　0111

十六进制数：　　8　　　9　　　A　　　B　　　C　　　D　　　E　　　F

　二进制数：1000　　1001　1010　1011　1100　1101　1110　1111

【例 2-11】将十六进制数(32A8.C69)₁₆转换为二进制数，每位十六进制数用四位二进制数表示，过程如下：

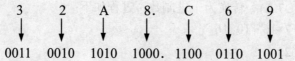

　　　　0011　　0010　　1010　　1000.　1100　　0110　　1001

所以，(31A8.C69)₁₆=(11001010101000.110001101001)₂

● 二进制数转换为十六进制数的方法是"四合一"。

整数部分：自右向左四位一组，不够位时补 0，每组对应一个十六进制数码。

小数部分：自左向右四位一组，不够位时补 0，每组对应一个十六进制数码。

【例 2-12】将二进制数(1110110010110.010101101)₂转换为十六进制数，从小数点开始分别向左或向右将每四位二进制数分成一组，过程如下：

　　　0001　　1101　　1001　　0110.　0101　　0110　　1000

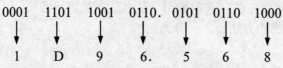

　　　　1　　　D　　　9　　　6.　　5　　　6　　　8

所以，(1110110010110.010101101)₂=(1D96.568)₈

2.2 计算机中数值数据的表示及运算

2.2.1 基本概念

在计算机内部表示二进制数的方法通常称为数值编码，把一个数及其符号在机器中的表示加以数值化，这样的数称为机器数。机器数所代表的数称为该机器数的真值。

要全面完整地表示一个机器数，应考虑以下三个因素：

● 机器数的范围

● 机器数的符号

● 机器数中小数点的位置

1. 机器数的范围

通常机器数的范围由计算机的硬件决定。当使用 8 位寄存器时，字长为 8 位，所以一个无符号整数的最大值是：11111111B=255D，此时机器数的范围是 0~255。

当使用 16 位寄存器时，字长为 16 位，所以一个无符号整数的最大值是：1111111111111111B=FFFFH=65535D，此时机器数的范围是 0~65535。

2. 机器数的符号

在算术运算中，数据是有正有负的，这类数据称为带符号数。

为了在计算机中正确地表示带符号数，通常规定每个字长的最高位为符号位，并用 0 表示正数，用 1 表示负数。

字长为 8 位二进制数时，D_7 为符号位；字长为 16 位二进制数时，D_{15} 为符号位。

例如：在一个 8 位字长的计算机中，带符号数据的格式如下：

正数   负数

其中，最高位 D_7 是符号位，其余 $D_6 \sim D_0$ 为数值位，这样把符号数字化并和数值位一起编码的方法很好地解决了带符号数的表示及其计算问题。

这类编码方法常用的有原码、反码、补码三种。

3. 机器数中小数点的位置

在机器中，小数点的位置通常有两种约定：一种规定小数点的位置固定不变，这时的机器数称为"定点数"；另一种规定小数点的位置可以浮动，这时的机器数称为"浮点数"。

2.2.2 带符号数的原码、反码、补码表示

1. 原码

正数的符号位为 0，负数的符号位为 1，其他位按照一般的方法来表示数的绝对值。用这样的表示方法得到的就是数的原码。

【例 2-13】当机器字长为 8 位二进制数时：

X=+1011011	[X]原码=01011011
Y=+1011011	[Y]原码=11011011
[+1]原码=00000001	[-1]原码=10000001
[+127]原码=01111111	[-127]原码=11111111

在二进制数的原码表示中，0 的表示有正负之分：

    [+0]原码=00000000　　　　　　　　[-0]原码=10000000

原码表示的整数范围是 $-(2^{n-1}-1) \sim +(2^{n-1}-1)$，其中 n 为机器字长。

则：8 位二进制原码表示的整数范围是 $-127 \sim +127$。

16 位二进制原码表示的整数范围是 $-32767 \sim +32767$。

两个符号相异但绝对值相同的数的原码，除了符号位以外，其他位的表示都是一样的。数的原码表示简单直观，而且与其真值转换方便。

但是，如果有两个符号相异的数要进行相加或两个同符号数相减，则要做减法运算。做减法运算会产生借位的问题，很不方便。为了将加法运算和减法运算统一起来，以加快运算速度，引进了数的反码和补码表示。

2. 反码

对于一个带符号的数来说，正数的反码与其原码相同，负数的反码为其原码除符号位以外的各位按位取反。

【例 2-14】当机器字长为 8 位二进制数时：

X=+1011011   [X]原码=01011011   [X]反码=01011011
Y=-1011011   [Y]原码=11011011   [Y]反码=10100100
[+1]反码=00000001   [-1]反码=11111110
[+127]反码=01111111   [-127]反码=10000000

可以看出，负数的反码与负数的原码有很大的区别，反码通常用作求补码过程中的中间形式。

反码表示的整数范围与原码相同。

数据 0 在二进制数的反码表示中有以下形式：

[+0]反码=[+0]原码=00000000   [-0]反码=11111111

3. 补码

正数的补码与其原码相同，负数的补码为其反码在最低位加 1。

【例 2-15】X=+1011011   [X]原码=01011011   [X]补码=01011011
Y=-1011011   [Y]原码=11011011   [Y]反码=10100100
[Y]补码=10100101
[+1]补码=00000001   [-1]补码=11111111
[+127]补码=01111111   [-127]补码=10000001

在二进制数的补码表示中，0 的表示是唯一的。

即：[+0]补码=[-0]补码=00000000

引入补码以后，加法和减法运算都可以统一用加法运算来实现，符号位也被当作数值参与处理。

在很多计算机系统中都采用补码来表示带符号的数。

由于计算机中存储数据的字节数是有限制的，所以能存储的带符号数也有一定的范围。

补码表示的整数范围是$-2^{n-1} \sim +(2^{n-1}-1)$，其中 n 为机器字长。

则：8 位二进制补码表示的整数范围是-128～+127。

16位二进制补码表示的整数范围是-32768～+32767。

当运算结果超出这个范围时，就不能正确表示数了，此时称为溢出。

对于 8 位字长的二进制数，其原码、反码、补码的对应关系如表 2-3 所示。

表 2-3 8 位二进制数的原码、反码、补码的对应关系

二进制数	无符号数	带符号数		
		原码	反码	补码
00000000	0	+0	+0	+0
00000001	1	+1	+1	+1
…	…	…	…	…
01111111	127	+127	+127	+127
10000000	128	-0	-127	-128
…	…	…	…	…
11111110	254	-126	-1	-2
11111111	255	-127	-0	-1

4．补码与真值之间的转换

给定机器数的真值可以通过补码的定义来完成真值到补码的转换，若已知某数的补码求其真值，则可以采用以下方法来计算。

正数补码的真值等于补码的本身；负数补码转换为其真值时，将负数补码数值位按位求反，末位加 1，即可得到该负数补码对应的真值的绝对值。

【例 2-16】（1）$[X]_{补码}$=01011001B，求其真值 X。

（2）$[X]_{补码}$=11011001B，求其真值 X。

（1）由于$[X]_{补码}$代表的数是正数，则其真值：X=+1011001B

$$=+(1\times2^6+1\times2^4+1\times2^3+1\times2^0)$$
$$=+(64+16+8+1)$$
$$=+(89)D$$

（2）由于$[X]_{补码}$代表的数是负数，则其真值：X=-([1011001]$_{求反}$+1)B

$$=-(0100110+1)B$$
$$=-(0100111)B$$
$$=-(1\times2^5+1\times2^2+1\times2^1+1\times2^0)$$
$$=-(32+4+2+1)$$
$$=-(39)D$$

2.2.3　定点数和浮点数表示

计算机在进行算术运算时，需要指出小数点的位置。针对小数点的处理，计算机有两种表示数的方法，定点表示法和浮点表示法。

1．定点表示法

定点表示约定所有数据小数点的位置固定不变，通常把小数点固定在有效数字的前向或末尾，这就形成了两类定点数。

（1）定点小数。小数点固定在最高有效数字之前，符号位之后，则该数为一纯小数，格式如下：

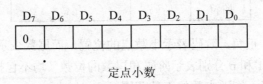

定点小数

（2）定点整数。小数点固定在最低有效数字之后，则该数为整数，格式如下：

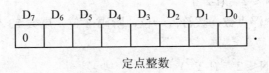

定点整数

在机器中，小数点的位置是隐含约定的，并不需要把它真正地表示出来。

（3）定点数的表数范围（字长为 n+1 位）。

	小数	整数
原码	$-(1-2^{-n}) \leqslant N \leqslant 1-2^{-n}$	$-(2^n-1) \leqslant N \leqslant 2^n-1$
补码	$-1 \leqslant N \leqslant 1-2^{-n}$	$-2^n \leqslant N \leqslant 2^n-1$
反码	$-(1-2^{-n}) \leqslant N \leqslant 1-2^{-n}$	$-(2^n-1) \leqslant N \leqslant 2^n-1$

只有定点数据的计算机称为定点计算机。定点机只能表示纯小数或整数，而且所能表示的数值范围有限，尤其是定点小数的表数范围小于 1。所以，定点小数表示法只用在早期的计算机中，现代计算机都设计成能处理多种整数类型的计算机，如用 8 位、16 位、32 位或 64 位二进制数来表示一个整数。而定点小数讨论编码方便，也用于表示浮点数的尾数。

2. 浮点表示法

（1）浮点数。使用定点表示法能表示一定范围的整数，通过重新设定小数点的位置，这种格式也能用来表示带有分数的数。

定点表示法，因为小数点只能定在某一位置上，所以表数范围有限。为了表示更大范围的数据，数学上通常采用科学计数法，把数据表示成一个小数乘以一个以 10 为底的指数。

例如 368000000000000 可以表示成 3.68×10^{14}，而 0.0000000000000368 可以表示成 3.68×10^{-14}。显然这里小数点的位置可以动态变化，只要相应地改变 10 的指数就可以使整个数的值不变。

浮点表示法就是一个数的小数点的位置不固定，可以浮动。

对于任一数 N 可以表示成：

$$N = R^E \times M = \pm R^{\pm e} \times m$$

其中，E（Exponent）是指数，被称为浮点数的阶码，用定点整数表示。早期的计算机系统 E 用补码表示，此时需要设置符号位；现在计算机 E 多用移码表示。M（Mantissa）称为浮点数的尾数，用定点小数表示，尾数的符号表示数的正负，用补码或原码表示。R（Radix）是阶码的底，又称为尾数的基值。基值 R 在计算机中一般为 2、8 或 16，是个常数，在系统中是事先隐含约定的，不需要用代码表示。所以浮点数只需要用一对定点数（阶码和尾数）表示，存于如下一个二进制字的三个字段中。

阶符	阶码	尾数

其中，阶符表示数的正负，阶码表示小数点的位置，而尾数表示有效数字。

（2）表数范围。设 l 和 n 分别表示阶码和尾数的位数（均不包括符号位），基值为 2，阶码和尾数均采用原码表示，则浮点数的表数范围是：

$$0 \leqslant |N| \leqslant < 2^{2^{l-1}} (1-2^{-n})$$

$$-2^{2^{l-1}} (1-2^{-n}) \leqslant N \leqslant 2^{2^{l-1}}(1-2^{-n})$$

如果用 32 位表示一个浮点数，数符占一位，阶码 8 位，尾数 23 位，则此浮点数的表数范围为：

$$-2^{2^7-1} (1-2^{-23}) \leqslant N \leqslant 2^{2^7-1}(1-2^{-23})$$

N 的取值范围近似为 $\pm 2^{127}$，相当于 $\pm 10^{38}$。

如果采用定点小数，同样 32 位字长，则表数范围为：

$$-(2^{31}-1)\leqslant N\leqslant2^{31}-1$$

显然浮点数的表数范围比定点数大得多。

在浮点数中，阶码指出小数点在数据中的实际位置，它决定浮点数的表数范围；而尾数可以给出有效数字的位数，它决定浮点数的表数精度。

2.2.4　定点补码加法运算溢出判断

补码的加法规则是：$[X+Y]_{补}=[X]_{补}+[Y]_{补}$。

补码的减法规则是：$[X-Y]_{补}=[X]_{补}+[-Y]_{补}$。

掌握上述规则后，不仅可以把补码减法运算变为补码加法运算，而且可以把带符号数和无符号数统一起来。计算机内部采用统一的方法处理，即加法可直接进行，减法用减数变补与被减数相加来实现（结果为负数时，应对其再求补，以便将其转换为真值）。

【例 2-17】　设字长 n=8，X=66，Y=22，试用补码进行下列运算：

（1）X+Y　　（2）X-Y　　（3）-X+Y　　（4）-X-Y

解：利用$[X\pm Y]_{补}=[X]_{补}+[\pm Y]_{补}$ 进行解答。

X=66=01000010B　　Y=22=0001 0110B

$[X]_{补}$=01000010B　$[Y]_{补}$=0001 0110B　$[-X]_{补}$=10111110B　$[-Y]_{补}$=11101010B

```
①     01000010 [X]补              ②       0100 0010 [X]补
   +   00010110 [Y]补                 +     1110 1010 [-Y]补
      ─────────────                       ──────────────
      01011000 [X+Y]补              1      0010 1100 [X-Y]补
                                           ↑
                                           └── 进位自动丢失

  X+Y=0101 1000B=88               X-Y=0010 1100B=44
```

```
③     1011 1110 [-X]补             ④       1011 1110[-X]补
   +   0001 1110[Y]补                 +     1110 1010 [-Y]补
      ─────────────                       ──────────────
      1101 01 00[-X+Y]补           1      1010 1000 [-X-Y]补
                                           ↑
         结果为负，再求补                  └── 进位自动丢失，再求补

  -X+Y=-010 1100B=-44             -X-Y=-101 1000B=-8
```

特别要注意的是溢出问题，即进行运算时由于计算机字长的限制，会产生运算结果超出数所能表示的范围的现象。可以用直接观察法来判断运算是否溢出：当正数加正数的结果为负数时或负数加负数的结果为正数时，结果都产生溢出。也可以用双高位法来判断运算是否溢出：$OV=Cs\oplus Cp$。式中 Cs 为加减运算中最高位（符号位）的进位值，Cp 为加减运算中最高数值位的进位值，当有进位时，取值为 1，无进位时，取值为 0。若 Cs、Cp 的异或运算结果为 1，即 OV=1，则表明结果产生溢出，反之则表示不溢出。

【例 2-18】　设$[X]_{补}$=0111 1111B，$[Y]_{补}$=0000 0110B，试用补码进行下列运算，并用直接观察法判断结果是否产生溢出。

（1）$[X+Y]_{补}$　　　　（2）$[-X-Y]_{补}$

解：用直接观察法判断结果是否产生溢出。

```
①    0111 1111    [X]补        ②    1000 0001 [-X]补
   +  0000 0110    [Y]补           +  1111 1010 [-Y]补
      1000 0101    [X+Y]补           0111 1011 [-X-Y]补
```

正加正，结果为负　　　　　　　　　负加负，结果为正

[X+Y]补　溢出　　　　　　　　　　[-X-Y]补　溢出

【例 2-19】 设[X]补=0111 1111B，[Y]补=0000 0110B，试用补码进行下列运算，并用双高位法判断结果是否产生溢出。

（1）[X+Y]补　　　　　（2）[-X-Y]补

解：用双高位法判断结果是否产生溢出。

```
①    0111 1111    [X]补        ②    1000 0001 [-X]补
   +  0000 0110    [Y]补           +  1111 1010 [-Y]补
    0 1000 0101    [X+Y]补        1 0111 1011 [-X-Y]补
```

Cs=0　Cp=1　　OV= Cs⊕Cp=1　　　Cs=1　Cp=0　　OV= Cs⊕Cp=1

[X+Y]补　溢出　　　　　　　　　　[-X-Y]补　溢出

2.3　其他数据表示方法

前面我们讨论的数据类型都是数值数据，即计算机进行算术运算所使用的操作数，它有大小，可以在数轴上表示出来。但是计算机并不是一种仅仅能用来存储数字并进行高速计算的机器。在很多情况下，计算机处理的是另一种数据类型——非数值数据。例如，计算机使用者编写的程序是字符形式的，即包括字母、数字及各种特殊符号。另外，在情报检索、企业管理、办公自动化等许多应用场合，计算机处理的也是字符，很少处理数值。在中文信息处理系统中，计算机还要处理汉字。计算机能够接收这些字符和汉字，将它们存储在存储器中，对它们进行某些操作，并将结果送至输出设备。除此之外，在多媒体技术中，计算机还能处理图形、图像和语音等信息，这些信息在计算机内转换成 0、1 表示的编码。我们把字符、汉字、图形、图像、语音以及逻辑数据都称为非数值数据。随着计算机应用领域的不断扩大，计算机处理非数值数据远比处理数值数据多得多。

1. 逻辑数据

逻辑数据由若干位无符号的二进制数字串组成，每位之间没有权的内在联系，因此也就没有数值，只用逻辑值：真值或假值。

逻辑数据只能参加逻辑运算，如"逻辑加"、"逻辑乘"、"逻辑非"等以及它们的各种组合运算。其特点是参加运算的逻辑数据是在对应的两个二进制位之间进行的，与相邻的高位和低位的值均无关，不存在算术运算的进位和借位等问题。

数值数据和逻辑数据在机器内部都表示成二进制数串，如 10110110，机器本身不能识别它是哪种数据，必须根据程序中的指令来识别它。算术运算指令所指定的操作数一定是数值数据，而逻辑运算指令指定的操作数一定是逻辑数据。

2. 字符编码

字符在机器里也必须用二进制数来表示，但是这种二进制数是按照特定规则编码表示的。计算机为了识别和区分这些符号，采用了以下方法：

（1）使用由若干位组成的二进制数去代表一个符号。

（2）一个二进制数只能与一个符号唯一对应，即符号集内所有的二进制数不能相同。

这样，二进制数的位数自然取决于符号集的规模。

例如：128 个符号的符号集，需要 7 位二进制数。

256 个符号的符号集，需要 8 位二进制数。

这就是所谓的字符编码，由此可以看出：计算机解决任何问题都是建立在编码技术上的。目前最通用的西文字符编码是美国信息交换标准代码（ASCII 码）。

2.3.1 美国信息交换标准代码（ASCII 码）

ASCII（American Standard Code for Information Interchange）码是美国信息交换标准代码的简称，用于给西文字符编码，包括英文字母的大小写、数字、专用字符、控制字符等。

这种编码由 7 位二进制数组合而成，可以表示 128 种字符，目前在国际上广泛流行。ASCII 码的编码内容如表 2-4 所示。

表 2-4　7 位 ASCII 码编码表

低 4 位代码		高 3 位代码							
		0	1	2	3	4	5	6	7
		000	001	010	011	100	101	110	111
0	0000	NUL	DLE	SP	0	@	P	、	p
1	0001	SOH	DC1	!	1	A	Q	a	q
2	0010	STX	DC2	"	2	B	R	b	r
3	0011	ETX	DC3	#	3	C	S	c	s
4	0100	EOT	DC4	$	4	D	T	d	t
5	0101	ENQ	NAK	%	5	E	U	e	u
6	0110	ACK	SYN	&	6	F	V	f	v
7	0111	BEL	ETB	'	7	G	W	g	w
8	1000	BS	CAN	(	8	H	X	h	x
9	1001	HT	EM	)	9	I	Y	i	y
A	1010	LF	SUB	*	:	J	Z	j	z
B	1011	VT	ESC	+	;	K	[	k	{
C	1100	FF	FS	,	<	L	\	l	|
D	1101	CR	GS	-	=	M	]	m	}
E	1110	SO	RS	.	>	N	↑	n	~
F	1111	SI	US	/	?	O	←	o	DEL

表中用英文字母缩写表示的"控制字符"在计算机系统中起各种控制作用，它们在表中占前两列，加上 SP 和 DEL，共 34 个；其余的是 10 个阿拉伯数字、52 个英文大小写字母、

32 个专用符号等"图形字符"可以显示或打印出来，共 94 个。

表 2-4 中"控制字符"的含义如表 2-5 所示。

表 2-5　ASCII 编码表中控制字符的含义

控制字符	含义	控制字符	含义	控制字符	含义
NUL	空	FF	走纸控制	CAN	作废
SOH	标题开始	CR	回车	EM	纸尽
STX	正文结束	SO	移位输出	SUB	减
ETX	本文结束	SI	移位输入	ESC	换码
EOT	传输结束	DLE	数据链换码	FS	文字分隔符
ENQ	询问	DC1	设备控制 1	GS	组分隔符
ACK	承认	DC2	设备控制 2	RS	记录分隔符
BEL	报警符	DC3	设备控制 3	US	单元分隔符
BS	退一格	DC4	设备控制 4	SP	空格
HT	横向列表	NAK	否定	DEL	作废
LF	换行	SYN	空转同步		
VT	垂直制表	ETB	信息组传输结束		

ASCII 码是 7 位二进制编码，而计算机的基本存储单位是字节（Byte），一个字节包含 8 个二进制位（bit）。因此，ASCII 码的机内码要在最高位补一个 0。在存储、处理和传送信息时，最高位常用作奇偶校验位，用来检验代码在存储和传送过程中是否发生错误。奇校验时，每个代码的二进制形式中应有奇数个 1；偶校验时，每个代码的二进制形式中应有偶数个 1。

后来 IBM 公司将 ASCII 码的位数增加了一位，用 8 位二进制数构成一个字符编码，共有 256 个符号。扩展后的 ASCII 码除了原来的 128 个字符外，又增加了一些常用的科学符号和表格线条。

2.3.2　二—十进制编码——BCD 码

BCD（Binary-Coded Decimal）码又称为"二—十进制编码"，专门解决用二进制数表示十进数的问题。

"二—十进制编码"的方法很多，有 8421 码、2421 码、5211 码、余 3 码等，最常用的是 8421 编码，其方法是用四位二进制数表示一位十进制数，自左至右每一位对应的位权是 8、4、2、1。

应该指出的是，4 位二进制数有 0000～1111 共 16 种状态，而十进制数 0～9 只取 0000～1001 的 10 种状态，其余 6 种不用。

8421 编码如表 2-6 所示。

表 2-6　8421 编码表

十进制数	8421 编码	十进制数	8421 编码	
0	0000	8		1000
1	0001	9		1001
2	0010	10	0001	0000
3	0011	11	0001	0001
4	0100	12	0001	0010
5	0101	13	0001	0011
6	0110	14	0001	0100
7	0111	15	0001	0101

通常，BCD 码有两种形式：压缩 BCD 码和非压缩 BCD 码。

1．压缩 BCD 码

压缩 BCD 码的每一位数采用 4 位二进制数来表示，即一个字节表示两位十进制数。

例如：二进制数 10001001B，采用压缩 BCD 码表示为十进制数 89D。

2．非压缩 BCD 码

非压缩 BCD 码的每一位数采用 8 位二进制数来表示，即一个字节表示一位十进制数。而且用每个字节的低 4 位来表示 0~9，高 4 位为 0。

例如：十进制数 89D，采用非压缩 BCD 码表示为二进制数是 00001000　00001001B。

2.3.3　汉字编码

在我国，计算机的应用应该具有汉字信息处理能力，对于这样的计算机系统，除了配备必要的汉字设备和接口外，还应该装配有支持汉字信息输入、输出和处理的操作系统。汉字信息的输入、输出及其处理要比西文困难得多，原因是汉字的编码和处理非常复杂。经过多年的努力，我国在汉字信息处理的研制和开发方面取得了突破性进展，使我国的汉字信息处理技术处于世界领先地位。

1．基本概念

计算机处理汉字信息的前提条件是对每个汉字进行编码，这些编码统称为汉字代码。在汉字信息处理系统中，对于不同部位，存在着多种不同的编码方式。比如，从键盘输入汉字使用的汉字代码（外码）就与计算机内部对汉字信息进行存储、传送、加工所使用的代码（内码）不同，但它们都是为系统各相关部分标识汉字使用的。

系统工作时，汉字信息在系统的各部分之间传送，它到达某个部分就要用该部分所规定的汉字代码表示汉字。因此，汉字信息在系统内传送的过程就是汉字代码转换的过程。这些代码构成该系统的代码体系，汉字代码的转换和处理是由相应的程序来完成的。

2．汉字代码的表示方法

目前计算机中常用的汉字代码有以下几种：

（1）汉字输入码。汉字输入码是为用户由计算机外部输入汉字而编制的汉字编码，又称为汉字外部码，简称外码。汉字输入码位于人机界面上，面向用户，所以它的编码原则应该是简单易记、操作方便、有利于提高输入速度。目前使用较多的有以下 4 类：

1）顺序码：将汉字按一定顺序排好，然后逐个赋予一个号码作为该汉字的编码。这种编码方法简单，但由于与汉字的特征没有联系，所以很难记忆。例如区位码、电报码等。

2）音码：根据汉字的读音进行编码。只要具有汉语拼音的基础就会掌握，这种编码的最大弱点是对于那些不知道读音的字无法输入。例如拼音码、自然码等。

3）形码：根据汉字的字形进行编码。一个汉字只要能写出来，即使不会读，也能得到它的编码。例如五笔字型、大众码等。

4）音形码：根据汉字的读音和字形进行编码。它的编码规则既与音素有关，又与形素有关，即取音码实施简单、易于接受的优点和形码形象、直观之所长，从而获得了较好的输入效果。例如双拼码、五十字元等。

（2）汉字机内码。汉字机内码是汉字处理系统内部存储、处理汉字而使用的编码，简称内码。在设计汉字内码时，应考虑以下基本原则：编码空间应该足够大；中西文兼容性要好；具有较好的定义完备性；编码要简单、系统应该容易实现；同时应与国家标准 GB2312-80 汉字字符集有简明的一一对应关系。

（3）汉字字形码。汉字字形码是表示汉字字形信息的编码。目前，在汉字信息处理系统中大多以点阵方式形成汉字，所以汉字字形码就是确定一个汉字字形点阵的代码。全点阵字形中的每一个点用一个二进制位来表示，随着字形点阵的不同，它们所需要的二进制位数也不同。

例如：24×24 的字形点阵，每字需要 72 字节；32×32 的字形点阵，每字需要 128 字节。与每个汉字对应的这一串字节就是汉字的字形码。

（4）汉字交换码。汉字交换码是汉字信息处理系统之间或通信系统之间传输信息时，对每个汉字所规定的统一编码。

我国已指定了汉字交换码的国家标准"信息交换用汉字编码字符集—基本集"，代号GB2321-80，又称"国标码"。

实际上，汉字处理过程就是这些代码的转换过程。可以把汉字信息处理系统抽象为一个简单的模型，如图 2-1 所示。

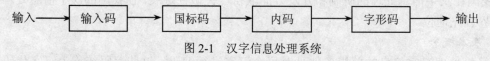

输入 —→ 输入码 —→ 国标码 —→ 内码 —→ 字形码 —→ 输出

图 2-1   汉字信息处理系统

3．几种常用的汉字编码

（1）区位码。将 GB2312-80 全部字符集组成的一个 94×94 的方阵，每一行称为一个"区"，编号从 01～94；每一列称为一个"位"，编号也是从 01～94。这样，每一个字符便具有一个区码和一个位码，将区码置前，位码置后，组合在一起就成为区位码。

因此，国标码与区位码是一一对应的。可以这样认为：区位码是十进制表示的国标码，国标码是十六进制表示的区位码。

例如：汉字"中"在第 54 行、第 48 列的位置，它的区码是 54，位码是 48，所以区位码就是 5448。在选择区位码作为汉字输入码时，只要键入 5448，便输入了"中"字。

区位码中的所有 94 个区划分为如下四个部分：

1）1～15 区：图形符号区。其中 1～9 区为标准区，10～15 为自定义符号区。

2）16～55 区：一级汉字区。该区的汉字按汉语拼音排序，同音字按笔画顺序排序，55 区的 90～94 位未定义汉字。

3）56～87 区：二级汉字和偏旁部首区，该区按笔画顺序排序。

4）88～94 区：自定义汉字区。

（2）国标码。我国制定的"中华人民共和国国家标准信息交换汉字编码"（代号 GB2312-80）就是国标码。该码规定：一个汉字用两个字节表示，每个字节只用 7 位，与 ASCII 码相似。

国标码字符集共收录汉字和图形符号 7445 个，其中一级常用汉字 3755 个，二级非常用汉字和偏旁部首 3008 个，图形符号 682 个。

图形符号中包括：一般符号、序号、数字、英文字母、日文假名、希腊字母、俄文字母、汉语拼音字母、汉语拼音符号等。

在这个字符集中，汉字的选择是按使用频度确定的，其中 6763 个一二级汉字的使用覆盖率达到 99.9%。

国标码是所有汉字编码都应该遵循的标准，自公布这一标准后，汉字机内码的编码、汉字字库的设计、汉字输入码的转换、输出设备的汉字地址码等都以此标准为基础。

我国大陆使用的汉字机内码就是将两个字节各 7 位的国标码经过如下转换形成的：

1）用两个字节各 8 位来表示一个汉字的机内码。

2）在原来国标码的基础上，将两个字节的最高位置 1（避免了与 ASCII 码的冲突）。

以汉字"大"为例，将它的国标码、机内码、对应两个字节的 ASCII 码进行比较，如表 2-7 所示。

表 2-7　汉字"大"的国标码、机内码、两字节的 ASCII 码比较

名称	编码（十进制）	编码（二进制）
国标码	3473	00110100　01110011
机内码	B4F3	10110100　11110011
ASCII 码	3473	00110100　01110011

可以看出：同一个汉字的国标码与机内码相比，只在两个字节的最高位有差别。前者为 0，后者为 1，另外的 7 位则完全相同。由此体现了机内码与国标码有着明确的一一对应关系。

当机内码与国标码完全相同时，这两个字节肯定代表两个西文字符。由此体现了汉字机内码与 ASCII 码的兼容性。

（3）机内码。为了在内部能区分汉字与 ASCII 字符，把两个字节汉字国标码中每个字节的最高位置"1"，这样就形成了汉字的另外一种编码，称为汉字机内码（内码）。如果已知国标码，则机内码就唯一确定，即机内码的每个字节为国标码相应字节加 80H。内码用于统一不同系统所使用的不同汉字输入码，使花样繁多各种不同的汉字输入法进入系统后一律转换为内码，致使不同系统的汉字信息可以相互转换。

因此，国标码、区位码与机内码的关系为：

机内码的每个字节=国标码的相应字节+80H

国标码的每个字节=区位码相应字节+20H

（4）BIG-5 码。BIG-5 码是我国台湾地区编制和使用的一套中文内码。它是为了解决各

生产厂家中文内码不统一的问题而设计出的一套编码，并采用五大套装软件的"五大"命名为"BIG-5"码，俗称"大五码"。

BIG-5 码也是采用两个字节编码，取值范围如下：

第一字节：81H～8DH、8EH～A0H、A1H～FEH。

第二字节：40H～7EH、A1H～FEH。

BIG-5 码包括常用字 5401 个、次常用字 7652 个、特殊字符和图形字符 441 个，共计 13053 个编码。

（5）GB13000 码。为了统一表示世界各国的文字，国际标准化组织（ISO）于 1993 年公布了"通用多八位编码字符集"的国际标准（ISO/IEC 10646），简称 UCS。该标准对包括汉字在内的各种文字都规定了统一的编码方案。与此相适应，以我国为主，联合日、韩等国家和地区，经过互相认同与合并后，确定了 20902 个中日韩统一汉字，并被正式批准为 ISO/IEC 10646 中的汉字字符集。我国发布了与其一致的国家标准，即 GB13000 码，并提出相应的机内码扩充规范。目前 Windows 95、Windows 98 中文版都使用这种机内码表示汉字。

2.3.4　图像（图形）信息的表示方法

一幅模拟连续图像在输入到计算机时，必须通过输入设备（扫描仪、摄像机等）将其变为数字图像才能存储和处理。图像的数字化包括采样和量化两个步骤。空间坐标的数字化称为图像采样，幅度的数字化称为图像量化。连续图像 $f(x,y)$ 可以按等间隔采样，将（x，y）平面分成网眼似的小方格，则 $f(x,y)$ 可以表示为一个 $M×N$ 数组。

$$f(x,y)=\begin{bmatrix} f(0,0),f(0,1),\cdots,f(0,M-1) \\ f(1,0),f(1,1),\cdots,f(1,M-1) \\ \vdots \\ f(N-1,0),f(N-1,1),\cdots,f(N-1,M-1) \end{bmatrix}$$

数组中的每个元素称为一个像素，每个像素的灰度再进行数字化，通常用 K 级（比特数）表示。经过上述处理后，一幅数字化图像所需要的存储位可用下式表示：

$$b=M×N×K$$

存储一幅数字图像所需的比特数通常很大，例如一幅 128×128、64 个灰度级的图像需要 98304b 来存储，而一幅 512×512、256 个灰度级的图像需要 2097152b 来存储。

图像分辨率（区分细节的程度）与采样点和灰度级两个参数紧密相关。理论上讲，这两个参数越大，离散数组与原始图像就越接近，但相应地存储和处理的需求也将随 N、M 和 K 的增加而迅速增加。

2.3.5　语音信息的表示方法

语音在计算机中的表示相对比较复杂，因为语音是模拟量，但计算机能处理的只是数字量，这就需要把语音的模拟量通过 A/D 设备转换成计算机能处理的二进制组成的数字量。人的语音通过拾音设备把声音信号转换成频率、幅度连续变化的电流信号——模拟量，通过计算机多媒体声卡（或声霸卡）对电信号采样（标准采样频率可以是 11.025kHz、22.05kHz 和 44.1kHz 三种，声卡的采样点可以是 8 位或 16 位样本信息量），得到与此信号相对应的电流或电压的离散值。采样频率越高，采样点越密，需要存储采样点数值的空间就越大，且越接近模拟量的波形。单声道需要存储字节数=(采样频率×每个采样波形点的位数×时间)/8。若采用 16 位声卡，采样频率为 44.1kHz，单声道声音每分钟需要 5.29MB 存储空间，则一小时就需要 317.52MB 存储空间。若采用双通道（立体声），则相同采样频率和时间比单声道需要增加一倍的存储空间。因此，可以看出声音文件要占据较大的存储空间。语音信息由模拟量转换成数字量的过程如图 2-2 所示。

　　为了得到较小声音文件的存储空间，必须对其声音文件进行压缩。对已得到的声音文件可以进行编辑操作（包括删除、增加、粘贴等），然后把该声音文件通过声卡中的相反转换（D/A）设备把数字量转换成模拟量后，可用扬声器把声音还原输出。

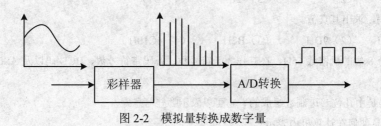

图 2-2　模拟量转换成数字量

　　我们这里只讨论了语音在计算机中的表示问题，至于要把语音输入变成文字文件，这是一个极其复杂的语音识别过程；而要把计算机内的文字转换成语音信息通过扬声器输出，则是语音的合成问题。这两方面的内容涉及的知识很多，此处不再讨论。

　　计算机语音处理系统已经在各个领域中得到了广泛的应用，一旦自然语言的语音识别和自然文字的识别真正解决后，将在计算机多媒体领域中发生一场深刻的变革。

本章小结

　　各种信息在计算机中均表示为二进制数据。但是二进制数据书写比较冗长、容易出错，所以人们在数据的表示中又引入了八进制、十进制和十六进制。此外，为了表示数的符号位，又引入了数的原码、反码和补码的概念。为了描述某种信息，在计算机领域还有一些编码方式，例如表示西文和 I/O 设备动作的 ASCII 码、表示十进制数据的 BCD 码、表示汉字的国标码等。

　　本章着重介绍了计算机中数据的表示方法，重点处理了二进制数、八进制数、十进制数、十六进制数的相关概念及各类数制之间相互转换的方法、无符号数和带符号数的机器内部表示、字符编码和汉字编码等。通过本章的学习，读者要掌握计算机内部的信息处理方法和特点，熟悉各类数制之间的相互转换，理解无符号数和带符号数的表示方法，掌握 BCD 码和字符的 ASCII 码以及汉字编码及其应用。

习题2

1. 简述计算机中"数"和"码"的区别，计算机中常用的数制和码制有哪些？
2. 将下列十进制数分别转换为二进制数、八进制数、十六进制数和压缩 BCD 数。
　　（1）125.74　　　　　　　（2）513.85　　　　　　　（3）742.24

（4）69.357　　　　　（5）158.625　　　　　（6）781.697

3．将下列二进制数分别转换为十进制数、八进制数和十六进制数。

（1）101011.101　　　（2）110110.1101　　　（3）1001.11001　　（4）100111.0101

4．将下列十六进制数分别转换为二进制数、八进制数、十进制数和压缩 BCD 数。

（1）5A.26　　　　　（2）143.B5　　　　　（3）6AB.24　　　　（4）E2F3.2C

5．根据 ASCII 码的表示，查表写出下列字符的 ASCII 码。

（1）0　　　（2）9　　　（3）K　　　（4）G　　　（5）t

（6）DEL　　（7）ACK　　（8）CR　　（9）$　　（10）<

6．写出下列十进制数的原码、反码、补码表示（采用 8 位二进制数，最高位为符号位）。

（1）104　　（2）52　　（3）-26　　（4）-127

7．已知补码，求出其真值。

（1）48H　　（2）9DH　　（3）B2H　　（4）4C10H

8．已知某个 8 位的机器数 65H，在其作为无符号数、补码带符号数、BCD 码以及 ASCII 码时分别表示什么真值和含义？

9．ASCII 码是由几位二进制数组成的？它可以表示哪些信息？

10．中文信息如何在计算机内表示？

第 3 章　80X86 微处理器及其体系结构

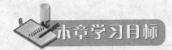

本章主要讲解有关 80X86 微处理器的基本性能指标及其体系结构。通过本章的学习，读者应该掌握以下内容：

- 8086 微处理器的基本性能指标、内部组成及其寄存器结构
- 了解 8086 微处理器的外部引脚特性
- 8086 微处理器的存储器
- 了解 8086 的时钟和总线概念及其最小/最大工作方式
- 了解 80286、80386、80486 等高档微处理器

3.1　8086 微处理器的内部结构

微型计算机是由具有不同功能的一些部件组成的，包含运算器和控制器电路的大规模集成电路称为"微处理器"，有时又称"中央处理器（CPU）"，其功能是执行算术/逻辑运算，并负责控制整个计算机系统，使之能自动协调地完成系统操作。微处理器是微型计算机的心脏，它决定了微型计算机的结构。要构成一个微型计算机，必须首先了解微处理器的结构和电气特性。

自 1971 年推出一般型微处理器 4004 以来，Intel 所设计生产的微处理器一直占有相当大的市场，尤其是 1978 年推出 16 位的 8086 微处理器以后，不断推陈出新，从 8086/8088、80286、80386、80486 到 Pentium、Pentium Pro、Pentium II、Pentium III 及 Pentium 4，每一次推出新品都将微型计算机带向全新的领域。时至今日，我国微型计算机市场所使用的微处理器仍以此系列为主。

从 8086 开始，Intel 系列微处理器在基本结构上采用向上兼容的做法。也就是新开发的微处理器，其基本特性及编程结构与前一代产品兼容。

3.1.1　基本性能指标

8086CPU 是 Intel 系列的 16 位微处理器，它采用 HMOS 工艺技术制造，芯片上集成了 4 万只晶体管，使用单一的+5V 电源，40 条引脚双列直插式封装，时钟频率为 5MHz～10MHz，基本指令执行时间为 $0.3\mu s$～$0.6\mu s$。

8086 有 16 根数据线和 20 根地址线，可寻址的地址空间达 1MB（2^{20}B）。它通过其 16 位的内部数据通路与流水线结构结合起来而获得较高的性能，流水线结构允许在总线空闲时预取指令，使取指令和执行指令的操作能够并行进行。此外，由于采用了紧凑的指令格式，使在给定时间内能取出较多的指令，这也有助于提高 CPU 的性能。

8086 还具有多重处理能力，使它能非常方便地和浮点运算器 8087、I/O 处理器 8089 或其

他处理器组成多处理器系统，从而极大地提高了系统的数据吞吐能力和数据处理能力。

3.1.2　8086 微处理器内部结构组成

8086CPU 的内部是由独立的工作部件构成的，从功能上可以将其划分为两个逻辑单元：执行部件 EU（Execution Unit）和总线接口部件 BIU（Bus Interface Unit），其内部结构如图 3-1 所示。

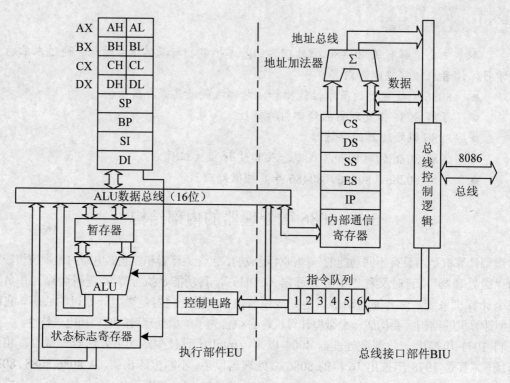

图 3-1　8086CPU 内部结构框图

1．执行部件 EU

执行部件中包含一个 16 位的算术逻辑单元（ALU），8 个 16 位的通用寄存器，一个 16 位的状态标志寄存器，一个数据暂存寄存器和执行部件的控制电路。

执行部件 EU 的功能是：从 BIU 的指令队列中取出指令代码，经指令译码器译码后执行指令所规定的全部功能。执行指令所得的结果或执行指令所需的数据都由 EU 向 BIU 发出命令，对存储器或 I/O 接口进行读/写操作。

执行部件中的各个部件通过一个 16 位的 ALU 总线连接在一起，在内部实现快速数据传输。值得注意的是，这个内部总线与 CPU 外接的总线之间是隔离的，即这两个总线有可能同时工作而互不干扰。执行部件 EU 对指令的执行是从取指令操作码开始的，EU 不直接同外部总线相连，它从总线接口单元的指令队列中获得指令，当指令要求访问存储器单元或外部设备时，EU 就向 BIU 发出操作请求，并提供访问的数据和地址，由 BIU 完成相应的操作。

（1）算术逻辑单元 ALU：可以用于进行算术/逻辑运算，也可以按指令的寻址方式计算出寻址单元的 16 位偏移地址（有效地址 EA），并将此偏移地址送到 BIU 中形成一个 20 位的实际地址，以对 1M 字节的存储空间寻址。ALU 只能进行运算，不能寄存数据。在计算时数据先传送到暂存寄存器中，再经 ALU 运算处理。运算后，运算结果经内部总线送回到累加器和其他寄存器、存储单元中。

（2）标志寄存器 F：用来反映 CPU 最近一次运算结果的状态特征或存放控制标志。标志寄存器的各标志位记录了指令执行后的各种状态。正确地使用这些标志可使程序按人们预定的逻辑实现转移，使计算机准确地完成确定的任务。

（3）数据暂存寄存器：协助 ALU 完成运算，暂存参加运算的数据。

（4）通用寄存器组：包括 4 个 16 位数据寄存器 AX、BX、CX、DX，可以用来寄存 16 位或 8 位数据；4 个 16 位地址指针与变址寄存器 SP、BP、SI、DI。SP 为堆栈指针，用于堆栈操作时确定堆栈在内存中的位置，由它给出栈顶的偏移地址。BP 为基址指针，用来存放位于堆栈段中的一个数据区基址的偏移量。SI 和 DI 是变址寄存器，用来存放被寻址单元的偏移量，前者存放源操作数的偏移量，后者存放目的操作数的偏移量。所谓偏移量就是被寻址存储单元相对于段起始地址的距离。

（5）EU 控制电路：是控制、定时与状态逻辑电路，接收从 BIU 中的指令队列取来的指令，经过指令译码形成各种定时控制信号，对 EU 的各个部件实现特定的定时操作。

2. 总线接口部件 BIU

总线接口部件 BIU 内部设有四个 16 位段地址寄存器：代码段寄存器 CS、数据段寄存器 DS、堆栈段寄存器 SS 和附加段寄存器 ES，一个 16 位指令指针寄存器 IP，一个 6 字节指令队列缓冲器，20 位地址加法器和总线控制电路，其主要功能是根据执行部件 EU 的请求负责完成 CPU 与存储器或 I/O 设备之间的数据传送。

其具体任务是：负责从存储器的指定单元取出指令，送至指令流队列中排队或直接传送给 EU 单元去执行；负责从存储器的指定单元和外设端口中取出指令规定的操作数传送给执行部件 EU，或者把执行部件 EU 的操作结果传送到指定的存储单元和外设端口中。而所有这些对外部总线的操作都必须有正确的地址和适当的控制信号，总线接口部件 BIU 中的各个部件主要是围绕这个目标设计的。

（1）指令队列缓冲器：8086 的指令队列为 6 个字节，可以存放 6 个字节的指令代码，按"先进先出"的原则进行存取操作，其作用相当于早期 CPU 中的 6 个（字节）指令寄存器 IR。其工作将遵循以下原则：

● BIU 从存储器取出的指令按字节顺序存放在指令队列缓冲器中，执行部件 EU 按顺序取出，译码后执行。

● 当执行部件 EU 正在执行指令且不需要占用总线时，一旦指令队列缓冲器空出两个字节，BIU 会自动地进行预取下一条指令的操作，将所取得的指令按先后次序存入指令队列缓冲器中排队，以填满指令队列缓冲器，然后再由执行单元 EU 按顺序取出来执行。

● 在 EU 执行指 z 令的过程中，指令需要对存储器或 I/O 设备进行数据存取时，BIU 将在执行完现行取指的存储器周期后的下一个存储器周期对指定的存储器单元或 I/O 设备进行存取操作，交换的数据经 BIU 送至 EU 进行处理。

● 当执行单元 EU 执行完转移、调用和返回指令时，BIU 会自动清除指令队列缓冲器，将指令队列中的尚存指令作废，并要求总线接口部件 BIU 从新的地址重新开始取指令，新取的第一条指令将直接经指令队列送到 EU 去执行，随后取来的指令将填入指令队列缓冲器。

（2）地址加法器和段寄存器：地址加法器和段寄存器用于形成存储器的物理地址，完成从一个 16 位的存储器逻辑地址（由存放在段寄存器中的 16 位段基址和由指令指定的 16 位段内偏移地址两部分组成）到一个 20 位的实际存储器地址（物理地址）的转换运算。

（3）指令指针寄存器 IP：其功能和 8 位微处理器中的程序计数器 PC 相似。由于 8086 取指令和执行指令同时进行，故 IP 用于存放总线接口部件 BIU 要取的下一条指令的段内偏移地址。程序不能直接对指令指针寄存器 IP 进行存取，但能在程序运行中自动修正，使之指向要执行的下一条指令。有些指令（如转移、调用、中断和返回等）能使 IP 的值改变，或使 IP 的值进入堆栈，或由堆栈恢复原有的值。

（4）总线控制电路与内部通信寄存器：总线控制电路用于产生外部总线操作时的相关控制信号，是连接 CPU 外部总线与内部总线的中间环节，而内部通信寄存器用于暂存总线接口单元 BIU 与执行单元 EU 之间交换的信息。

传统的微处理器在执行一个程序时，通常总是依次先从存储器中取出一条指令，然后读出操作数，最后执行指令。也就是说，取指令和执行指令是串行进行的，取指期间 CPU 必须等待，其过程如图 3-2 所示。

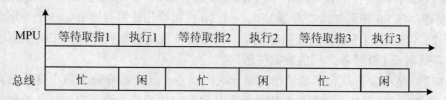

图 3-2　传统微处理器的指令执行过程

在 8086 中，BIU 和 EU 是分开的，取指令和执行指令分别由总线接口部件 BIU 和执行部件 EU 来完成，并且存在指令队列缓冲器，使 BIU 和 EU 可以并行工作，执行部件负责执行指令，总线接口部件负责提取指令、读出操作数和写入结果，这两个部件能互相独立地工作。在大多数情况下，取指令和执行指令可以重叠进行，即在执行指令的同时进行取指令的操作，如图 3-3 所示。

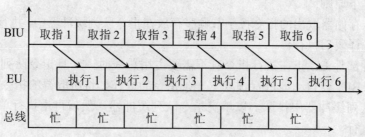

图 3-3　8086CPU 的指令执行过程

在 8086 中总线接口部件和执行部件的这种并行工作方式减少了 CPU 为取指令而等待的时间，在整个程序运行期间，BIU 总是忙碌的，充分利用了总线，有力地提高了 CPU 的工作效率，加快了整机的运行速度，也降低了 CPU 对存储器存取速度的要求，这成为 8086 的突出优点。

3.1.3　8086CPU 的寄存器结构

学习微处理器的工作原理时，弄清其内部结构有助于了解执行一条指令或运行一个程序时数据在 CPU 中流动的路径、存放的空间以及执行指令操作在时序上的概念，以便树立起微处理器工作的空间和时间观念，为使用指令、进行程序设计打下基础。

对微机的使用者来说，CPU 中各寄存器、存储器和 I/O 端口是他们进行编程的基本活动"舞台"，而且大部分指令都是在寄存器中实现对操作数的预定功能。因此，我们应该熟练掌握 CPU 内部寄存器的结构与功能。

如果一个处理器中没有通用寄存器，那么在指令执行的过程中要用到操作数时就必须到存储器中去取，运算的结果也必须立即送到存储器中保留起来。从存储器存取数据要占用总线周期。如果在指令执行的过程中，只要碰到操作数的存取就进行存储器操作，则势必要加长指令的执行时间。如果在处理器中设置一些寄存器，这些寄存器用来暂时存放参加运算的操作数和运算过程中的中间结果，则在程序执行的过程中就不必每时每刻都要到存储器中存取数据。在微处理器中使用通用寄存器暂时存放操作数可以提高程序的执行速度。一般来说，处理器中包含的寄存器越多，处理器使用就越灵活，处理器执行程序的速度也就越快。

8086CPU 中可供编程使用的有 14 个 16 位寄存器，按其用途可分为 3 类：通用寄存器、段寄存器、指针和标志寄存器，如图 3-4 所示。

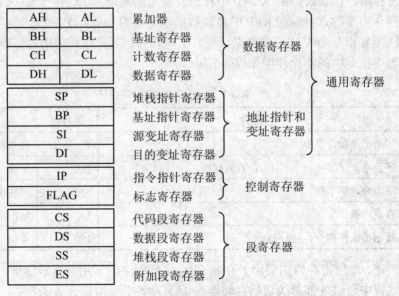

图 3-4　8086CPU 内部寄存器结构

1. 通用寄存器

8086CPU 中设置了一些通用寄存器，它是一种面向寄存器的体系结构。在这种结构中，操作数可以直接存放在这些寄存器中，因而既可减少访问存储器的次数，又可缩短程序的长度，既提高了数据处理速度，又可少占内存空间。

8086 的通用寄存器分为数据寄存器与指针和变址寄存器两组。

（1）数据寄存器。数据寄存器包括 4 个 16 位的寄存器 AX、BX、CX 和 DX，一般用来存放 16 位数据，故称为数据寄存器。其中的每一个又可根据需要将高 8 位和低 8 位分成独立的两个 8 位寄存器来使用，即 AH、BH、CH、DH 和 AL、BL、CL、DL 两组，用于存放 8 位数据，它们均可独立寻址、独立使用。16 位数据寄存器主要用于存放 CPU 的常用数据，也可以用来存放地址，而 8 位寄存器只能用于存放数据。数据寄存器主要用来存放操作数和中间结果，以减少访问存储器的次数。

（2）指针和变址寄存器。8086 的指针寄存器 SP 和 BP 与变址寄存器 SI 和 DI 都是 16 位寄存器，一般用来存放地址的偏移量（被寻址存储单元相对于段起始地址的距离，或称偏移地址）。这些偏移地址在 BIU 的地址产生器中和段寄存器相加产生 20 位的实际地址。

指针寄存器 SP 和 BP 用来存取位于当前堆栈段中的数据，但 SP 和 BP 在使用上有区别。入栈（PUSH）和出栈（POP）指令是由 SP 给出栈顶的偏移地址，故称为堆栈指针寄存器；BP 则用来存放位于堆栈段中的一个数据区基址的偏移地址，故称为基址指针寄存器。

变址寄存器 SI 和 DI 用来存放当前数据段的偏移地址。源操作数地址的偏移地址存放于 SI 中，所以 SI 称为"源变址寄存器"；目的操作数地址的偏移地址存放于 DI 中，所以 DI 称为"目的变址寄存器"。例如在数据串操作指令中，被操作的源数据串的偏移地址由 SI 给出，操作完成后的结果数据串的偏移地址则由 DI 给出。

一般情况下，这 8 个 16 位通用寄存器都具有通用性，从而提高了指令系统的灵活性。但在有些指令中，这些通用寄存器还各自有其特定的用法。如：AX 作累加器使用；BX 作基址（Base）寄存器，在查表指令 XLAT 中存放表的起始地址；CX 作计数（Count）寄存器，如在数据串操作指令的重复前缀 REP 中存放数据串元素的个数；DX 作数据（Data）寄存器，如在字的除法运算指令 DIV 中存放余数。还有某些指令，其操作所使用的寄存器是隐含约定的，这些寄存器在指令中的隐含使用如表 3-1 所示。

表 3-1　通用寄存器的特定用法

寄存器	操作	寄存器	操作
AX	字乘，字除，字 I/O	CL	变量移位，循环移位
AL	字节乘，字节除，字节 I/O，查表转换，十进制运算	DX	字乘，字除，间接 I/O
AH	字节乘，字节除	SP	堆栈操作
BX	查表转换	SI	数据串操作指令
CX	数据串操作指令，循环指令	DI	数据串操作指令

综上所述，通用寄存器主要用于存放 CPU 执行程序的常用数据或地址，以便减少 CPU 在运行程序过程中通过外部总线访问存储器或 I/O 设备来获得操作数的次数，从而可加快 CPU 的运行速度。因此，我们可以把它们看成是设置在 CPU 工作现场的一个小型、快速的"存储器"。

2. 控制寄存器

8086CPU 的控制寄存器主要有指令指针寄存器和状态标志寄存器。

（1）指令指针寄存器 IP。指令指针寄存器 IP 是一个 16 位的寄存器，相当于程序计数器 PC，存放 EU 要执行的下一条指令的偏移地址，用以控制程序中指令的执行顺序，实现对代码段指令的跟踪。正常运行时, BIU 可修改 IP 中的内容, 使它始终指向 BIU 要取的下一条指令的偏移地址, 如图 3-5 所示。

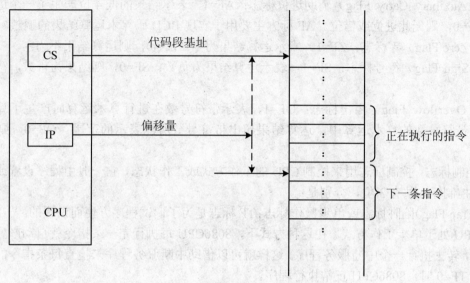

图 3-5　指令指针寄存器 IP 的功能

　　一般情况下, 每取一次指令操作码 IP 就自动加 1, 从而保证指令按顺序执行。应当注意, IP 实际上是指令机器码存放单元的地址指针, 我们编制的程序不能直接访问 IP, 即不能用指令取出 IP 或给 IP 设置给定值, 但可以通过某些指令修改 IP 的内容, 例如转移类指令就可以自动将转移目标的偏移地址写入 IP 中, 实现程序转移。

　　(2) 标志寄存器 F。8086CPU 的标志寄存器是一个 16 位的寄存器, 共 9 个标志, 其中 6 个用作状态标志, 3 个用作控制标志, 如图 3-6 所示。

　　标志寄存器的各标志位记录了指令执行后的各种状态。正确地使用这些标志可使程序按人们预定的逻辑实现转移, 使计算机能够准确地完成预定的任务。因此, 正确理解各标志位的含义, 确切了解每条指令对各标志位的影响, 是汇编语言程序设计中最基本也是最重要的一个环节。

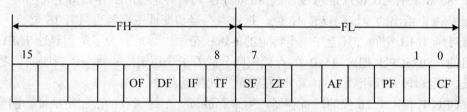

图 3-6　8086CPU 的标志寄存器

　　1) 状态标志：状态标志用来反映 EU 执行算术和逻辑运算以后的结果特征, 这些标志常常作为条件转移类指令的测试条件控制程序的运行方向。状态标志共有 6 位, 分别是：

　　CF (Carry Flag) 进位标志：CF=1, 表示指令执行结果在最高位上产生一个进位或借位; CF=0, 则无进位或借位产生。CF 进位标志主要用于加、减运算, 移位指令也能把存储器或寄存器中的最高位 (左移时) 或最低位 (右移时) 移入 CF 位中。

　　PF（Parity Flag）奇偶标志：PF=1，表示指令执行结果中有偶数个 1；PF=0，则表示结果中有奇数个 1。PF 奇偶标志用于检查在数据传送过程中是否有错误发生。

　　AF（Auxiliary Carry Flag）辅助进位标志：AF=1，表示结果的低 4 位产生了一个进位或借位；AF=0，则无此进位或借位。AF 标志主要用于实现 BCD 码算术运算结果的调整。

　　ZF（Zero Flag）零标志：ZF=1，表示运算结果为零；ZF=0，则运算结果不为零。

　　SF（Sign Flag）符号标志：SF=1，表示运算结果为负数；SF=0，则结果为正数，符号位为 0。

　　OF（Overflow Flag）溢出标志：OF=1，表示带符号数在进行算术运算时产生了算术溢出，即在带符号数的算术运算中，运算结果超出带符号数所能表示的范围；OF=0，则无溢出。

　　2）控制标志：控制标志用来控制 CPU 的工作方式或工作状态，它一般由程序设置或由程序清除。控制标志共有 3 位，分别是：

　　TF（Trap Flag）陷阱标志或单步操作标志：TF 标志是为了调试程序方便而设置的。若 TF=1，则 8086CPU 处于单步工作方式。在这种方式下，8086CPU 每执行完一条指令就自动产生一个内部中断，转去执行一个中断服务程序。这样就可以借助中断服务程序来检查每条指令的执行情况；当 TF=0 时，8086CPU 正常执行程序。

　　IF（Interrupt-Enable Flag）中断允许标志：它是控制可屏蔽中断的标志。若 IF=1，表示允许 CPU 接受外部从 INTR 引脚上发来的可屏蔽中断请求信号；若 IF=0，则禁止 CPU 接受可屏蔽中断请求信号。IF 的状态不影响 NMI 非屏蔽中断请求信号，也不影响 CPU 响应内部产生的中断请求。

　　DF（Direction Flag）方向标志：方向标志 DF 用于控制字符串操作指令的步进方向。当 DF=1 时，字符串操作指令将以递减的顺序按从高地址到低地址的方向对字符串进行处理；若 DF=0，则字符串操作指令将以递增的顺序从低地址到高地址的方向对字符串进行处理。

　　对于状态标志，CPU 在进行算术/逻辑运算时，根据操作结果自动将状态标志位置位（等于 1）或复位（等于 0）；对于控制标志，事先用指令设置，在程序执行时检测这些标志，用以控制程序的转向。

　　3. 段寄存器

　　由于 8086 具有 20 根地址总线，故 8086CPU 具有寻址 1MB 存储器空间的能力。但是 8086CPU 指令中给出的地址码仅有 16 位，指针寄存器和变址寄存器也只有 16 位长，使 8086 不能直接寻址 1MB 空间，只能在一个特定的 64KB 范围内寻址。为了达到寻址 1MB 存储器空间的目的，8086CPU 把这 1MB 的存储空间分成若干个逻辑段，每个逻辑段的长度不超过 64KB。这些逻辑段是互相独立的，可以在整个空间浮动。

　　8086CPU 共有 4 个 16 位的段寄存器，用来存放每一个逻辑段的段起始地址。因为只有 4 个段寄存器，任何时候 CPU 只能识别当前可寻址的 4 个逻辑段。8086 的指令能直接访问这 4 个段寄存器：

　　（1）代码段寄存器 CS（Code Segment）：用来给出当前的代码段起始地址，存放 CPU 可以执行的指令，CPU 执行的指令将从代码段取得。

　　（2）数据段寄存器 DS（Data Segment）：指向程序当前使用的数据段，用来存放数据，包括参加运算的操作数和中间结果。

（3）堆栈段寄存器 SS（Stack Segment）：给出程序当前所使用的堆栈段段首地址，即在存储器中开辟的堆栈区，堆栈操作的具体单元就在该段。

（4）附加段寄存器 ES（Extra Segment）：指出程序当前所使用的附加数据段，通常用来存放数据，典型用法是存放处理以后的数据。

如果数据量很大或程序代码很多，已经超过 64KB，那么可定义多个代码段、数据段、堆栈段和附加段，只是在 4 个段寄存器中存放的应该是当前正在使用的 4 个逻辑段的段起始地址，必要时可修改这些段寄存器的内容，以扩大程序规模。

3.1.4　8086CPU 的外部引脚特性

8086CPU 采用双列直插式的封装形式，具有 40 引脚，如图 3-7 所示。

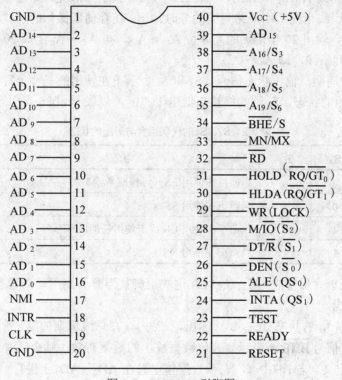

图 3-7　8086CPU 引脚图

由于数据总线增加到 16 条，地址总线增加到 20 条，所以受引脚数量的限制，8086CPU 采用了分时复用的地址/数据总线，即一部分引脚具有双重功能。如 AD_{15}～AD_0 这 16 个引脚，有时输出地址信号，有时传送数据信号。

为了适应不同的应用环境，有些引脚的功能因 8086CPU 的工作方式不同而不同。8086CPU 有两种工作方式：最大工作方式（MN/$\overline{MX}$ =0）和最小工作方式（MN/$\overline{MX}$ =1），可以通过第 33 条引脚 MN/$\overline{MX}$ 来控制两种不同的工作方式。最大工作方式适用于多微处理器组成的大系统，最小工作方式适用于单微处理器组成的小系统。

8086CPU 的引脚按其作用可分为以下 5 类：

（1）地址/数据总线 AD_{15}～AD_0（双向，三态）。这是分时复用的存储器或 I/O 端口的地址/数据总线。传送地址时三态输出，传送数据时可双向三态输入/输出。所谓"三态"，是指除"0"、"1"两种状态外，还有一种悬浮（高阻）状态，通常采用三态门进行控制。

8086CPU 内部采用一个多路开关，使低 16 位地址线和 16 位数据线共用引脚。因为当 CPU 访问存储器或外设时，先要给出访问单元的地址，然后才是读/写操作，因此在时间上是可以分开的。

CPU 访问存储器或 I/O 端口一次所需的时间称为总线周期。一个总线周期通常包括 T_1、T_2、T_3、T_4 状态，即 4 个时钟周期。作为地址和数据总线的复用引脚，在总线周期的第一个时钟周期（T_1 状态）输出存储器或 I/O 端口的低 16 位地址（记为 $A_0 \sim A_{15}$），而在总线周期的其他时钟周期内用于传送数据。当 CPU 处于"保持响应"状态时，这些引脚处于高阻隔离状态（即悬浮状态）。

（2）地址/状态线 $A_{19}/S_6 \sim A_{16}/S_3$（输出，三态）。$A_{19} \sim A_{16}$ 是地址总线的高 4 位，$S_6 \sim S_3$ 是状态信号，这些引线也是采用多路开关的分时输出，在存储器操作的总线周期的第一个时钟周期（T_1 状态）时，输出 20 位地址的高 4 位 $A_{19} \sim A_{16}$，与 $A_{15} \sim A_0$ 组成 20 位地址信号。访问 I/O 时，不使用这四条线，即 $A_{19} \sim A_{16}$ 等于 0。

在其他的时钟周期，输出状态信号。S_3 和 S_4 表示正在使用的是哪个寄存器，如表 3-2 所示。S_5 表示 IF 的当前状态，S_6 则始终输出低电平"0"，以表示 8086 当前连接在总线上。

表 3-2　S_4、S_3 的代码组合与对应的状态

S_4	S_3	状态
0	0	当前正在使用 ES（可修改数据）
0	1	当前正在使用 SS
1	0	当前正在使用 CS 或未使用任何段寄存器
1	1	当前正在使用 DS

当系统总线处于"保持响应"状态时，这些引脚被浮置为高阻隔离状态。

（3）控制总线。

1）总线高字节允许/状态 $\overline{BHE}/S_7$（输出，三态）。在总线周期的第一个时钟周期（T_1）输出总线高字节允许信号 $\overline{BHE}$，表示高 8 位数据线上的数据有效，其余时钟周期输出状态 S_7，但目前 S_7 并没有定义。若 $\overline{BHE}=1$，表示数据传送只在 $AD_0 \sim AD_7$ 上进行，$\overline{BHE}$ 和 A_0 配合用来产生存储器的选择信号。

2）读控制信号线 $\overline{RD}$（输出，三态）。当 $\overline{RD}$ 有效（低电平）时，表示 CPU 正在进行读存储器或读 I/O 端口的操作。CPU 是读取内存单元还是读取 I/O 端口的数据取决于 $M/\overline{IO}$ 信号。在一个读操作的总线周期中，$\overline{RD}$ 信号在 T_2、T_3 和 T_W 状态均为低电平。在系统总线进入"保持响应"期间，$\overline{RD}$ 被浮空。

3）准备就绪信号 READY（输入）。该信号高电平有效，它是由被访问的存储器或 I/O 端口发来的响应信号。当 READY=1 时，表示所寻址的存储单元或 I/O 端口已准备就绪，马上就可以进行一次数据传送。CPU 在每个总线周期的 T_3 状态开始对 READY 信号进行检测。如果检测到 READY 为低电平，即 READY=0 时，表示所寻址的存储单元或 I/O 端口尚未准备就绪，要求 CPU 自动插入一个或几个等待状态（T_W），然后在 T_W 状态再次检查 READY 信号，若还

是无效，则继续插入一个新的 T_W，直到 READY 线出现高电平才进行数据传送。

4）测试信号 $\overline{\text{TEST}}$（输入）。这个测试信号是由 WAIT 指令来检查的。当 CPU 执行 WAIT 指令时，每隔 5 个时钟周期对该线的输入进行一次测试。若 $\overline{\text{TEST}}$ =1 时，CPU 停止取下一条指令而进入等待状态，重复执行 WAIT 指令，CPU 空闲等待，直到 $\overline{\text{TEST}}$ =0 时，等待状态结束，CPU 继续执行被暂停的指令。等待期间允许外部中断。$\overline{\text{TEST}}$ 引脚信号用于多处理器系统中实现 8086CPU 与协处理器或其他处理器的同步协调，当系统中没有提供具有 TEST 信号的该类设备时，$\overline{\text{TEST}}$ 应接地。

5）可屏蔽中断请求信号 INTR（输入）。高电平有效。当 INTR=1 时，表示外设向 CPU 提出了中断请求，8086CPU 在每个指令周期的最后一个 T 状态采样该信号。若 IF=1（即中断未屏蔽）时，CPU 响应中断，暂停正在执行的程序，CPU 通过执行中断响应周期转去执行中断服务程序；若 IF=0（即中断被屏蔽）时，CPU 继续执行指令队列中的下一条指令。

6）非屏蔽中断请求信号 NMI（输入）。该信号上升沿有效，它不受中断允许标志 IF 状态的影响，即不能用软件进行屏蔽。只要 NMI 出现，CPU 就会在结束当前指令后进入相应的中断服务程序。NMI 比 INTR 的优先级别高。

7）复位信号 RESET（输入）。复位信号 RESET 将使 8086CPU 立即结束当前正在进行的操作。CPU 要求复位信号至少要保持 4 个时钟周期的高电平才能结束它正在进行的操作。随着 RESET 信号变为低电平，CPU 开始执行再启动过程，复位后 CPU 内部各寄存器的状态如表 3-3 所示。

表 3-3　复位后 CPU 内部各寄存器的状态

寄存器	内容
标志寄存器 FLAG	清零
指令寄存器 IP	0000H
代码段寄存器 CS	FFFFH
数据段寄存器 DS	0000H
堆栈段寄存器 SS	0000H
附加段寄存器 ES	0000H
指令队列	空

复位信号保证了 CPU 在每一次启动时其内部状态的一致性。CPU 复位之后，将从 FFFF0H 单元开始取出指令，一般这个单元在 ROM 区域中，那里通常放置一条转移指令，它所指向的目的地址就是系统程序的实际起始地址。

8）系统时钟 CLK（输入）。它为 8086CPU 提供基本的时钟脉冲，通常与时钟发生器 8284A 的时钟输入端相连。该时钟信号的低/高之比采用 2:1 时为最佳状态。

（4）电源线 V_{CC} 和地线 GND。电源线 V_{CC} 接入的电压为+5V±10%，两条地线 GND 均应接地。

（5）其他控制线：24 脚～31 脚。这些控制线的性能将根据方式控制线 $MN/\overline{MX}$ 所处的状态而定。

3.2 8086 微处理器的存储器组织

存储器划分为多个存储单元，通常每个单元的大小是一个字节，且每个单元都对应一个地址。8086 系统为了向上兼容，必须能按字节进行操作，因此系统中的存储器是按字节编址的。

3.2.1 存储器的标准结构

8086CPU 有 20 根地址线，所以可寻址的存储器空间为 1MB（2^{20}B），地址范围为 0～2^{20}-1（00000H～FFFFFH）。

存储器是按字节进行组织的，两个相邻的字节被称为一个“字”。在一个字中每个字节用一个唯一的地址码来表示。存放的信息若是以字节（8 位）为单位的，将在存储器中按顺序排列存放；若存放的数据为一个字（16 位）时，则将每一个字的低字节（低 8 位）存放在低地址中，高字节（高 8 位）存放在高地址中，并以低地址作为该字的地址；当存放的数据为双字（32 位）形式时，通常这种数据指作为指针的数，其低位地址中的低位字是被寻址地址的偏移量，高位地址中的高位字是被寻址地址所在段的段基址。8086CPU 允许字从任何地址开始存放。如果一个字是从偶地址开始存放，这种存放方式称为规则存放或对准存放，这样存放的字称为规则字或对准字。如果一个字是从奇地址开始存放，这种存放方式称为非规则存放或非对准存放，这样存放的字称为非规则字或非对准字。对规则字的存取可在一个总线周期内完成，非规则字的存取则需要两个总线周期。

在组成与 8086CPU 连接的存储器时，1MB 的存储空间实际上被分成两个 512B 的存储体，又称存放库，分别叫高位库和低位库。低位库固定与 8086CPU 的低位字节数据线 D_7～D_0 相连，因此又可称它为低字节存储体，该存储体中的每个地址均为偶地址。高位库与 8086CPU 的高位字节数据线 D_{15}～D_8 相连，因此又称它为高字节存储体，该存储体中的每个地址均为奇地址。两个存储体之间采用字节交叉编址方式，如图 3-8 所示。

00001H			00000H
00003H			00002H
00005H			00004H
	512K×8（位） 奇地址存储体 （A_0=1）	512K×8（位） 偶地址存储体 （A_0=0）	
FFFFDH			FFFFCH
FFFFFH			FFFFEH

图 3-8 8086 存储器的分体结构

对于任何一个存储体，只需要 19 位地址码 A_{19}～A_1 就够了，最低位地址码 A_0 用以区分当前访问哪一个存储体，也就是说 A_0=0 表示访问偶地址存储体；A_0=1 表示访问奇地址存储体。但是，在 8086 系统中不仅允许访问存储器读/写其中的一个字节信息，也允许访问存储器读/写其中的一个字信息。这时要求同时访问两个存储体，各取一个字节的信息。在这种情况下，只用 A_0 的取值来控制读写操作就不够了。为此，8086 系统设置了一个总线高位有效控制信号 $\overline{BHE}$。当 $\overline{BHE}$ 有效时，选定奇地址存储体，体内地址由 $A_{19} \sim A_1$ 确定。当 $A_0=0$ 时，选定偶地址存储体，体内地址同样由 $A_{19} \sim A_1$ 确定。$\overline{BHE}$ 与 A_0 相互配合，使 8086CPU 可以访问两个存储体中的一个字信息。$\overline{BHE}$ 和 A_0 的控制作用如表 3-4 所示。

表 3-4　$\overline{BHE}$ 和 A_0 的控制作用

$\overline{BHE}$	A_0	操作
0	0	同时访问两个存储体，读/写一个对准字信息
0	1	只访问奇地址存储体，读/写高字节信息
1	0	只访问偶地址存储体，读/写低字节信息
1	1	无操作

　　两个存储体与 CPU 总线之间的连接如图 3-9 所示。奇地址存储体的片选端 $\overline{SEL}$ 受控于 $\overline{BHE}$ 信号，偶地址存储体的片选端受控于地址线 A_0。

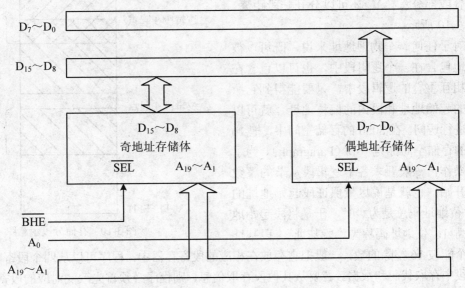

图 3-9　存储体与总线的连接示意图

　　在 8086 系统中，存储器的这种分体结构对用户来说是透明的。当用户需要访问存储器中的某个字节时，指令中的地址码经变换后应得到 20 位的物理地址，这个物理地址当然可以是偶地址，也可以是奇地址。如果是偶地址（$A_0=0$，$\overline{BHE}=1$），则可由 A_0 选定偶地址存储体，$A_{19} \sim A_1$ 从偶地址存储体中选定某个字节地址，并启动该存储体，读/写该地址中一个字节的信息，通过数据总线的低 8 位传送数据；如果是奇地址（$A_0=1$），则偶地址存储体不会被选，也就不会启动它。为了启动奇地址存储体，系统将自动产生 $\overline{BHE}=0$ 作为奇地址存储体的选择信号，与 $A_{19} \sim A_1$ 一起选定奇地址存储体中的某个字节地址，并读/写该地址中一个字节的信息，通过数据总线的高 8 位传送数据。

如果用户需要访问存储体中的某个字，即两个字节，那么要分两种情况来讨论：一种情况是用户需要访问的是从偶地址开始的一个字（即高字节在奇地址中，低字节在偶地址中），则可以一次访问存储器读/写一个字信息，这时 $A_0=0$，$\overline{BHE}=0$；另一种情况是用户需要访问的是从奇地址开始的一个字（即高字节在偶地址中，低字节在奇地址中），这时需要访问两次存储器才能读/写这个字的信息，第一次访问存储器读/写奇地址中的字节，第二次访问存储器读/写偶地址中的字节。显然，为了加快程序的运行速度，希望访问存储器的字地址为偶地址。

3.2.2 存储器的分段

在 8086 系统中，可寻址的存储空间达 1MB。要对整个存储器空间寻址，则需要 20 位长的地址码，而 8086 系统内所有的寄存器都只有 16 位，只能寻址 64KB（2^{16}B）。因此在 8086 系统中，把整个存储空间分成许多逻辑段，这些逻辑段容量最多为 64KB。8086CPU 允许它们在整个存储空间中浮动，各个逻辑段之间可以紧密相连，也可以相互重叠（完全重叠或部分重叠），还可以分开一段距离，如图 3-10 所示。

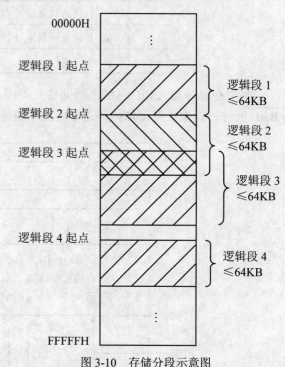

图 3-10   存储分段示意图

对于任何一个物理地址来说，既可以被唯一地包含在一个逻辑段中，也可以包含在多个相互重叠的逻辑段中，只要能得到它所在段的起始地址和段内的偏移地址，就可以对它进行访问。在 8086 的存储空间中，把 16 字节的存储空间称为一节（Paragraph）。为了简化操作，一般要求各个逻辑段从节的整数边界开始，也就是说尽量保证段起始地址的低 4 位地址码总是为"0"，于是将段起始地址的高 16 位地址码称为"段基址"。段基址是一个能被 16 整除的数，一般把它存放在相应的段寄存器中，程序可以从四个段寄存器指定的逻辑段中存取代码和数据。若要从其他段存取信息，则程序必须首先改变对应的段寄存器内容，可以用软件将其设置成所要存取段的段基址；而段内的偏移地址可以用 8086 的 16 位通用寄存器来存放，被称为"偏移量"。

使用段寄存器的优点是：

● 虽然各条指令使用的地址只有 16 位（64KB），但整个 CPU 的存储器寻址范围可达 20 位（1MB）。

● 如果使用多个代码段、数据段或堆栈段，则可使一个程序的指令、数据或堆栈部分的长度超过 64KB。

● 为一个程序及其数据和堆栈使用独立的存储区提供了方便。

● 能够将某个程序及其数据在每次执行时放入不同的存储区域中。

存储器采用分段编码方法进行组织，带来了一系列的好处。首先，程序中的指令只涉及

16 位地址，缩短了指令长度，提高了程序的执行速度。尽管 8086 的存储器空间多达 1MB，但在程序执行过程中，不需要在 1MB 空间中去寻址，多数情况下只在一个较小的存储器段中运行。而且，大多数指令运行时，并不涉及段寄存器的值，只涉及 16 位的偏移量。也正因为如此，分段组织存储器也为程序的浮动装配创造了条件。这样，程序设计者完全不用为程序装配在何处而去修改指令，统一交由操作系统去管理就可以了。装配时，只要根据内存的情况确定段寄存器 CS、DS、SS 和 ES 的值即可。当然应当注意：能实现浮动装配的程序，其中的指令应与段地址没有关系，在出现转移指令或调用指令时都必须用相对转移或相对调用指令。

存储器分段管理的方法给编程带来了一些麻烦，但给模块化程序、多道程序及多用户程序的设计创造了条件。

3.2.3　逻辑地址（Logic Address）和实际地址（Physical Address）

在存储器中每一个存储单元都存在唯一的一个物理地址，物理地址就是存储器的实际地址，它是指 CPU 和存储器进行数据交换时所使用的地址。对于 8086 系统，物理地址由 CPU 提供的 20 位地址码来表示，是唯一能代表存储空间每个字节单元的地址。逻辑地址是在程序中使用的地址，由段地址和偏移地址两部分组成。逻辑地址的表示形式为"段地址:偏移地址"。段地址和偏移地址都是无符号的 16 位二进制数，或用 4 位十六进制数表示。物理地址是段地址左移 4 位加偏移地址形成的，即：

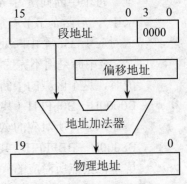

图 3-11　物理地址的形成过程

物理地址=段地址×10H+偏移地址

这个形成过程是在 CPU 的总线接口部件 BIU 的地址加法器中完成的，如图 3-11 所示。

访问存储器时，段地址是由段寄存器提供的。8086CPU 通过四个段寄存器来访问四个不同的段。用程序对段寄存器的内容进行修改可以实现访问所有段。一般把段地址装入段寄存器的那些段称为当前段。不同的操作，段地址和偏移地址的来源不同，表 3-5 给出了各种访问存储器操作所使用的段寄存器和段内偏移地址的来源。

表 3-5　各种访问存储器的段地址和偏移地址

类型	约定的段寄存器	可指定的段寄存器	偏移地址
取指令	CS	无	IP
堆栈操作	SS	无	SP
串指令（源）	DS	CS、ES、SS	SI
串指令（目的）	ES	无	DI
用 BP 作基址	SS	CS、ES、SS	有效地址 EA
通用数据读/写	DS	CS、ES、SS	有效地址 EA

一般情况下，段寄存器的作用由系统约定，只要在指令中不特别指明采用其他的段寄存器，就由约定的段寄存器提供段地址。有些操作除了约定的段寄存器外，还可指定其他段寄存

器。如通用数据存取，除由约定的 DS 给出段基址外，还可以指定 CS、SS 和 ES；有些操作，只能使用约定的段寄存器，不允许指定其他段寄存器，如取指令只使用 CS。表中的有效地址 EA 是指按寻址方式计算的偏移地址。

例如，若某内存单元处于数据段中，DS 的值为 8915H，偏移地址为 0100H，那么这个单元的物理地址为：89150H+0100H=89250H。

3.2.4 专用和保留的存储器单元及堆栈

1. 专用和保留的存储器单元

8086CPU 是 Intel 公司的产品，Intel 公司为了保证与未来的 Intel 公司产品的兼容性，规定在存储区的最低地址区和最高地址区保留一些单元供 CPU 的某些特殊功能专用或为将来开发软件产品和硬件产品而保留，其中：

（1）00000H～003FFH（共 1KB）：用于中断，以存放中断向量，这一区域又称为中断向量表。

（2）FFFF0H～FFFFFH（共 16B）：用于系统复位启动。

IBM 公司遵照这种规定，在 IBM PC/XT 这种最通用的 8086 系统中也相应规定：

- 00000H～003FFH（共 1KB）：用来存放中断向量表，即中断处理服务程序的入口地址。每个中断向量占 4 个字节，前两个字节存放中断处理服务程序入口的偏移地址（IP），后两个字节存放中断服务程序入口的段地址（CS）。因此，1KB 区域可以存放对应于 256 个中断处理服务程序的入口地址。但是，对一个具体的机器系统而言，256 级中断是用不完的，所以这个区域的大部分单元是空着的。当系统启动、引导完成时，这个区域的中断向量就被建立起来了。
- B0000H～B0FFFH（共 4KB）：是单色显示器的视频缓冲区，存放单色显示器当前屏幕显示字符所对应的 ASCII 码及其属性。
- B8000H～BBFFFH（共 16KB）：是彩色显示器的视频缓冲区，存放彩色显示器当前屏幕像素点所对应的代码。
- FFFF0H～FFFFFH（共 16B）：一般用来存放一条无条件转移指令，使系统在上电或复位时会自动跳转到系统的初始化程序。这个区域被包含在系统的 ROM 范围内，在 ROM 中驻留着系统的基本 I/O 系统程序，即 BIOS。

由于专用和保留存储单元的规定，使用 Intel 公司 CPU 的各类兼容微型计算机都具有较好的兼容性。

2. 堆栈

在子程序调用和中断处理过程时，要分别保存返回地址和断点地址。在进入子程序和中断处理后，还需要保留通用寄存器的值；子程序返回和中断处理返回时，则要恢复通用寄存器的值，并分别将返回地址或断点地址恢复到指令指针寄存器中。这些功能都要通过堆栈来实现，其中寄存器的保存和恢复需要由堆栈指令来完成。

8086 指令系统中提供了专用的堆栈操作指令，用户要开辟一块存储器单元用作堆栈操作，8086 的堆栈总是按字进行的，每执行一条推入堆栈指令，堆栈地址指针 SP 减 2，推入堆栈的数据放在栈顶，低位字节放在较低地址单元（真正的栈顶单元），高位字节放在较高地址单元。执行弹出指令时正好相反，每弹出一个字，栈顶指针 SP 的值加 2，堆栈中的内容是按后进先出的次序进行的。当进行堆栈操作时，CPU 就会选择堆栈段寄存器 SS，再和堆栈指针 SP 或基址指针 BP 形成 20 位堆栈地址，完成堆栈操作。

3.3 8086CPU 的总线周期和操作时序

8086CPU 由外部的一片 8284A 时钟信号发生器提供主频为 5MHz 的时钟信号，在时钟节拍作用下，CPU 一步步顺序地执行指令，因此时钟周期是 CPU 指令执行时间的刻度。执行指令的过程中，凡需要执行访问存储器和访问 I/O 端口的操作都统一交给 BIU 的外部总线完成，每一次访问都称为一个"总线周期"。若执行的是数据输出，则称为"写总线周期"，若执行的是数据输入，则称为"读总线周期"。

3.3.1 8284A 时钟信号发生器

8284A 是 Intel 公司专为 8086 设计的时钟信号发生器，能产生 8086 所需的系统时钟信号（即主频），可以采用石英晶体或某一 TTL 脉冲发生器作为振荡源。8284A 除了提供恒定的时钟信号外，还对外界输入的就绪信号 RDY 和复位信号 $\overline{RES}$ 进行同步。8284A 的引脚特性如图 3-12 所示。

外界的就绪信号 RDY 输入 8284A，经时钟下降沿同步后，输出 READY 信号作为 8086 的就绪信号 READY；同样，外界的复位信号 $\overline{RES}$ 输入 8284A，经整形并由时钟下降沿同步后，输出 RESET 信号作为 8086 的复位信号 RESET，其宽度不得小于 4 个时钟周期。外界的 RDY 和 $\overline{RES}$ 可以在任何时候发出，但送至 CPU 的信号都是经时钟同步后的信号。

根据不同的振荡源，8284A 有两种不同的连接方法：一种方法是用脉冲发生器作为振荡源，这时只需要将脉冲发生器的输出端和 8284A 的 EFI 端相连；

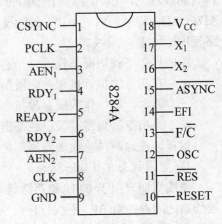

图 3-12 8284A 引脚特性

另一种方法是利用石英晶体振荡器作为振荡源，这时只需要将晶体振荡器连在 8284A 的 X_1 和 X_2 两端。如果采用前一种方法，必须将 F/$\overline{C}$ 接为高电平，而用后一种方法，则需要将 F/$\overline{C}$ 接地。不管用哪种方法，8284A 输出的时钟 CLK 的频率均为振荡源频率的 1/3，振荡源频率经 8284A 驱动后，由 OSC 端输出，可供系统使用。

3.3.2 8086 总线周期

8086CPU 与存储器或外部设备通信是通过 20 位分时多路复用地址/数据总线来实现的。为了取出指令或传输数据，CPU 要执行一个总线周期。

通常把 8086CPU 经外部总线对存储器或 I/O 端口进行一次信息的输入或输出过程称为总线操作，而把执行该操作所需要的时间称为总线周期或总线操作周期。由于总线周期全部由 BIU 来完成，所以也把总线周期称为 BIU 总线周期。

8086 的总线周期至少由 4 个时钟周期组成。每个时钟周期称为 T 状态，用 T_1、T_2、T_3 和

T_4 表示。时钟周期是 CPU 的基本时间计量单位，由主频决定。例如 8086 的主频为 5MHz，一个时钟周期就是 100ns。基本的总线周期波形如图 3-13 所示。

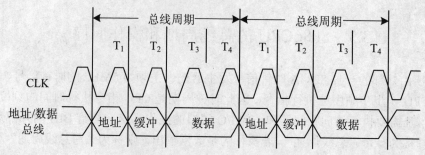

图 3-13　典型的 8086 总线周期波形图

在 T_1 状态期间，CPU 将存储地址或 I/O 端口的地址置于总线上。若要将数据写入存储器或 I/O 设备，则在 T_2～T_4 这段时间内，要求 CPU 在总线上一直保持要写的数据；若要从存储器或 I/O 设备读入信息，则 CPU 在 T_3～T_4 期间接受由存储器或 I/O 设备置于总线上的信息。T_2 时总线浮空，允许 CPU 有个缓冲时间把输出地址的写方式转换为输入数据的读方式。可见，AD_0～AD_{15} 和 A_{16}/S_3～A_{19}/S_6 在总线周期的不同状态传送不同的信号，这就是 8086 的分时多路复用地址/数据总线。

BIU 只在下列情况下执行一个总线周期：

● 　在指令的执行过程中，根据指令的需要由执行单元 EU 请求 BIU 执行一个总线周期。例如，取操作数或存放指令执行结果等。

● 　当指令队列寄存器已经空出两个字节，BIU 必须填写指令队列时。

这样，在这两种总线操作周期之间就有可能存在着 BIU 不执行任何操作的时钟周期。

1. 空闲状态 T_I（Idle State）

总线周期只用于 CPU 和存储器或 I/O 端口之间传送数据和填充指令队列。如果在两个总线周期之间存在着 BIU 不执行任何操作的时钟周期，这些不起作用的时钟周期称为空闲状态，用 T_I 表示。在系统总线处于空闲状态时，可以包含一个或多个时钟周期。这期间在高 4 位的总线上，CPU 仍然输出前一个总线周期的状态信号 S_3～S_6；而在低 16 位总线上，则视前一个总线周期是写周期还是读周期来确定：若前一个总线周期为写周期，CPU 会在总线的低 16 位继续输出数据信息；若前一个总线周期为读周期，CPU 则使总线的低 16 位处于浮空状态。

空闲状态可以由几种情况引起。例如，当 8086CPU 把总线的主控权交给协处理器的时候；当 8086 执行一条长指令（例如，16 位的乘法指令 MUL 或除法指令 DIV），这时 BIU 有相当长的一段时间不执行任何操作，其时钟周期处于空闲状态。

8086 的总线周期中除了空闲状态 T_I 外，还有一种等待状态 T_W。

2. 等待状态 T_W（Wait State）

8086CPU 与慢速的存储器和 I/O 接口交换信息时，即被写入数据或被读取数据的存储器或外设在速度上跟不上 CPU 的要求时，为了防止丢失数据，会由存储器或外设通过 READY 信号线在总线周期的 T_3 和 T_4 之间插入一个或多个必要的等待状态 T_W，用来给予必要的时间补偿。在等待状态期间，总线上的信息保持 T_3 状态时的信息不变，其他一些控制信号也都保持不变。包含了 T_I 与 T_W 状态的典型总线周期如图 3-14 所示。

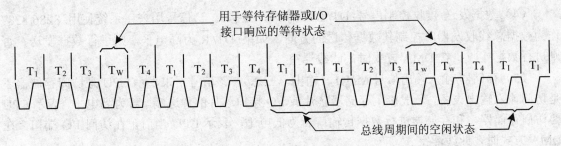

图 3-14　典型的总线周期序列

当存储器或外设完成数据的读/写准备时，便在 READY 线上发出有效信号，CPU 接到此信号后会自动脱离 T_W 而进入 T_4 状态。

3.3.3　8086CPU 的最小/最大工作方式

系统总线是指组成微型计算机系统所采用的总线，用于连接系统中的各个部件。由 CPU 直接引出的总线称为 CPU 总线。CPU 总线的输出电流约为数毫安，它不能稳定地驱动总线上众多的部件。为解决此问题，常采用具有驱动能力的锁存器、缓冲器等芯片，这类芯片的输入电流很小（$10\sim20\mu A$），而输出电流达数十毫安，这就很好地解决了驱动能力不足的问题。此外，为增强总线的功能，还可以采用其他一些专用芯片。因此，系统总线一般是由 CPU 总线经过驱动器、总线控制器等芯片的变换而形成的。

系统总线上所挂接的存储器、I/O 接口等部件越多，所组成计算机的功能就越强，规模就越大。因此，在系统总线的基础上，可以组成不同规模的微型计算机。

为了构成不同规模的微型计算机，适应各种各样的应用场合，Intel 公司在设计 8086CPU 芯片时，就考虑了它们可以在两种方式下工作，即最小工作方式和最大工作方式。

1. 最小工作方式

当把 8086 的 33 脚 MN/$\overline{\text{MX}}$ 接+5V 时，8086CPU 就处于最小工作方式了。所谓最小工作方式，就是系统中只有 8086 一个微处理器，是一个单微处理器系统。在这种系统中，所有的总线控制信号都直接由 8086CPU 产生，系统中的总线控制逻辑电路被减到最少，这些特征就是最小方式名称的由来，最小方式系统适合于较小规模的应用。

当 8086CPU 处于最小工作方式时，24～31 这 8 条控制引脚的功能定义如下：

（1）中断响应信号 $\overline{\text{INTA}}$（输出，低电平有效）。它用于在中断响应周期中由 CPU 对外设的中断请求作出响应。8086 的 $\overline{\text{INTA}}$ 信号实际上是两个连续的负脉冲，在每个总线周期的 T_2、T_3 和 T_W 状态下，$\overline{\text{INTA}}$ 为低电平。其第一个负脉冲通知外设接口，它发出的中断请求已经得到允许；第二个负脉冲期间，外设接口往数据总线上放中断类型码，从而使 CPU 得到了有关此中断请求的详尽信息。

（2）地址锁存信号 ALE（输出，高电平有效）。在任何一个总线周期的第一个时钟周期 T_1 时，ALE 输出高电平，以表示当前在地址/数据复用总线上输出的是地址信息，地址锁存器 8282/8283 将 ALE 作为锁存信号，对地址进行锁存。要注意的是 ALE 端不能被浮空。

（3）数据允许信号 $\overline{\text{DEN}}$（输出，三态，低电平有效）。$\overline{\text{DEN}}$ 被用来作为总线收发控制器 8286/8287 的选通信号，在 CPU 访问存储器或 I/O 端口的总线周期的后半段时间内该信号有效，表示 CPU 准备好接收或发送数据，允许数据收发器工作。在 DMA 方式下，被置为浮空。

（4）数据发送/接收控制信号 DT/$\overline{\text{R}}$（输出，三态）。该信号用来在系统使用 8286/8287 作为数据总线收发器时控制其数据传送的方向，如果 DT/$\overline{\text{R}}$ 为高电平，则进行数据发送，否则进行数据接收。在 DMA 方式时，此线浮空。

（5）存储器/输入输出信号 M/$\overline{\text{IO}}$（输出，三态）。该信号用来表示 CPU 是访问存储器还是访问输入输出设备，一般接至存储器芯片或 I/O 接口芯片的片选端。若为高电平，表示 CPU 要访问存储器，和存储器进行数据传输；若为低电平，表示 CPU 当前正在访问 I/O 端口。在 DMA 方式时，此线浮空。

（6）写控制信号 $\overline{\text{WR}}$（输出，低电平有效，三态）。该信号有效时，表示 CPU 正在对存储器或 I/O 端口执行写操作。在任何写周期，$\overline{\text{WR}}$ 只在 T_2、T_3 和 T_W 有效。在 DMA 方式时，被置为浮空。

（7）总线保持请求信号 HOLD（输入，高电平有效）。该信号是系统中的其他总线主控部件（如协处理器、DMA 控制器等）向 CPU 发出的请求占用总线的控制信号。通常 CPU 在完成当前的总线操作周期之后，当 CPU 从 HOLD 线上收到一个高电平请求信号时，如果 CPU 允许让出总线，就在当前总线周期完成时在 T_4 状态使 HLDA 输出高电平，作为回答（响应）信号，且同时使具有三态功能的地址/数据总线和控制总线处于浮空。总线请求部件收到 HLDA 后，获得总线控制权，从这时开始，HOLD 和 HLDA 都保持高电平。当请求部件完成对总线的占用后，将把 HOLD 信号变为低电平，使其无效。CPU 收到该无效信号后，也将 HLDA 变为低电平，从而恢复对地址/数据总线和控制总线的占有权。

（8）总线保持响应信号 HLDA（输出，高电平有效）。CPU 在 HLDA 信号有效期间让出总线控制权，总线请求部件收到 HLDA 信号后就获得了总线控制权。这时，CPU 使地址/数据总线与所有具有三态的控制线都处于高阻隔离状态，CPU 处于"保持响应"状态。

2. 最大工作方式

当把 8086 的 33 脚 MN/$\overline{\text{MX}}$ 接地时，系统处于最大工作方式。最大工作方式是相对最小工作方式而言的，它主要用在中等或大规模的 8086 系统中。在最大方式系统中，总是包含有两个或多个微处理器，是多微处理器系统。其中必有一个主处理器 8086，其他的处理器称为协处理器。和 8086 匹配的协处理器主要有两个：一个是专用于数值运算的处理器 8087，它能实现多种类型的数值操作，如高精度的整数和浮点运算，还可以进行三角函数、对数函数的计算，由于 8087 是用硬件方法来完成这些运算的，和用软件方法来实现相比会大幅度地提高系统的数值运算速度；另一个是专用于输入/输出处理的协处理器 8089，它有一套专用于输入/输出操作的指令系统，直接为输入/输出设备使用，使 8086 不再承担这类工作，它将明显提高主处理器的效率，尤其是在输入/输出频繁出现的系统中。

在最大工作方式中，8086 不直接提供用于存储器或 I/O 端口读写命令等的控制信号，而是由总线控制器 8288 产生相应的控制信号。这样，8086 在最小工作方式下提供的总线控制信号的引脚就可以重新定义，改作支持多处理器系统之用。8086CPU 处于最大工作方式时，24～31 控制引脚的功能定义如下：

（1）总线周期状态信号 $\overline{S_2}$、$\overline{S_1}$、$\overline{S_0}$（输出，三态）。表示 CPU 总线周期的操作类型。在多微处理器中使用总线控制器 8288 后，CPU 可以对 $\overline{S_2}$、$\overline{S_1}$、$\overline{S_0}$ 状态信息进行译码，产生相应的控制信号。$\overline{S_2}$、$\overline{S_1}$、$\overline{S_0}$ 对应的总线操作和 8288 产生的控制命令如表 3-6 所示。

在表 3-6 中，前 7 种代码组合都对应了某一总线操作过程，通常称为有源状态。它们处于前一个总线周期的 T_4 状态或本总线周期的 T_1、T_2 状态中，$\overline{S_2}$、$\overline{S_1}$、$\overline{S_0}$ 至少有一个信号为低电平。在总线周期的 T_3、T_W 状态且 READY 信号为高电平时，$\overline{S_2}$、$\overline{S_1}$、$\overline{S_0}$ 均为高电平，此时，前一个总线操作过程就要结束，后一个新的总线周期尚未开始，通常称为无源状态。而在总线周期的最后一个状态即 T_4 状态，$\overline{S_2}$、$\overline{S_1}$、$\overline{S_0}$ 中任何一个或几个信号的改变都意味着下一个新的总线周期的开始。

表 3-6　$\overline{S_2}$、$\overline{S_1}$、$\overline{S_0}$ 与总线操作、8288 控制命令的对应关系

状态输入			CPU 总线操作	8288 控制命令
$\overline{S_2}$	$\overline{S_1}$	$\overline{S_0}$		
0	0	0	中断响应	$\overline{INTA}$
0	0	1	读 I/O 端口	$\overline{IORC}$
0	1	0	写 I/O 端口	$\overline{IOWC}$、$\overline{AIOWC}$
0	1	1	暂停	无
1	0	0	取指令周期	$\overline{MRDC}$
1	0	1	读存储器周期	$\overline{MRDC}$
1	1	0	写存储器周期	$\overline{MWTC}$、$\overline{AMWC}$
1	1	1	无源状态	无

（2）指令队列状态信号 QS_1 和 QS_0（输出）。指令队列状态输出线用来提供 8086 内部指令队列的状态。8086 内部在执行当前指令的同时，从存储器预先取出后面的指令，并将其放在指令队列中。QS_1、QS_0 便提供指令队列的状态信息，以便提供外部逻辑跟踪 8086 内部指令序列。QS_1、QS_0 表示的状态情况如表 3-7 所示。

表 3-7　QS_1、QS_0 与队列状态

QS_1	QS_0	队列状态
0	0	无操作，队列中指令未被取出
0	1	从队列中取出当前指令的第一个字节
1	0	指令队列空
1	1	从队列中取出当前指令的第二字节以后的部分

外部逻辑通过监视总线状态和队列状态，可以模拟 CPU 的指令执行过程，并确定当前正在执行哪一条指令。有了这种功能，8086/8088 才能告诉协处理器何时准备执行指令。在 PC 机中，这两条线与 8087 协处理器的 QS_1、QS_0 相连。

（3）总线封锁信号 $\overline{LOCK}$（输出，三态）。当 $\overline{LOCK}$ 为低电平时，表示 CPU 要独占总线，系统中其他总线的主控设备就不能占有总线。为了保证 8086CPU 在一条指令的执行中，总线使用权不会为其他主设备所打断，可以在某一条指令的前面加上一个 LOCK 前缀，则这条指令执行时就会使 CPU 产生一个 $\overline{LOCK}$ 信号，CPU 封锁其他主控设备使用总线，直到这条指

结束为止。

（4）总线请求/总线请求允许信号 $\overline{RQ}/\overline{GT_1}$、$\overline{RQ}/\overline{GT_0}$（双向）。这两个双向信号是在最大工作方式时裁决总线使用权的，可供 CPU 以外的两个总线主控设备用来发出使用总线的请求信号或接收 CPU 对总线请求信号的响应信号。当该信号为输入时，表示其他设备向 CPU 发出请求使用总线；当该信号为输出时，表示 CPU 对总线请求的响应信号。$\overline{RQ}/\overline{GT_1}$ 和 $\overline{RQ}/\overline{GT_0}$ 都是双向的，总线请求信号和允许信号在同一引线上传输，但方向相反。其中 $\overline{RQ}/\overline{GT_0}$ 比 $\overline{RQ}/\overline{GT_1}$ 的优先级要高，即当两者同时有请求时，$\overline{RQ}/\overline{GT_0}$ 可以优先输出允许信号。

总线请求和允许的过程如下：另一总线主控设备输送一个脉冲给 8086，表示总线请求，相当于最小工作方式下的总线请求信号 HOLD；在 CPU 的下一个 T_4 或 T_1 期间，CPU 输出一个脉冲给请求总线的设备，作为总线响应信号，相当于最小方式下的总线响应信号 HLDA；当总线使用完毕后，总线请求主控设备输出一个脉冲给 CPU，表示总线请求的结束，每次都需要这样的 3 个脉冲。

3.3.4　8086CPU 的操作时序

一个微型计算机系统为了完成自身的功能，需要执行许多操作。这些操作均在时钟信号的同步下按时序一步步地执行，这样就构成了 CPU 的操作时序。

8086 的主要操作有：

- 系统的复位和启动操作
- 总线操作
- 暂停操作
- 中断响应操作
- 总线保持或总线请求/允许操作

1. 系统的复位和启动操作

8086 的复位和启动操作是由 8284A 时钟发生器向其 RESET 复位引脚输入一个触发信号而执行的。8086 要求此复位信号至少维持 4 个时钟周期的高电平。如果是初次加电引起的复位（又称"冷启动"），则要求此高电平的持续时间不短于 50 μs。

当 RESET 信号一进入高电平，8086CPU 就结束现行操作，进入复位状态，直到 RESET 信号变为低电平为止。在复位状态下，CPU 内部的各寄存器被置为初态，其初态已列于表 3-3 中。从该表可见：由于复位时，代码段寄存器 CS 和指令指针寄存器 IP 分别被初始化为 FFFFH 和 0000H，所以 8086 复位后重新启动时便从内存的 FFFF0H 处开始执行指令。

一般在 FFFF0H 处存放一条无条件转移指令，用以转移到系统程序的入口处，这样，系统一旦被启动仍自动进入系统程序，开始正常工作。

复位信号从高电平到低电平的跳变会触发 CPU 内部的一个复位逻辑电路，经过 7 个时钟周期之后，CPU 就完成了启动操作。

复位时，由于标志寄存器 F 被清零，其中的中断允许标志 IF 也被清零。这样，从 INTR 端输入的可屏蔽中断就不能被接受。因此，在设计程序时，应在程序中设置一条开放中断的指令 STI，使 IF=1，以开放中断。

8086 的复位操作时序如图 3-15 所示。

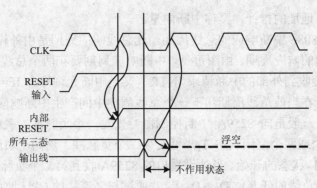

图 3-15　8086CPU 的复位操作时序

由图可见，当 RESET 信号有效后，再经一个状态，将执行：①把所有具有三态的输出线（包括 $AD_{15} \sim AD_0$、$A_{19}/S_6 \sim A_{16}/S_3$、$\overline{BHE}/S_7$、$M/\overline{IO}$、$DT/\overline{R}$、$\overline{DEN}$、$\overline{WR}$、$\overline{RD}$ 和 $\overline{INTA}$ 等）都置成浮空状态，直到 RESET 回到低电平，结束复位操作为止，还可看到在进入浮空前的半个状态（即时钟周期的低电平期间），这些三态输出线暂为不作用状态；②把不具有三态的输出线（包括 ALE、HLDA、$\overline{RQ}/\overline{GT_1}$、$\overline{RQ}/\overline{GT_0}$、$QS_0$ 和 QS_1 等）都置为无效状态。

2. 总线操作

8086CPU 在与存储器或 I/O 端口交换数据或者装填指令队列时，都需要执行一个总线周期，即进行总线操作。一个基本的总线周期包含 4 个状态 T_1、T_2、T_3、T_4。当存储器或 I/O 端口速度较慢时，由等待状态发生器发出 READY=0（未准备就绪）信号，CPU 则在 T_3 之后插入一个或多个等待状态 T_W。

总线操作按数据传输方向可分为：总线读操作和总线写操作。前者是指 CPU 从存储器或 I/O 端口读取数据，后者则是指 CPU 把数据写入到存储器或 I/O 端口。

3. 暂停操作

当 CPU 执行一条暂停指令 HLT 时，则停止一切操作，进入暂停状态。暂停状态一直保持到发生中断或对系统进行复位时为止。在暂停状态下，CPU 可以接收 HOLD 线上（最小工作方式下）或 $\overline{RQ}/\overline{GT}$ 线上（最大工作方式下）的保持请求。当保持请求消失后，CPU 回到暂停状态。

4. 中断响应总线周期操作

8086 有一个简单而灵活的中断系统，可以处理 256 种不同类型的中断，每种中断用一个中断类型码以示区别。因此，256 种中断对应的中断类型码为 0～255。这 256 种中断又分两种：一种为硬件中断，另一种为软件中断。

硬件中断是通过系统的外部硬件引起的，所以又叫外部中断。硬件中断又有两种：一种是通过 CPU 的非屏蔽引脚 NMI 送入"中断请求"信号而引起的，这种中断不受标志寄存器中的中断允许标志 IF 的控制；另一种是外设通过中断控制器 8259A 向 CPU 的 INTR 送入的"中断请求"引起的，这种中断不仅要 INTR 信号有效（高电平），而且还要 IF=1（中断开放）才能引起，称可屏蔽中断。硬件中断在系统中是随机产生的。

软件中断是 CPU 由程序中的中断指令 INT n（其中 n 为中断类型码）引起的，是与外部硬件无关的，故又称内部中断。

不管是硬件中断还是软件中断都有中断类型码，CPU 根据中断类型码乘以 4 即可得到存放中断服务程序入口地址的指针，又称中断向量。

图 3-16 所示为 8086 中断响应的总线周期。此总线响应周期是由外设向 CPU 的 INTR 引脚发中断申请而引起的响应周期。由图可见，中断响应周期要花两个总线周期。如果在前一个总线周期中，CPU 接收到外部的中断请求 INTR，又当中断允许标志 IF=1 且正好执行完一条指令时，那么 8086 会在当前总线周期和下一个总线周期中间产生中断响应周期，CPU 从 $\overline{INTA}$ 引脚上向外设端口（一般是向 8259A 中断控制器）先发一个负脉冲，表明其中断申请已得到允许，然后插入 3 个或两个空闲状态 T_I，再发第二个负脉冲。这两个负脉冲都从每个总线周期的 T_2 状态维持到 T_4 状态的开始。当外设端口的 8259A 收到第二个负脉冲后，立即把中断类型码 n 送到它的数据总线的低 8 位 $D_7 \sim D_0$ 上，并通过与之连接的 CPU 地址/数据线 $AD_7 \sim AD_0$ 传给 CPU。在这两个总线周期的其余时间，$AD_7 \sim AD_0$ 处于浮空，同时 $\overline{BHE}/S_7$ 和地址/状态线 $A_{19}/S_6 \sim A_{16}/S_3$ 也处于浮空，$M/\overline{IO}$ 处于低电平，而 ALE 引脚在每个总线周期的 T_1 状态输出一个有效的电平脉冲，作为地址锁存信号。

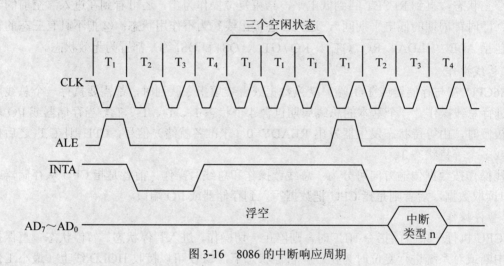

图 3-16　8086 的中断响应周期

对于 8086 的中断响应总线周期的时序还需要注意以下几点：

（1）8086 要求外设通过 8259A 向 INTR 中断请求线发的中断请求信号是一个电平信号，必须维持两个总线周期的高电平，否则当 CPU 的 EU 执行完一条指令后，如果 BIU 正在执行总线操作周期，则会使中断请求得不到响应，而继续执行其他的总线操作周期。

（2）8086 工作在最小方式和最大方式时，$\overline{INTA}$ 响应信号是从不同地方向外设端口的 8259A 发出的。最小方式下，直接从 CPU 的 $\overline{INTA}$ 引脚发出；而在最大方式下，是通过总线控制器 8288 的 $\overline{INTA}$ 引脚发出的。

（3）8086 还有一条优先级别更高的总线保持请求信号 HOLD（最小工作方式下）或 $\overline{RQ}/\overline{GT}$ 线（最大工作方式下）。当 CPU 已进入中断响应周期，即使外部发来总线保持请求信号，但还是要在完成中断响应后才响应它。如果中断请求和总线保持请求是同时发向 CPU 的，则 CPU 应先对总线保持请求服务，然后再进入中断响应总线周期。

（4）软件中断和 NMI 非屏蔽中断的响应总线周期和图 3-16 所示的响应周期时序略有不同，不再详细讨论。

5. 总线保持请求/保持响应操作

（1）最小工作方式下的总线保持请求/保持响应操作。

当一个系统中具有多个总线主模块时，除 CPU 之外的其他总线主模块为了获得对总线的控制，需要向 CPU 发出总线保持请求信号，当 CPU 接到此请求信号并同意让出总线时，就向发出该请求的主模块发出响应信号。

8086 在最小工作方式下提供的总线控制联络信号为总线保持请求 HOLD 和总线保持响应信号 HLDA。

最小工作方式下的总线保持请求和保持响应操作的时序图如图 3-17 所示。

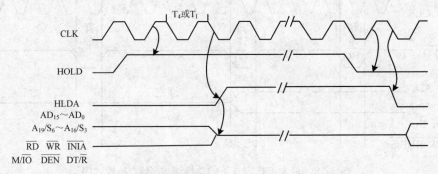

图 3-17　总线保持请求/保持响应时序（最小工作方式）

由图可见，CPU 在每个时钟周期的上升沿对 HOLD 引脚进行检测，若 HOLD 已变为高电平（有效状态），则在总线周期的 T_4 状态或空闲状态 T_I 之后的下一个状态由 HLDA 引脚发出响应信号。同时，CPU 将把总线的控制权转让给发出 HOLD 的设备，直到发出 HOLD 信号的设备再将 HOLD 变为低电平（无效）时，CPU 才又收回总线控制权。例如，8237A DMA（直接存储器存取）芯片就是一种代表外设向 CPU 发要求获得对总线控制权的器件。

8086 一旦让出总线控制权，便将所有具有三态的输出线 $AD_{15} \sim AD_0$、$A_{19}/S_6 \sim A_{16}/S_3$、$\overline{RD}$、$\overline{WR}$、$\overline{INTA}$、$M/\overline{IO}$、$\overline{DEN}$ 及 $DT/\overline{R}$ 都置于浮空状态，即 CPU 暂时与总线断开。但是，这里要注意输出信号 ALE 是不浮空的。

对于总线保持请求/保持响应操作时序，有下面几点需要注意：

1）当某一总线主模块向 CPU 发来的 HOLD 信号变为高电平（有效）后，CPU 将在下一个时钟周期的上升沿检测到，若随后的时钟周期正好为 T_4 或 T_I，则在其下降沿处将 HLDA 变为高电平；若 CPU 检测到 HOLD 后不是 T_4 或 T_I，则可能会延迟几个时钟周期，等到下一个 T_4 或 T_I 出现时才发出 HLDA 信号。

2）在总线保持请求/响应周期中，因三态输出线处于浮空状态，这将直接影响 8086 的 BIU 部件的工作，但是执行部件 EU 将继续执行指令队列中的指令，直到遇到一条需要使用总线的指令时，EU 才停止工作；或者当把指令队列中的指令执行完时也会停止工作。由此可见，CPU 和获得总线控制权的其他主模块之间在操作上有一段小小的重叠。

3）当 HOLD 变为无效后，CPU 也接着将 HLDA 变为低电平，但是不会马上驱动已变为浮空的输出引脚，只有等到 CPU 新执行一个总线操作周期时才结束这些引脚的浮空状态。因此，就可能出现有一小段时间总线没有任何总线主模块的驱动，这种情况很可能导致这些线上的控制电平漂移到最小电平以下。为此，在控制线 HLDA 和电源之间需要连接一个上拉电阻。

（2）最大工作方式下的总线请求/允许/释放操作。

8086 在最大工作方式下提供的总线控制联络信号不再是 HOLD 和 HLDA，而是把这两个引脚变成功能更加完善的两个具有双向传输信号的引脚 $\overline{RQ}/\overline{GT_1}$ 和 $\overline{RQ}/\overline{GT_0}$，被称为总线请求/总线允许/总线释放信号，它们可以分别连接到两个其他的总线主模块。在最大工作方式下，可发出总线请求的总线主模块包括协处理器和 DMA 控制器等。

图 3-18 所示为 8086 在最大工作方式下的总线请求/总线允许/总线释放的操作时序。

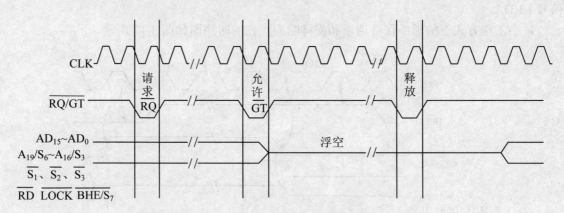

图 3-18　最大工作方式下的总线请求/允许/释放时序

由图可见，CPU 在每个时钟周期的上升沿对 $\overline{RQ}/\overline{GT}$ 引脚进行检测，当检测到外部向 CPU 送来一个"请求"负脉冲（宽度为一个时钟周期）时，则在下一个 T_4 状态或 T_1 状态从同一引脚上由 CPU 向请求总线使用权的主模块回发一个"允许"负脉冲（宽度仍为一个时钟周期），这时全部具有三态的输出线（包括 $AD_{15}\sim AD_0$、$A_{19}/S_6\sim A_{16}/S_3$、$\overline{RD}$、$\overline{LOCK}$、$\overline{S_2}$、$\overline{S_1}$、$\overline{S_0}$、$\overline{BHE}/S_7$ 等）都进入浮空状态，CPU 暂时与总线断开。

外部主模块得到总线控制权后，可以对总线占用一个或几个总线周期，当外部主模块准备释放总线时，便又从 $\overline{RQ}/\overline{GT}$ 线上向 CPU 发一个"释放"负脉冲（其宽度仍为一个时钟周期）。CPU 检测到释放脉冲后，于下一个时钟周期收回对总线的控制权。

概括起来，由 $\overline{RQ}/\overline{GT}$ 线上的三个负脉冲（即请求—允许—释放）就构成了最大工作方式下的总线请求/允许/释放操作。三个脉冲虽然都是负的，宽度也都为一个时钟周期，但是它们的传输方向并不相同。

对于此操作，有下面几点需要注意：

1）8086 有两条 $\overline{RQ}/\overline{GT_1}$ 和 $\overline{RQ}/\overline{GT_0}$，其功能完全相同，但后者的优先级高于前者。当两条引脚都同时向 CPU 发总线请求时，CPU 将会在 $\overline{RQ}/\overline{GT_0}$ 上先发允许信号，等到 CPU 再次得到总线控制权时才去响应 $\overline{RQ}/\overline{GT_1}$ 引脚上的请求。不过，当接于 $\overline{RQ}/\overline{GT_1}$ 上的总线主模块已得到了总线的控制权时，也只有等到该主模块释放了总线且 CPU 收回了总线控制权后才会去响应 $\overline{RQ}/\overline{GT_0}$ 引脚上的总线。

2）与最小方式下执行总线保持请求/保持响应操作一样，8086 通过 $\overline{RQ}/\overline{GT}$ 发出响应负脉冲，CPU 让出了对总线的控制权后，CPU 内部的 EU 仍可继续执行指令队列中的指令，直到遇到一条需要执行总线操作周期的指令为止。另外，当 CPU 收到其他主模块发出的释放脉冲后，也并不是立即恢复驱动总线。和 HLDA 控制线不同的是：$\overline{RQ}/\overline{GT_0}$ 和 $\overline{RQ}/\overline{GT_1}$ 都设置了上拉电阻与电源相连，如果系统中不用它们，则可将之悬空。

3.4　80286/80386/80486 微处理器简介

80286 是 Intel 公司在推出 8086 之后，于 1982 年 1 月推出的一种更先进的超级 16 位微处理器，它打破了 40 条引脚封装的格局，采用 68 引脚的四列双插式封装，不再使用分时复用线。因此，它具有独立的 16 条数据总线 $D_{15} \sim D_0$ 和 24 条地址总线 $A_0 \sim A_{23}$，芯片上集成有 13.5 万个晶体管，时钟频率为 8～10MHz。

1985 年 10 月，Intel 公司推出了性能指标更高的 80386 微处理器，采用 1.5μm CHMOS 工艺，芯片内集成了 27.5 万个晶体管，时钟频率为 16～33MHz，寄存器为 32 位，数据总线和地址总线均为 32 位。

80486 是 Intel 公司于 1989 年 4 月推出的，它采用 1μm CHMOS 工艺，芯片内集成了 120 万个晶体管，时钟频率为 25～50MHz，寄存器仍为 32 位，数据总线和地址总线也均为 32 位。80486 把浮点运算部件和高速缓冲存储器 Cache 集成在芯片内，使运算速度和数据存取速度得到大大提高。而且，80486 是在 CISC（复杂指令集计算机）技术的基础上首次采用了 RISC（精简指令集计算机）技术的 X86 系列微处理器，有效地减少了指令的时钟周期个数。

80386/486 都采用了流水线（Pipeline）技术。所谓流水线，是将一个单独的指令分成许多步，各步能独立操作，从而几条指令可并行处理。指令流水线类似于现代化工业生产中的装配线，极大地提高了工作效率。

3.4.1　80286 微处理器简介

80286 是继 8086 之后于 1982 年推出的新一代 16 位微处理器。80286 芯片内部集成了 13.5 万只晶体管，执行速度更快，内存寻址的范围更大，可寻址到 16MB 的地址空间。

1. 80286 的主要特性

（1）增加地址线，使内存容量提高。具有独立的数据总线 $D_0 \sim D_{15}$ 和地址总线 $A_0 \sim A_{23}$，地址总线为 24 条，可寻址 16MB 的地址空间。

（2）具有两种地址方式：实地址方式和保护虚地址方式。在实地址方式中，只用 $A_0 \sim A_{19}$ 这 20 条地址线直接寻址 1MB；在保护虚地址方式下，24 条地址线能直接寻址 16MB 的实际地址。

（3）80286 可以使用虚拟内存，即在 80286CPU 内存不足的情况下，可以借助于磁盘空间来虚拟内存。

（4）寻址方式更加丰富。在 8 种指令操作数寻址方式中包含着 24 种寻址方式。

（5）80286 可以同时运行多个任务，并且在 80286CPU 的管理调度下可以在各个任务之间迅速方便地进行切换。

（6）具有三种类型的中断，即由硬件引起（INTR 和 NMI）的、INT n 指令引起的和指令异常引起的中断。

（7）由于 80286 芯片内部硬件功能的增强，其指令系统中相应增加了高级类指令、执行环境操作类指令和保护类指令，使其指令系统为 8086 的母集。

（8）时钟频率提高，80286 的最大时钟频率高达 20MHz。

2. 80286 的内部结构

80286 的内部结构框图如图 3-19 所示。

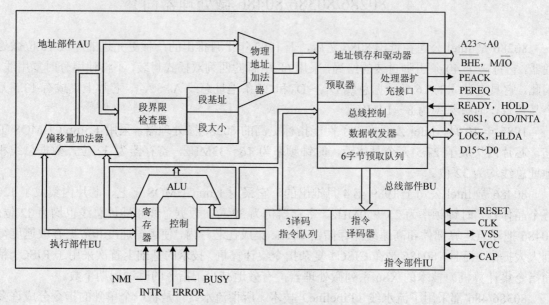

图 3-19　80286 内部结构框图

从中可以看出，80286 微处理器共有四个功能部件，这比 8086 多了两个主要部件。8086 微处理器包括总线接口部件 BIU 和执行部件 EU 两个部件，而 80286 由总线部件 BU（Bus Unit）、指令部件 IU（Instruction Unit）、执行部件 EU（Execute Unit）和地址部件 AU（Address Unit）组成，也就是在 8086 的基础上，将 8086 中的 BIU 分成 BU 和 IU，而将 EU 分成 EU 和 AU。这样，80286 增强了这些部件的并行操作能力，加快了微处理器的运行速度。

80286CPU 内部的四个处理部件并行地进行操作，构成了取指、指令译码和指令执行重叠进行的流水线工作方式，提高了数据的吞吐率，加快了运行处理速度。由于内部具有存储器管理和存储器保护机构，可以适应多用户、多任务的需要。一个 10MHz 的 80286 比标准的 5MHz 的 8086 性能要高 6 倍。它灵活而巧妙地应用存储器管理和保护方法，可使其支持每个用户的虚拟存储器高达 100MB。片内的存储器管理机构能用四个分离的特权层——系统核、系统服务、应用服务和应用程序——支持任务/任务和用户/操作系统的保护，也支持在任务中程序和数据的保密。80286 还由于工艺的提高，使时钟频率大大提高。这样，80286 系列机比 8086 系列机的性能有很大幅度的提高。

总线部件 BU 包括地址锁存和驱动器、预取器、协处理器接口、总线控制器、数据收发器以及指令预取器。地址锁存和驱动器将 24 位地址锁存并加以驱动；预取器负责向存储器取指令代码并放到 6 个字节的预取队列中；协处理器接口专门负责与 80287 协处理器的连接；数据收发器根据指令要求负责控制数据的输入或输出（控制方向）；6 个字节的指令队列专门存放由预取器送来的指令，这些代码是没有译码的；总线控制产生有关外部控制信号送到外部的总线控制器 80288，以便组合产生存储器或 I/O 的读写控制信号。

指令部件 IU 负责从预取队列中取代码并进行译码，然后放入 3 条指令的指令队列中，这个指令队列存放的是已经译码的指令，可以立即执行。

地址部件 AU 负责物理地址的生成，80286 的物理地址生成方法根据其工作方式的不同而完全不同。如果 80286 工作在实地址模式，则物理地址的形成与 8086 一样，即将段地址乘以 16 再与偏移地址相加得到 20 位的物理地址，因此，实地址模式下的 80286 也只能寻址 1MB 的存储空间，相当于高速的 8086；在保护虚地址模式下，物理地址线为 24 条，因此其形成方法不同于 8086，段地址并不直接存放在四个段寄存器中，而是存放在所谓的段描述符中。通过描述符的数据结构寻找 24 位段基址，这样在地址部件 AU 中将 24 位段基址与 16 位偏移地址相加得到实际的物理地址，形成真正的 24 位物理地址。

指令部件 EU 负责从译码指令队列取出已经译码的指令立即执行。执行指令时如果需要操作数，可以向 AU 发出相应的地址信息。

80286 的并行流水线工作过程是：只要 6 个字节的预取队列不空，BU 就会不断地从存储器中取指令放入预取队列中，IU 把预取队列中的指令译码后放入已译码的指令队列，EU 不断取已译码的指令立即执行指令，在执行指令的过程中要传送数据，EU 会发送寻址信息（逻辑地址）给 AU，AU 计算出物理地址送给 BU，BU 指示存储单元，要传送的数据在 EU 与 BU 之间进行交换。这 4 个部件相互独立又相互配合，并行有序地工作，大大提高了微处理器的效率。

和 8086 一样，80286 可以通过附加任选的协处理器进行性能的横向提升。例如，以 80286 和 80287 数值协处理器组合可构成高性能的 80 位的数值数据处理系统，其数值数据处理速度和能力有很大提高。

80286 的可编程寄存器在 8086 寄存器结构的基础上增加了一个 16 位的机器状态字寄存器 MSW，而且为适应 80286 性能的提高，在 8086 的状态标志寄存器 F 中又增加使用了 3 个位，即 IOPL——I/O 特权层标志（占用 12 和 13 位）和 NT——嵌套任务标志（占用 14 位）。

3. 80286 的地址方式

80286 访问存储器时有两种方式：实地址方式和虚地址保护方式。

（1）实地址方式。80286 加电后即进入实地址方式。在实地址方式下，80286 在目标码一级是向上兼容的，它兼容了 8086 的全部功能，8086 的汇编语言源程序可以不做任何修改而在 80286 上运行。访问存储器的物理地址是一个最大可到 1MB 的连续地址，它们由 $A_0 \sim A_{19}$ 及 $\overline{BHE}$ 寻址，此时不使用 $A_{20} \sim A_{23}$。在实地址方式下，处理器产生 20 位物理地址的方法、段的结构以及存储区中的专用单元和保留单元都与 8086 兼容。

（2）虚地址保护方式。在实地址方式下操作的 80286 只相当于一个快速的 8086，并没有真正发挥 80286 的作用。只有虚地址保护方式才是 80286 的真正特色，才能充分发挥 80286 的作用。

此方式是集实地址方式、存储器管理、对于虚拟存储器的支持和对地址空间的保护为一体而建立起来的一种特殊工作方式，使 80286 能支持多用户、多任务系统。在保护虚地址方式中，执行一个对 80286 指令系统完全向上兼容的高级系统，并且还提供了存储器管理机构和保护机构的有关指令。在这种方式下，提供扩展了的物理和虚地址空间和存储器保护机构，并增加了新的操作，用来支持操作系统和虚拟存储器。

虚地址保护方式下的寄存器功能、寻址方式及指令功能等和实地址方式一样。8086/8088

及 80286 在实地址方式下的程序都可以在保护虚地址方式下运行。

　　和实地址方式一样，物理存储器的地址也由两部分组成：段基址和段内偏移量。但在虚地址保护方式下的段基址应该是 24 位而不是实地址方式下的 16 位，而段内偏移量与实地址方式时相同，故 80286 的 24 根地址线全能发挥作用，因此 80286 具有 16MB（2^{24}B）的存储器寻址能力。

　　80286 中的段寄存器为了与 8086 兼容是 16 位的，且 80286 中没有 24 位的寄存器，如何存放 24 位的段基址呢？

　　把程序中可能用到的各种段（如代码段、数据段、堆栈段、附加段）的段基址和相应的特性结合在一起形成一张表，称为描述符表，存放在存储器的某一区域。于是在虚地址保护方式下的各个段寄存器中的内容不再是段基址，而是一个参数，用这个参数从描述符表中取出相应的描述符（包括此段的 24 位段基址及相应的特性），故由段寄存器中的参数从描述符表中取出相应的描述符就找到了此段基址，与 16 位的偏移量相加即可形成要寻址单元的物理地址。

　　80286 采用这种称为描述符的数据结构在存储器寻址的过程中提供了一个间接层。有了这个间接层，80286 的存储器管理机构和保护机构就有了活动的舞台。例如操作系统利用这种间接层能够把某一个段放在实存中的任意位置，而不需要调整程序的地址常数。因此，用这种方法既保持了实地址方式中的基本寻址过程，又使得 80286 省去了为使用虚存而重新编写应用程序的需要。

　　80286 通过片内的保护虚拟地址机构能为每个任务提供最大可达 1000MB 的虚拟存储器空间，构成虚拟存储系统。在虚拟存储系统中，程序并不涉及具体的物理地址，虚拟存储系统从处理机得到所要求的虚拟存储地址，经过转换才得到要访问的 RAM 中的一个实地址存储器单元。虚地址和实地址之间的转换是由内部的存储器管理部件自动完成的，存储器管理部件就是 80286 流水线结构中地址部件 AU 中的偏移加法器、段界检查器、段大小和段基址以及物理地址加法器等部件。

　　虚拟地址空间可以小于、等于或大于物理存储空间，这是由 80286 的保护机构进行支持的。如果虚拟地址空间大于物理存储空间时，则有一些数据存放在物理 RAM 中，通常是存放在磁盘或磁带等辅助存储器中。这时，存储管理系统需要知道物理 RAM 中还有哪些存储单元，当在存储系统中找不到所要求的存储单元，即指令所要寻址的物理单元不在物理 RAM 内时，则要向操作系统发出中断请求，于是操作系统就把所需的数据从磁盘或磁带中调出来装入物理 RAM，这就是所谓的"交换"。

　　对大多数虚拟存储系统一般都要执行访问检查制度，也就是说，当程序请求访问某个存储单元时，由访问检查系统进行检查。如对段的大小规模信息进行检查，以便肯定访问是否处于界内，否则就通知操作系统。虚拟存储器在需要大量存储空间的程序或大量数据的系统内特别有用。一般说来，存储器中所有的程序或数据并不是在一个给定的时间内进行处理，这样就可把众多的程序和数据都存放在辅助存储器中，以减少主存储器的空间，使系统成本大大降低。

　　虚拟存储器管理采用两种类型：一种是分页存储管理，另一种是分段管理。80286 采用说明存储状态的描述子表来实现分段虚拟存储管理。

3.4.2　80386 微处理器简介

1985 年 10 月，Intel 公司推出了与 8086、80286 相兼容的高性能的 32 位微处理器 80386。

80386 是为满足高性能的应用领域与多用户、多任务操作系统需要而设计的，可以构成真正的 32 位计算机系统，80386 的出现象征着微处理器技术发展的新里程碑。

80386 的寄存器和数据总线都是 32 位的，是 80286 的两倍，其地址总线也扩充到 32 位，使得 80386 可以寻址 4GB 的存储空间，并可对 64TB 的虚拟存储器进行存取。

80386 采用先进的高速 CHMOS-III 工艺，不仅具有 HMOS 的高性能特点，而且具有 CMOS 低功耗的特点。该芯片内部集成有 27.5 万个晶体管，整个芯片采用 132 引脚的陶瓷网格阵列（PGA）封装，具有高可靠性和紧密性。

1. 80386 的主要特性

（1）灵活的 32 位微处理器，提供 32 位的指令，支持 8 位、16 位、32 位的数据类型，具有 8 个通用的 32 位寄存器，ALU 和内部总线的数据通路均为 32 位，具有片内地址转换的高速缓冲存储器 Cache。

（2）提供 32 位外部总线接口，最大数据传输速率为 32Mbps。由于采用了流水线方式总线周期，可同高速 DRAM 芯片接口，其总线接口支持动态总线宽度控制，能动态地切换 32 位/16 位数据总线。总线接口在每个总线周期内只使用两个时钟周期，以实现高速或低速存储系统的有效连接。

（3）具有片内集成的存储器管理部件 MMU，可支持虚拟存储和特权保护，保护机构采用 4 级特权层，可选择片内分页单元。片内具有多任务机构，能快速完成任务的切换。

（4）具有三种工作方式：实地址方式、保护方式和虚拟 8086 方式。实地址方式和虚拟 8086 方式与 8086 相同，故已有的 8086 软件不作修改即能在 80386 的这两种方式下运行。保护方式可支持虚拟存储、保护和多任务，完全包括了 80286 的保护方式功能。

（5）具有极大的寻址空间。可直接寻址 4GB（2^{32}B）的物理存储空间，同时具有虚拟存储的能力，虚拟存储空间达 64TB。存储器采用分段结构，一个段最大可为 4GB。

（6）通过配用 80287、80387 数值协处理器可支持高速数值处理。

（7）在目标码一级与 8086、80286 芯片完全兼容。

（8）时钟频率为 12.5MHz、16MHz、20MHz、25MHz 和 33MHz，处理速度可达 3～4MIPS 以上。

80386 系列有多种不同含义的型号，主要包括 80386SX、80386DX、80386SL、80386DL、80386EX 等。

80386SX 芯片的结构与 80386 相同，内部数据总线为 32 位，但外部数据总线则是与 80286 一样的 16 位，地址总线也与 80286 相同为 24 位，通常称 80386SX 为准 32 位的处理器。80386SX 推出后，把以前标准的 80386 称为 80386DX。80386DX 才是真正的 80386，其内部数据总线为 32 位，地址总线也是 32 位，通常所说的 80386 就是指 80386DX。80386SX 只能配接协处理器 80287，而 80386DX 需要配接协处理器 80387。

80386SL 芯片是基于 80386SX 芯片的一种低功耗、节能型的 386 芯片，主要用于便携机和笔记本电脑。80386DL 是基于 80386DX 的一种节能型 386 芯片。80386EX 是 20 世纪 90 年代推出的 386 芯片，其内部数据总线为 32 位，外部数据总线为 16 位，但地址线却与其他 386 和 286 不同，为 26 位。80386EX 一般不作为微机的微处理器使用，主要用于操作环境比较恶劣的场合。

2．80386 的内部结构

80386CPU 的内部结构如图 3-20 所示，由 8 个功能部件组成：总线接口部件、指令预取部件、指令译码部件、控制部件、数据部件、保护测试部件、分段部件和分页部件。控制部件、数据部件和保护测试部件共同组成执行部件，分段部件和分页部件合在一起称为存储器管理部件。

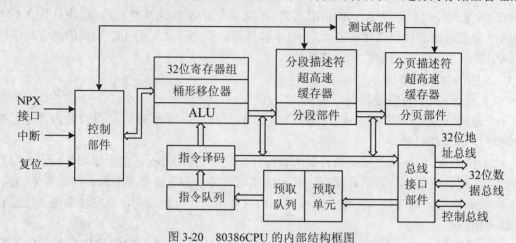

图 3-20　80386CPU 的内部结构框图

每个部件都可以与其他部件并行操作，因而在微处理器内可同时执行几条指令，每一条均处于不同的执行阶段，这就构成了指令流水线。

总线接口部件 BU 提供中央处理部件和系统之间的高速接口，负责 CPU 的外部总线与内部部件之间的信息交换。总线接口部件设计成为能接收并优化多个内部总线的请求，使其在服务于这些请求时能最大限度地利用系统所提供的总线宽度，例如来自控制器的数据传输和来自预取部件的取指令等。此外，总线部件产生一些执行 CPU 总线周期所需要的信号，包括地址、数据、控制信号等，用来与存储器和输入/输出部件通信。

指令预取部件负责预先从存储器中取出指令，并存放在 16 字节的指令队列中。当指令队列有一部分空字节时，预取部件向总线接口部件发出总线请求。如果总线空闲，则可以通过总线部件从主存储器取出指令，放在指令队列中，以便于指令译码部件能够有效地译码。指令预取部件还管理一个线性地址指针和一个段预取界限，这两项内容是从分段部件获得的，分别作为预取指令指针和检查是否违反分段界限。

指令译码部件的职责是对指令进行译码，可以完成从指令到微指令的转换，并做好供执行部件进行处理的准备工作。译码后的指令放在译码器的指令队列中，供执行部件使用。大多数指令能在一个时钟周期内完成译码。

执行部件由控制部件、数据部件和保护测试部件组成，包括 8 个 32 位通用寄存器、一个 64 位桶形移位寄存器和一个乘/除法器，它的职责是直接执行指令。控制部件包括控制 ROM，在其中存有微代码。译码器给控制部件提供微代码的入口点（起始地址），控制部件按此微代码执行相应的操作。数据部件包括寄存器组和算术/逻辑部件，负责进行算术运算和逻辑运算。

存储器管理部件 MMU 由分段部件和分页部件组成。分段部件将逻辑地址按执行部件的要求变换成线性地址，实现有效地址的计算。在执行变换的同时，它还要对总线周期分段的违章进行检验工作，然后将变换过的线性地址随同总线周期事务处理信息送给分页部件。分段部件通过提供一个额外的寻址器件对逻辑地址空间进行管理，可以实现任务之间的隔离，页可以实现指令和数据区的再定位。当允许分页时，分页部件将分段部件或指令预取部件产生的线性地址变换成物理地址（不分页时，线性地址就是物理地址），这种转换是通过两级页面重定位机构来实现的。所以，分页部件提供了对物理地址空间的管理，以页为单位进行存储器管理，每一页为 4KB。每一段可以是一页，也可以是若干页。分页部件将物理地址送给总线接口部件，执行存储器或 I/O 存取。

存储器是按照段来组织的，每一段的大小都可以达到 4GB。一个给定范围的线性地址空间或一个段可以有相应的属性，这些属性包括它的位置、大小、类型及其保护特性。80386 的每一个任务都可以最多有 16381 个段，每段最大可达 4GB。因此，80386 为每一个任务均可提供最大为 64GB 的虚拟存储器。

3．80386 的寄存器结构

80386 中共有 7 类 32 个寄存器：通用寄存器、段寄存器、指令指针和标志寄存器、控制寄存器、系统地址寄存器、排错寄存器和测试寄存器，这些寄存器包含了 8086、80286 全部的 16 位寄存器。这些寄存器如控制、系统地址、调试和测试寄存器等主要用于简化设计和对操作系统进行调试。

（1）通用寄存器。80386 中有 8 个 32 位的通用寄存器 EAX、EBX、ECX、EDX、ESI、EDI、ESP 和 EBP，如图 3-21 所示。

31	16	15　8	7　0	
		AH	AL	EAX
		BH	BL	EBX
		CH	CL	ECX
		DH	DL	EDX
		SI		ESI
		DI		EDI
		SP		ESP
		BP		EBP

图 3-21　80386 的通用寄存器

每一个寄存器都可以存放数据或地址，支持 8、16、32、64 位的数据操作数以及 1～32 位的位场操作数，还支持 16 位和 32 位的地址操作数。这 8 个 32 位通用寄存器是 8086 的 16 位通用寄存器的扩充，可以进行 32 位的数据操作，也可作为 16 位寄存器对 16 位数据进行存取，以 AX、BX、CX、DX、SI、DI、SP 和 BP 为名访问 32 位通用寄存器的低 16 位。同时，80386 为了支持对 8 位数的操作，还可以将 AX、BX、CX 和 DX 看作 8 位寄存器对，其高 8 位和低 8 位均可单独存取。

（2）指令指针和标志寄存器。80386 的指令指针寄存器是一个 32 位的寄存器，是 IP 的扩展，故称 EIP，与 80386 的 32 条地址线相对应。EIP 中存放的始终是下一条要取出的指令的偏移量，此偏移量是相对于代码段基址（CS）的偏移量。EIP 的低 16 位可以单独使用，称为 IP，在进行 16 位的寻址操作时由 16 位的地址操作数使用。

80386 的标志寄存器是一个称为 EFLAGS 的 32 位寄存器，它是由 80286 的标志位扩展而成的。这 32 位寄存器中只定义了 15 位，其中的低 13 位与 80286 完全相同，仅比 80286 扩充了两位，其余的 17 位作为 Intel 公司保留的标志。80386 增加的两个标志位是：

1）RF——恢复标志（占用第 16 位）：是与调试寄存器的断点或单步操作一起使用的。在断点处理之前，在两条指令之间对该位进行检查。如果 RF 位置位（RF=1）时，则在下一条指令执行期间，即使遇到调试故障也不产生异常中断。然而，每当成功地完成一条指令表明没有故障时，RF 标志都将自动复位。但是执行 IRET 指令、POP 指令和引起任务切换的 JMP、CALL 和 INT 指令时例外。这些指令设置 RF 的值为根据存储器映像所确定的值，例如，在断点服务子程序的结尾处，IRET 指令可以弹出一个带有 RF 位置位的 EFLAGS 映像，并在断点地址处恢复程序的执行而不致在同一位置上产生另一次断点故障。因此，RF 标志用于发生页面故障时，当指令执行完全结束时，RF=0；执行过程中发生中断时，RF=1。因此，页交换后参照 RF，若 RF=1，则再执行该指令，否则从下一条指令开始执行。

2）VM——虚拟 8086 方式（占用第 17 位）：用于控制从保护方式转换为虚拟 8086 方式。当 80386 处于保护方式时，如果使 VM 位置位，80386 将转换为虚拟 8086 方式。VM 位只能在保护方式下由 IRET 指令（若当前的特权级为 0）或任何特权级下由任务切换设置，令 VM=1，引起方式转换。

VM 位不受 POPF 指令的影响，PUSHF 指令总是使该位清零。在中断处理程序中被压入或在任务切换期间被保存的 EFLAGS 的映像中的 VM 位将包含一个 1，条件是被中断的码正作为虚拟的 8086 任务而被执行。在虚拟 8086 方式时，一旦发生中断或异常，则使 VM=0，恢复到保护方式。

（3）段寄存器。80386 中的存储单元地址仍由两部分组成：段基址和段内偏移量。只是在 80386 中的段内偏移量是 32 位的，可由各种寻址方式确定；段基址也是 32 位的，但它不是由段寄存器中的值直接确定的，而是与 80286 一样保存在一个表中，段寄存器的值只是表的索引。

80386 有 6 个 16 位的段寄存器，称为选择器或选择子，分别是 CS、SS、DS、ES、FS 和 GS。其中 FS 和 GS 是 80386 新增加的，目的是减轻 ES 的负担，并能更好地配合适用于通用寄存器的基址和变址寄存器。

80386 中每一个段寄存器（此寄存器是程序员可见的）都有一个与之相联系的但程序员不可见的段描述符寄存器，用来描述一个段的段基址、段界限（段的大小范围）和段的属性等，每个段描述子寄存器保存 64 位信息，其中 32 位为段基址，另外 32 位为段限和其他一些必要的属性，而段描述子寄存器对程序员而言是透明的，如图 3-22 所示。

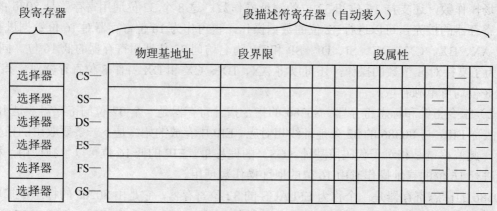

图 3-22　80386 的段寄存器和段描述符寄存器

每当一个段寄存器中的值确定以后，80386 中的硬件会自动根据段寄存器中的值（即索引）从相应表中取出一个 8 字节描述符装入到相应的段描述符寄存器中。每当出现存储器访问时，则可由所用的段寄存器直接用相应的段描述符寄存器中的段基址作为线性地址计算中的一个元素，而不必在访问时去查表查到段基址。这就是 80386 对它的寻址方式的硬件支持，从而加快了存储器访问的速度。

（4）系统地址寄存器。在 80286 和 80386 中，是利用选择器和描述符这样的数据结构来确定存储单元的段地址的，这样做不仅可以用只有 16 位的段寄存器来确定 32 位的段基址，更重要的是可以确定段的一些属性（例如特权），从而为 80386 的操作系统的保护机构提供广阔的活动舞台。

80386 的段基址是由一个 8 字节的描述符所确定的。由相关的描述符组成描述子表，这些表是：全局描述子表 GDT、中断描述表 IDT、局部描述子表 LDT 和任务状态段 TSS，这些表的段基址、段界限及其属性由相应的寄存器保存，这些寄存器就是系统地址寄存器，又称描述符表寄存器，分别是 GDTR、IDTR 和 LDTR、TR。

GDTR、IDTR 分别保存着 GDT 和 IDT 的 32 位的线性基地址及 16 位的界限值。全局描述子表 GDT 和中断描述表 IDT 的界限都是 16 位的，即每一个表最大是 64K，每个描述符为 8 个字节，故每个表最大可以有 8K 个描述符。实际上在 80386 中，最多只有 256 个中断或异常向量，故 IDT 表中最多只有 256 个中断描述符。由于 GDT 和 IDT 对系统中的所有任务都是全局性的，因此 GDT 和 IDT 所在的段由 32 位的线性地址（如果允许分页则指向页转换）和 16 位的界限值确定。

局部描述符表 LDT 和任务状态段 TSS 是面向任务的，故它们所在的段不是由这些表本身决定，而是由任务决定的，即由任务的系统段寄存器中的选择器值所决定。故局部描述符表寄存器 LDT 和任务状态段寄存器 TR 的值只是一个 16 位的选择器。但 80386 中提供了相应的自动装入的、不可见的描述符寄存器，作为对存储单元访问的硬件支持，以加快存储单元的访问速度。

（5）控制寄存器。80386 中有 4 个 32 位的控制寄存器 CR_0、CR_1、CR_2 和 CR_3，以保存全局性（不是特定的个别任务）的机器状态。这些寄存器与上面介绍的系统地址寄存器一起保存着影响系统中所有任务的机器状态。

（6）调试寄存器。80386 中有 8 个 32 位的调试寄存器 $DR_0 \sim DR_7$，其中 DR_4 和 DR_5 为 Intel 公司保留使用，另外 6 个用于程序员调试程序。$DR_0 \sim DR_3$ 用来设定 4 个线性断点地址；DR_6 为调试状态寄存器，可以显示断点的当前状态；DR_7 为调试控制寄存器，用来控制断点并表示中断结束。可用 MOV 指令来写入或读出调试寄存器。

（7）测试寄存器。80386 中有 8 个测试寄存器，其中已定义的是 TR_6 和 TR_7，用于控制对转换后备缓冲器 TLB 中的 RAM 和内容可寻址存储器 CAM 的测试。另外 6 个测试寄存器是 Intel 公司保留的。

TR6 是 TLB 命令寄存器，指示读出或写入 TLB 的入口；TR_7 是 TLB 的数据寄存器，保存着 TLB 测试中所获得的数据，可用 MOV 指令来访问 TR_6 和 TR_7。

4. 80386 的工作方式

80386 有三种工作方式：实地址方式、保护虚地址方式（简称保护方式）和虚拟 8086 方式。

（1）实地址方式。系统启动后，80386 自动进入实地址方式。在此方式下，采用类似于

8086 的体系结构。80386 在实地址方式下的主要特点如下：

1）寻址方式、存储器管理、中断处理与 8086 一样。

2）操作数默认长度为 16 位，但允许访问 32 位寄存器（在指令前加前缀）。

3）不用虚拟地址，最大地址范围仍限于 1MB，只采用分段方式，每段最大 64KB。

4）存储器中保留两个固定的区域：一个是初始化程序区 FFFFFH～FFFF0H，另一个是中断向量表 003FFH～00000H。

5）80386 有 4 个特权级，在实地址方式下，程序在最高级 0 级上执行，80386 指令集除少数指令外，绝大多数指令在实地址方式下都有效。

（2）保护方式。所谓保护是指在执行多任务操作时，对不同任务使用的虚拟存储器空间进行完全的隔离，保护每个任务顺利执行。

保护方式是 80386 最常用的方式，系统启动后先进入实地址方式，完成系统初始化后立即转到保护方式。这种方式提供了多任务环境下的各种复杂功能以及对复杂存储器组织的管理机制。只有在保护方式下，80386 才能发挥其强大的功能。

在保护方式下，80386 具有如下特点：

1）存储器采用虚拟地址空间、线性地址空间和物理地址空间三种方式来描述。在保护方式下，80386 寻址机构不同于 8086，与 80286 类似，是通过描述符的数据结构来实现对内存访问的。

2）强大的寻址空间。在保护方式下，80386 可以寻址的空间大至 64TB。这个空间就是虚拟地址空间。

3）使用 80386 的 4 级保护功能可以实现程序与程序、用户与用户、用户与操作系统之间的隔离和保护，为多任务操作系统提供优化支持。

4）在保护方式下，80386 既可以进行 16 位运算，又可以进行 32 位运算。无论是 16 位还是 32 位的运算，只要在保护方式下，它就能启动其分页单元，以支持虚拟内存。

（3）虚拟 8086 方式。80386 及其以后的微处理器在 80286 已有的基础上新增了"虚拟 8086 模式"。所谓虚拟 8086 模式是指一个多任务的环境，即模拟多个 8086 的工作方式。在这个模式下，80386 被模拟成多个 8086 微处理器并行工作。

虚拟 8086 模式允许 80386 将内存划分成若干部分，每个部分由操作系统分配给不同的应用程序，而应用程序、数据以及内存管理程序等部分则存放在所分配的内存中。因此，操作系统可以根据时间上的平均分配或优先权分给每个应用程序执行时间。

虚拟 8086 方式的主要特点如下：

1）可以执行原来采用 8086 编写的应用程序。

2）段寄存器的用法与实地址方式一样，即段寄存器内容乘以 16 后加上偏移量即可得到 20 位的线性地址。

3）可以使用分页方式，将 1MB 分为 256 个页面，分页内存是将内存以 4KB 为单位进行划分，每一个 4KB 称为一"页"，因此可以比段寻址方式划分更细，从而可以处理较小的应用程序与数据段。尽管在虚拟 8086 方式下得到的线性地址是 20 位即 1MB 的空间，但由于线性地址可以通过页表映射到任何 32 位物理地址，所以应用程序可以在 80386 现有实际内存的任何地方执行。

如果没有分页内存管理能力，则小片段的程序或数据在段寻址模式下仍需要占有数十 KB

的空间，且数据读写缓慢。

在 80386 多任务系统中，可以使其中一个或几个任务使用虚拟 8086 方式。此时，一个任务所用的全部页面可以定位于某个物理地址空间，另一个任务的页面可以定位于其他区域，即每个虚拟 8086 方式下的任务可以转换到物理存储器的不同位置，这样就把存储器虚拟化了，故称之为虚拟 8086 方式。

4）在虚拟 8086 方式中，应用程序在最低特权级 3 级上运行，因此 80386 指令系统中的特权指令不能使用。

（4）实地址方式与虚拟 8086 方式的主要区别。80386 有两种类似于 8086 的工作方式：一种是实地址方式，另一种是虚拟 8086 方式。这两种方式的主要不同点如下：

1）实地址方式的内存管理只采用分段管理，而不采用分页管理，而虚拟 8086 方式既分段又分页。

2）存储空间不同。实地址下的最大寻址空间为 1MB，而虚拟 8086 方式下每个任务可以在整个内存空间寻址，即 1MB 的寻址空间可以在整个存储器范围内浮动，因此虚拟 8086 方式的实际寻址空间为 4GB。

3）实地址方式下微处理器所有的保护机制都不起作用，因此不支持多任务。而虚拟 8086 方式既可以运行 8086 程序，又支持多任务操作，这就解决了 80286 保护方式既要维持保护机制又要运行 8086 程序的矛盾。虚拟 8086 方式可以是 80386 保护方式中多任务操作的一个任务，而实地址方式总是针对整个 80386 系统。

应该注意，在开机或复位时，80386 总是自动进入实地址方式。在实地址方式下，执行保护方式的初始化后，利用 MOV Cro,reg 指令修改机器控制寄存器，使 PE=1，进入保护方式。如果要从保护方式回到实地址方式，则可用指令 MOV Cro,reg，使 PE=0。

3.4.3　80486 微处理器简介

1989 年，Intel 公司推出了与 80386 完全兼容但功能更强的 32 位微处理器 80486，它是对 80386 的改进和发展，是第二代 32 位微处理器的代表。

该芯片采用 1μm CHMOS 工艺，集成了 120 万个晶体管，采用 168 条引线网格阵列式封装，数据线 32 条，地址线 32 条，内部操作寄存器仍是 32 位。

80486 的时钟频率有 25MHz、33 MHz、50 MHz 和 66 MHz 等。当主频达到 50MHz 时，80486DX 可以在一个时钟周期内执行完一条指令。1992 年 80486 DX2 问世，它采用倍频技术，使 CPU 能以双倍于芯片外部的处理速度工作，这一技术使 80486 的运行速度提高了 70%。

80486 在 80386 原有 6 个部件的基础上又新增了两个部件：高性能浮点运算部件 FPU 和高速缓冲存储器 Cache。它把浮点运算部件和高速缓冲存储器 Cache 集成在芯片内，使运算速度和数据存取速度得到大大提高。而且，80486 是在 CISC（复杂指令集计算机）技术的基础上首次采用了 RISC（精简指令集计算机）技术的 X86 系列微处理器，有效地减少了指令的时钟周期个数。

1. 80486 的主要特性

80486 以提高速度和支持多处理器机构为目标，采用了容易实现多处理器的硬件部件，增加了在禁止其他处理器访问的同时访问并更改共享存储器的指令。

（1）首次部分吸收 RISC 技术，从而使 80486 可以在一个时钟周期内完成一条简单指令的执行。

（2）芯片上集成部件多。80486 包括了 8KB 的指令和数据高速缓存、浮点运算部件、分页虚拟存储管理和 80387 数值协处理器等多个部件，并集 Cache 与 FPU 为一体，提高了微处理器的处理速度。

（3）高性能的设计。80486 运行速度快，常用的指令执行时间为一个时钟周期。在以主频 33MHz 工作时，8KB 的指令和数据兼用的高速缓冲存储器与 106Mbps 的猝发总线传输率相结合，确保高速的系统处理能力。80486 采用了突发式总线与内存进行高速数据交换，从而大大加快了微处理器与内存交换数据的速度。

（4）完全的 32 位体系结构。地址和数据总线均为 32 位，寄存器也是 32 位。

（5）支持多处理器。80486 增加了多处理器指令，增强了多重处理系统，片上硬件确保了超高速缓存一致性协议，并支持多级超高速缓存结构。80386 可以模拟多个 8086 微处理器来执行多任务的功能，而 80486 可以模拟多个 80286 微处理器来提供更多层次的多任务功能。

（6）使用方便。80486 具有机内自测试功能，可以广泛地测试片上逻辑电路、超高速缓存和片上分页转换高速缓存。支持硬件测试、Intel 软件和扩展的第三者软件。调试性能包括执行指令和存取数据时的断点设置功能。

80486 包括了 80386 的所有特点，在 80386 指令系统的基础上，新增了 6 条指令：字节交换指令 BSWAP、比较交换指令 CMPXCHG、交换加法指令 XADD、使数据超高速无效指令 INVD、回写和使数据超高速缓存无效指令 WBINVD、使 TLB 条目无效指令 INVLPG。保持在目标码级与 80X86 系列微处理器的完全兼容。

80486 为了提高性能，允许在高速缓冲存储器 Cache 上存储常用的指令和数据，以减少对外部总线的访问。使用 RISC 技术来减少指令执行的周期。猝发总线特点使超高速缓存能够进行快速填充，替换算法使用最近最少使用（LRU）算法，这也是提高运行处理速度的有利措施。

80486 的几种主要型号是 80486SX、80486DX、80486SL、80486DL、80486SL2、80486DX2、80486DX4 等。

80486SX 与 80486 的主要区别是 80486SX 没有内部数学协处理器，80486SX 的数据总线与地址总线和 80486 完全一样。为了与 80486SX 区别，将原来标准的 80486 称为 80486DX，因此 80486 通常指 80486DX。80486SL 是基于 80486DX 的一种节能型、低功耗 486 产品，主要用于便携式机。80486SL2 是基于 80486SL 采用了倍频技术的处理器（内部时钟频率是外部时钟的两倍）。80486DX2 是基于 80486DX 的具有倍频技术的 486 产品，采用 80486DX2 微机的系统总线时钟为其内部时钟的一半，例如外部总线的工作速度为 33MHz，则内部工作频率为 66MHz。通常将内部工作频率称为微处理器的工作频率，例如 80486DX2/66 指的是内部工作频率为 66MHz 的 486 微处理器。80486DX4 是 80486 中速度最快的一种，该芯片采用了 0.6μm 制造工艺，电源电压为 3.3V，其内部具有电源管理电路，是一种具有低功耗、节能型的芯片，该芯片与 80486DX 的管脚完全兼容。80486DX4 的内部时钟是外部时钟频率的 3 倍，切不可理解为 4 倍。芯片内部的超高速缓冲存储器（Cache）由 80486DX 的 8KB 扩大到 16KB，该芯片的最高时钟频率（内部）为 100MHz，为 Intel486 中的最终产品。

2. 80486 的基本结构

80486CPU 的内部结构如图 3-23 所示，包括 9 个功能部件：总线接口部件、片内高速缓冲存储器 Cache、指令预取部件、指令译码部件、控制/保护部件、整数部件、浮点运算部件、分段部件和分页部件。80486 将这些部件集成在一块芯片上,除了减少主板空间外,还提高了 CPU 的执行速度。

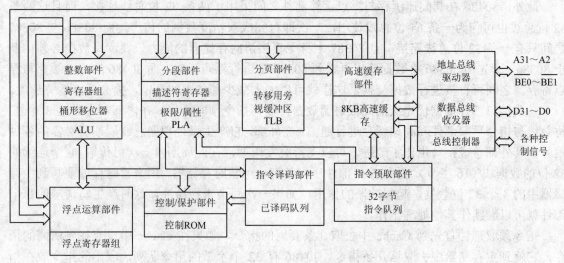

图 3-23　80486CPU 内部结构

比较 80386 的内部结构可以看出,80486 比 80386 增加了浮点运算单元 FPU 和高速缓存单元两个部件,并增加了寄存器的数目。

80486 的片内高速缓冲存储器是数据和指令共用的高速缓存,既可以存放数据,又可以存放指令,共 8KB。它采用 4 路相关联的结构,每路有 128 个高速缓存行,每行可存放 16 个字节(128 位)的信息,即每路 2KB。Cache 中存放的是 CPU 最近要使用的主存储器中的信息,或者说是主存储器中部分信息的副本。当 CPU 访问主存储器时首先检查 Cache,如果 CPU 所要寻找的信息在 Cache 中,则称为 Cache 命中(Hit)。在 Cache 命中情况下,根本就不用总线周期,直接到 Cache 中去读即可。若 CPU 需要的信息此时不在 Cache 中,则称为 Cache 不命中(Miss),这时 CPU 将所需要的信息从主存储器中传送到 Cache 中,这种操作就是 Cache 行填充。80486 的片内高速缓冲存储器 Cache 的命中率约为 92%。

80486 的高速缓存采用最近最少使用(LRU)算法进行自动更新,也就是将最近使用过的指令或数据优先保留,而长期未用到的那些指令或数据被自动替换出来,这一机制也是 80486 的高速缓存命中率较高的因素之一。

当更新 Cache 内容时,也必须对主存储器进行修改,使高速缓存中的数据与主存储器中的数据保持一致。对主存储器的修改一般有两种方式:通写方式,即凡是写入高速缓存中的数据也要同时写到主存储器中,80486CPU 中的 Cache 采用通写方式;回写方式,采用这种方式写入 Cache 中的数据不是同时写到主存储器中,而是在下次修改 Cache 的该行数据之前写到主存储器中,如果该行数据不修改也就不用进行写主存储器操作。回写方式相对于通写方式来说,可以减少写存储器的次数,减少总线冲突,提高运行速度,但比通写方式复杂。

浮点运算部件 FPU 是把 386 的协处理器 80387 集成到 486 芯片之内,使其直接具有浮点处理能力,从而缩短了 CPU 与 FPU 之间的通信时间,有效地提高了浮点运算能力。80486 的浮点运算部件由指令接口、数据接口、运算控制单元、浮点寄存器和浮点运算器组成,可以处理一些超越函数和复杂的实数运算,可以极高的速度进行单精度或倍精度的浮点运算。它保持了同 80387 的二进制兼容性，且浮点处理命令也完全一致，而其浮点处理性能却是 80387 的 2.8 倍。

此外，80486 在其高速缓存与浮点运算部件之间采用了两条 32 位总线连接，而且这两条 32 位总线也可作为一条 64 位总线使用，一次即可完成双精度数据的传送。而 80386 与 80387 之间只有一条 32 位总线连接，且 80387 本身无直接访问存储器的能力，要读写数据必须借助于 80386，即先由 80386 将数据读出再送到 80387 中进行浮点运算。而 80486 的高速缓存与浮点寄存器之间可直接进行数据交换，这样就可以大大减少那些中间开销，提高浮点运算速度。

总线接口部件根据优先级的高低协调数据传输、指令预取操作。在内部，它通过 3 个 32 位总线与指令预取部件和高速缓存进行通信；在外部，它产生微处理器总线周期所必需的各种信号。其外部总线接口也作了改进，可以支持突发周期，在此周期内一次可传输 4 个连续的 32 位的数据块（16 字节）。总线接口部件还配备有一个暂时存储器，用来暂时存放要写到主存储器中的 4 个 32 位数据，起缓冲器的作用。如果一次写请求被缓冲，这时产生写请求的那个部件就可以继续作其他处理工作。

指令预取部件首先到 Cache 中去取几条要用的指令，如果在 Cache 中没有找到所需的指令，它就到主存储器中去取这几条指令。80486 有 32 个字节的指令队列，取出的指令放在指令队列中，这样其他单元几乎不必等待即可得到下一条指令。当一条指令从预取队列取出时，其操作码就被送到译码器，而其他地址信息送到分段部件进行线性地址的计算。

指令部件把从预取队列中取出的指令转换成低级的控制信号和微代码指令入口。译码的指令存放在指令队列中，一旦控制器发出请求，就将其发送给控制器（控制/保护部件）。

控制/保护部件的作用是把指令转换成微代码指令，这些微代码指令通过内部总线直接送入各执行部件去执行。它负责解释指令译码器收到的控制信号和微码入口，并根据译码后的指令来指挥整数部件和浮点部件、存储器管理部件等的一切活动。

整数部件包括 ALU、桶形移位器、寄存器组等部分，相当于 80386 的数据部件。它主要负责执行控制器指定的全部算术和逻辑运算，可以在一个时钟周期内执行加载、存储、加减、逻辑和移位等单条指令。

80486CPU 芯片内 Cache 与整数部件、浮点运算部件之间的数据通路是 64 位的，而 386 内部数据总线为 32 位。

存储器管理部件 MMU 由分段部件 SU 和分页部件 PU 组成，存储器管理部件通过建立一个简化的、运行多个应用程序的寻址环境来帮助操作系统执行多任务。存储器管理部件通过其中的分段部件将每一个内部逻辑地址转换成线性地址，再由分页部件将线性地址转换成物理地址。分段部件和分页部件的功能与 80386 基本相同，存储器的地址也与 80386 相同。

80486 在结构上的主要特点是：

（1）首次采用 RISC 技术的 X86 微处理器。

（2）在芯片内部集成了高速缓冲存储器 Cache 和浮点运算部件，从而大大提高了 CPU 的处理速度。

（3）采用一种突发式的传输方式，可以实现 CPU 和主存储器之间的快速数据交换。

（4）内部数据总线为 64 位。

3. 80486 的工作方式

80486 有如图 3-24 所示的 3 种工作方式：实地址方式、保护方式和虚拟 8086 方式。

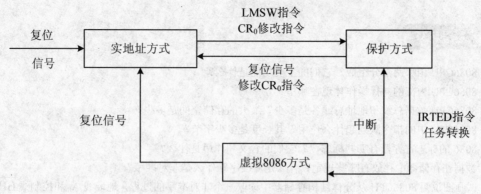

图 3-24　80486 的三种工作方式

如果对 CPU 进行复位或加电时，则进入实地址方式进行工作。80486 在实地址方式下的工作原理与 8086 相同。主要区别是 80486 可以访问 32 位寄存器，在这种方式下，其最大的寻址空间为 1MB。

保护方式又称保护虚地址方式。修改 CR_0 和 MSM 控制寄存器，80486 则由实地址方式转移到保护方式，或由保护方式转移到实地址方式。在保护方式下，CPU 可以访问 4GB（2^{32}B）的物理存储空间，而虚拟空间可达 64TB（2^{46}B）。在这种方式中，可以对存储器实施保护功能（禁止程序非法操作）和特权级的保护功能（主要保护操作系统的数据不被应用程序修改）。引入了软件可占用空间的虚拟存储器的概念。

虚拟 8086 方式是一种既能有效利用保护功能，又能执行 8086 代码的工作方式。CPU 与保护方式下的工作原理相同，但程序指定的逻辑地址与 8086 相同。

本章小结

本章针对 8086 微处理器及其体系结构做了详细介绍。8086 微处理器在功能结构上可以划分为执行部件和总线接口部件两大部分，这种并行工作方式减少了 CPU 等待取指令的时间，充分利用了总线，有力地提高了 CPU 的工作效率，加快了整机的运行速度，也降低了 CPU 对存储器存取速度的要求，成为 8086 的突出优点。

8086 微处理器的寄存器使用非常灵活，8086CPU 可供编程使用的有 14 个 16 位寄存器，按其用途可分为 3 类：通用寄存器、段寄存器、指针和标志寄存器，一定牢记各个寄存器的使用方法和隐含用法。

在掌握了 8086 微处理器的内部结构组成、寄存器结构等硬件组成的基础上，进一步讨论了 8086 微处理器的外部引脚特性，使大家能够对 8086 微处理器有比较全面的认识。

8086 微处理器的存储器和 I/O 组织是本章的重点内容，对存储器的分段管理、物理地址和逻辑地址的换算及 I/O 端口的编址方式一定要掌握。8086 的时钟和总线概念及其最小/最大工作方式可做深入了解。

本章最后对 80X86 的系列产品 80286、80386、80486 高档微处理器的特点及基本结构做了介绍，这样更加方便大家了解 80X86 系列微处理器，加深对它们的认识。

习题3

1．8086CPU 由哪两部分组成？它们的主要功能是什么？

2．8086CPU 内部的并行操作体现在哪里？

3．8086CPU 数据总线和地址总线各是多少？最大的存储空间是多少？

4．8086CPU 中的指令队列起什么作用？其长度是多少字节？

5．8086 的标志寄存器有哪些标志位？它们的含义和作用是什么？

6．数据在存储器中存放有哪些规定？什么是对准字？什么是非对准字？

7．试画图说明 8086CPU 从分体结构存储器中读取一个非对准字的过程，地址线 A_0 和控制线 $\overline{BHE}$ 如何起作用？

8．什么是逻辑地址？它由哪两部分组成？8086 的物理地址是如何形成的？

9．8086 微机系统中存储器为什么要分段？各逻辑段之间的关系如何？

10．8086CPU 的当前段最多可有几个？如何访问不同的段？

11．I/O 端口有哪两种编址方式？8086 的最大 I/O 寻址空间是多少？

12．8086 的最大模式和最小模式的主要区别是什么？

13．什么是系统总线？与 CPU 总线有什么区别？

14．8086CPU 为什么要用地址锁存器？

15．请将左边的术语和右边的含义联系起来，在括号中填写相应的代号字母。

（1）字长   （　）a 指由 8 个二进制位组成的通用基本单元

（2）字节   （　）b 是 CPU 指令执行时间的刻度

（3）指令   （　）c 微处理器所能访问的存储单元数，与 AB 有关

（4）基本指令执行时间 （　）d 唯一能代表存储空间每个字节单元的地址

（5）指令执行时间   （　）e CPU 执行访问存储器或 I/O 操作所花的时间

（6）时钟周期   （　）f 由段基址和偏移地址组成，均用 4 位 16 进制数表示

（7）总线周期   （　）g 指寄存器加法指令执行所花的时间

（8）访问空间   （　）h 完成操作的命令

（9）逻辑地址   （　）i 指 CPU 在交换、加工、存储信息时的最基本长度

（10）物理地址   （　）j 各条指令执行所花的时间，不同的指令取值不同

16．有一个由 20 个字组成的数据区，其起始地址为 610AH:1CE7H，试写出数据区首末单元的实际地址 PA。

17．若一个程序段开始执行之前，(CS)=97F0H，(IP)=1B40H，试问该程序段启动执行指令的实际地址是什么？

18．有两个 16 位的字 31DAH 和 5E7FH，它们在 8086 系统存储器中的地址分别为 00130H 和 00134H，试画出它们的存储示意图。

19．将字符串"Hello!"的 ASCII 码依次存入从 00330H 开始的字节单元中，试画出它们存放的示意图。

20．8086 寻址 I/O 端口时，使用多少条地址总线？可寻址多少个字端口或多少个字节端口？

21．8086CPU 读/写总线周期各包含多少个时钟周期？什么情况下需要插入 T_W 等待周期？应插入多少个 T_W，取决于什么因素？什么情况下会出现空闲状态 T_I？

22．80286CPU 寄存器结构中比 8086 增加的部分有哪些？其主要用途是什么？

23．80386/80486 有几种工作模式？各有什么特点？

24．什么是虚拟空间？80386/80486 的虚拟空间有多大？

25．简述实地址方式和虚拟 8086 方式的区别。

第 4 章　寻址方式与指令系统

本章主要讲解 8086CPU 的指令格式、寻址方式和指令系统，通过本章的学习，读者应掌握以下内容：

- 掌握 8086/8088 指令系统中操作数的类型
- 掌握 8086/8088 的指令格式和寻址方式
- 掌握数据传送类指令的功能
- 了解 80286 及以上微处理器的工作模式及扩展指令（如有符号乘法指令、支持高级语言指令等）
- 了解 80386 及以上微处理器传送及扩展指令、堆栈操作指令、双精度移位指令、条件设置指令等
- 了解 80486 及 Pentium 微处理器的新增指令，如字节交换指令、比较交换指令等

4.1　指令格式和操作数类型

人们要求计算机解决计算或处理信息的问题，首先必须把问题转换为计算机能识别和执行的一步步操作命令。这种指挥计算机完成各种操作的命令称为指令。而一种类型的计算机能执行多少种指令是设计好的。计算机所能执行的全部命令的集合就构成了该计算机的指令系统。目前，一般小型或微型计算机的指令系统可以包括几十种或百余种指令。每种计算机都有自己的指令系统，不能相互兼容，也就是说 8086/8088 指令系统中的指令只能由它的微处理器识别和执行，而不能被其他微处理器所识别和执行。

计算机中的指令由操作码字段和操作数字段两部分组成，操作码字段指示计算机要执行的操作，而操作数字段则指出在指令执行的过程中需要的操作数。例如，一条加法指令除指定做加法运算外，还需要提供加数和被加数。操作数字段可以是操作数本身，也可以是操作数地址或是地址的一部分，还可以是指向操作数的地址指针或其他有关操作数据的信息。

指令的格式一般为：

操作码	操作数	操作数	……

按照操作数的设置情况，指令可分为以下 3 种：

（1）无操作数指令。这类指令只有操作码，没有操作数。例如 HLT 停机指令，没有操作数，而 DAA 指令中也没有给操作数，但操作对象是 AL。这是一种隐含寻址方式，即操作数固定存储在一个位置，无需指令中给出。

（2）单操作数指令。这类指令分为两种情况：一种是参加操作的数据只有一个，如 INC AX 指令；另一种是指令中给出一个操作数，而另一个操作数存放在固定的位置，即隐含寻址，如 PUSH AX 指令，源操作数是 AX，目的操作数是堆栈的栈顶单元。

（3）双操作数指令。该类指令中有两个操作数，中间用逗号隔开，逗号前面的称为目的操作数，逗号后面的称为源操作数，例如：

ADD AX,BX

其中 AX 是目的操作数，BX 是源操作数。该指令把相加的结果放入 AX 中，BX 的内容保持不变。多数双操作数指令都把操作结果放在目的单元中，而源操作数保持不变。

4.2 指令的寻址方式

4.2.1 寻址、寻址方式的概念

1. 操作数的类型

8086/8088 指令的操作数有：立即操作数、寄存器操作数、存储器操作数、输入输出端口操作数。

（1）立即操作数。作为指令代码的一部分出现在指令中的操作数称为立即操作数，简称立即数。立即数常用二进制、十进制、十六进制等数制形式表示，也可以用字符常量或有确定位的表达式表示。立即数通常作为源操作数使用，例如：

MOV　CX,5
ADD　BX,2

源操作数采用的都是立即数。

（2）寄存器操作数。存放在寄存器中的操作数称为寄存器操作数。如上面两条指令的目的单元使用的都是寄存器操作数。例如：

ADD　AX,BX

这条指令中源操作数和目的操作数都是寄存器操作数。

（3）存储器操作数。存放在存储器中的操作数称为存储器操作数。例如：

MOV　AX,[1000H]　　;将当前数据段中偏移地址为 1000H 单元的内容传送到 AX
　　　　　　　　　　;寄存器中

这条指令中的源操作数是存储器操作数。

（4）输入输出端口操作数。存放在输入/输出端口中的操作数称为输入输出端口操作数。例如：

IN　AX,PORTl　　;输入指令，将 PORTl 端口的一个字数据传送给 AX
OUT　PORT2,AX　　;输出指令，将 AX 中的内容输出到 PORT2 端口

PORTl 是输入端口地址，PORT2 是输出端口地址，它们是输入输出端口操作数。

总而言之，操作数作为指令的操作对象可以直接放在指令中，也可以放在寄存器、存储器或输入输出端口中。

2. 基本概念

指令通常并不直接给出操作数，而是给出操作数的存放地址。指令指定操作数的位置，即给出地址信息，在执行时需要根据这个地址信息找到需要的操作数。这种寻找操作数的过程称

为寻址。寻找操作数存放地址的方式称为寻址方式。寻址的目的是为了得到操作数。换句话说，寻找指令所需的操作数的各种方式就叫寻址方式。

在指令系统中，有的指令是用来完成数据处理的，有的是用来控制程序执行方向的，如控制转移类指令和程序调用指令。因此寻址方式也分为与数据有关的寻址方式和与程序有关的寻址方式

4.2.2　与数据有关的寻址方式

1. 立即数寻址

立即数寻址方式是指操作数直接存放在指令中，紧跟在操作码之后，作为指令的一部分存放在代码段里，这种操作数称为立即数。立即数可以是 8 位或 16 位数。如果是 16 位操作数，则低位字节存放在低地址单元中，高位字节存放在高地址单元中。

立即数寻址方式的操作数用来表示常数，通常用于给寄存器赋初值，并且只能用于源操作数字段，不能用于目的操作数字段。例如：

MOV　AL,5　指令执行后，(AL)=05H，8 位数据 05H 存入 AL 寄存器中；

MOV　AX,3064H　指令执行后，(AX)=3064H，16 位数据存入 AX 寄存器中。

在汇编语言指令中，还可以用符号 COUNT 代替常数，但是 COUNT 必须用伪指令 EQU来赋值。例如：

MOV　CL,COUNT（常量符号）

2. 寄存器寻址方式

寄存器寻址方式是指操作数存放在寄存器中，指令中直接给出寄存器名。对于 16 位操作数，寄存器可以是 AX、BX、CX、DX、SI、DI、SP、BP 等。对于 8 位操作数，寄存器可以是 AH、AL、BH、BL、CH、CL、DH 和 DL 等。这种寻址方式由于操作数在寄存器中，不需要访问存储器来取得数据，因而可以获得较高的运行速度。

例如：

MOV　AX,BX

若指令执行前(AX)=3064H，(BX)=1234H，则指令执行后(AX)=1234H，(BX)=1234H。

寄存器寻址可以用于源操作数寻址，也可用于目的操作数，通常两地址指令必须有一个操作数使用寄存器寻址方式。

3. 存储器寻址

如果操作码所需的操作数存放在内存储器中，则指令中需要给出操作数的地址信息。为了提高程序的灵活性，8086 指令系统提供了多种存储器寻址方式。不论是哪一种存储器寻址方式，寻找地址的过程都是计算有效地址和物理地址。一个存储单元的逻辑地址是由段地址和偏移地址构成的，偏移地址也称为有效地址。物理地址是指访问内存单元时所使用的地址。

8086 指令系统对段地址有个基本规定，即所谓默认状态。在正常情况下由寻址方式有效地址规定的基地址寄存器来确定段寄存器，即只有寻址方式中出现 BP 作为基地址，数据在堆栈段，其余情况都在数据段。串操作指令另有规定。

如果指令中的操作数不在基本规定的段内，必须在指令中指定段寄存器，这就是段跨越，在操作数中应给出所在段的段寄存器，如 ES:[2000H]。

物理地址=(段寄存器)×10H+EA。

下面详细介绍存储器寻址方式。

（1）直接寻址。在直接寻址方式中，有效地址就在指令的代码段中，它存放在代码段中指令操作码后面的操作数字段。因为 8086 的有效地址为 16 位，所以这种指令的地址码要占两个字节。两个字节的存储方式要按"字"存放。

例如：MOV　AX,[0002H]，其中(DS)=2000H。

若数据段数据存储形式如图 4-1 所示，则该指令执行时，有效地址 EA=0002H，物理地址 PA=(DS)×10H+EA=20002H。由于指令中的目的操作数是 16 位寄存器，因此要取出 20002H 和 20003H 两个单元中的数据，即 20002H 单元中的 30H 送给 AL，20003H 单元中的数据 56H 送给 AH。

若操作数在规定段以外的其他段，则必须在地址前加以说明，例如：

偏移地址	数据段	物理地址
0000H	12H	20000H
0001H	23H	20001H
0002H	30H	20002H
0003H	56H	20003H
0004H	0AH	20004H

图 4-1　数据段内容存放示意图

MOV　AL,ES:[0002H]

该条指令中，源操作数存放于附加段，物理地址=(ES)×10H+0002H。

在汇编语言指令中，也可用符号地址代替数据地址。

例如：MOV　AX,VALUE，其中 VALUE 为存放操作数的符号地址（有效地址），需要伪指令定义。此指令也可写成：

MOV　AX,[VALUE]

（2）寄存器间接寻址。寄存器间接寻址方式是在指令中给出寄存器名，寄存器中的内容是操作数的有效地址。如果指令中指定的寄存器是 BX、SI 和 DI，在没有加段超越前缀的情况下，操作数必定在数据段，以 DS 段寄存器中的内容作为段地址，操作数的物理地址为：

物理地址=(DS)×10H+(BX)或(SI)或(DI)

如果指令中指定的寄存器是 BP，在没有加段超越前缀的情况下，则操作数必定在堆栈段中，以 SS 段寄存器中的内容作为段地址，操作数的物理地址为：

物理地址=(SS)×10H+(BP)

若在指令中加上段超越前缀，则以指定的段寄存器中的内容作为段地址。例如：

MOV　AX,[BX]

若(DS)=2000H，(BX)=1000H，物理地址=20000H+1000H=21000H。

指令执行前，(AX)=2030H，(21000H)=0A0H，(21001H)=50H；指令执行后，(AX)=50A0H，(21000H)=0A0H，(21001H)=50H。指令执行情况如图 4-2 所示。

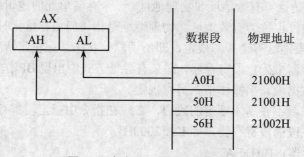

图 4-2　寄存器间接寻址执行示意图

指令中可以用段超越前缀来说明取得其他段中的数据。例如：

MOV　AX,ES:[BX]

此指令与 MOV　AX,[BX]比较，操作数存放的段区不同。MOV　AX,ES:[BX]指令中源操作数存放在附加段中，操作数的物理地址=(ES)×10H+(BX)，而 MOV　AX,[BX]指令中源操作数存放在数据段中，操作数的物理地址=(DS)×10H+(BX)。

这种寻址方式适用于表格处理，执行完一条指令后，只需修改寄存器中的内容即可取得表格中的下一项数据。

（3）寄存器相对寻址方式。寄存器相对寻址方式是在指令中给定一个基址寄存器（或变址寄存器）名和一个 8 位或 16 位的相对偏移量，两者之和作为操作数的有效地址。对 BX、SI、DI 这三个间址寄存器，指示的是数据段中的数据，而用 BP 作间址寄存器，则指示的是堆栈段中的数据。有效地址和物理地址的计算方法如下：

EA=(R)+8 位(16 位)偏移量

BX、SI、DI 这三个间址寄存器：物理地址(PA)=(DS)×10H+EA。

对 BP 作为间址寄存器：物理地址(PA)=(SS)×10H+EA。

例如：

MOV　AX,10H[BX]　　（也可表示成 MOV　AX,[BX+10H]）

若指令执行前，(AX)=1234H, (BX)=1200H, (DS)=2000H, (21210H)=34H, (21211H)= 56H，则 EA=(BX)+10H=1210H, PA=(DS)×10H+EA=21210H，指令执行后，(AX)=5634H。

例如：

MOV　AX,ARR[SI]

ARR 是一存储单元的符号地址，在这条指令中可以作为一个偏移量。若 ARR 所对应的存储单元的偏移地址为 0100H, (SI)=0020H，则源操作数的 EA=ARR+(SI)=0120H。

（4）基址变址寻址。基址变址寻址方式是在指令中给出一个基址寄存器名和一个变址寄存器名，两者内容之和作为操作数的有效地址。基址寄存器为 BX 或 BP，变址寄存器为 SI 或 DI，但指令中不能同时出现两个基址寄存器或两个变址寄存器。如果基址寄存器为 BX，则段寄存器使用 DS；如果基址寄存器为 BP，则段寄存器用 SS。

寻址过程如图 4-3 所示。

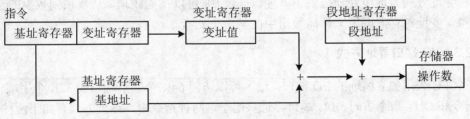

图 4-3　基址变址寻址方式示意图

其物理地址为：

PA=(DS)×10H+(BX)+(SI)　或　PA=(DS)×10H+(BX)+(DI)

PA=(SS)×10H+(BP)+(SI)　　或　PA=(SS)×10H+(BP)+(DI)

例如：

MOV　AL,[BX+SI]（MOV　AL,[BX][SI]）

若指令执行前，(DS)=1000H，(BX)=0010H，(SI)=0002H，(10012H)=45H，则 EA=(BX)+(SI)=0012H，PA=(DS)×10H+EA=10012H，指令执行后(AL)=45H。

若此种寻址方式采用段超越前缀，则指令的格式为：MOV AX,ES:[BX+SI]。

此种寻址方式也适用于数组和表格处理，首地址可以存放在基地址寄存器中，而用变址寄存器来访问数组中的各个元素，即把此元素存储单元距离表首的位移量放入变址寄存器。由于两个寄存器随时可以修改其内容，所以它比寄存器相对寻址更加灵活。

（5）相对基址变址寻址。相对基址变址寻址方式是在指令中给出一个基址寄存器、一个变址寄存器和 8 位或 16 位的偏移量，三者之和作为操作数的有效地址。基址寄存器为 BX 或 BP，变址寄存器为 SI 或 DI，同样，其指令中不能同时出现两个基址寄存器或两个变址寄存器。如果基址寄存器为 BX，则段寄存器用 DS；基址寄存器为 BP，则段寄存器用 SS。

其物理地址为：PA=(DS)×10H+(BX)+(SI)+偏移量

　　　　　　或　　PA=(DS)×10H+(BX)+(DI)+偏移量

　　　　　　　　　PA=(SS)×10H+(BP)+(SI)+偏移量

　　　　　　或　　PA=(SS)×10H+(BP)+(DI)+偏移量

这种寻址方式示意图如图 4-4 所示。

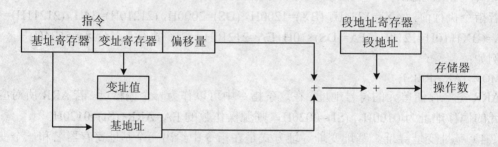

图 4-4　相对基址变址寻址方式示意图

如果指令执行前(DS)=3000H，(SI)=0100H，(BX)=0010H，MASK=0200H，(30310H)= 08H，(30311H)=09H，则 EA=(BX)+(SI)+MASK=0310H，PA=(DS)×10H+EA=30310H，指令执行后，(AX)=0908H。

这种寻址方式为堆栈处理提供了方便，一般 BP 可以指向栈顶，从栈顶到数组的首地址可用偏移量，变址寄存器可用来访问数组中的某一个元素。

4.2.3　I/O 端口寻址方式

8086CPU 采用独立编址的 I/O 端口，最多可以访问 64K 个字节端口或 32K 个字端口，用专门 IN 指令和 OUT 指令访问。I/O 端口寻址只用于这两种指令中。寻址方式有如下两种：

（1）直接端口寻址。在指令中直接给出端口地址，端口地址一般采用 2 位十六进制数，也可以用符号表示，这种寻址方式为直接端口寻址。因此，直接端口寻址可访问的端口数为 0～255 个。

例如：

IN　AL,25H

（2）寄存器间接端口寻址。如果访问的端口地址值大于 255，则必须用 I/O 端口的间接寻址方式。所谓间接寻址,是指把 I/O 端口的地址先送到 DX 中,用 DX 作间接寻址寄存器,而且只能用 DX 寄存器。

例如:

MOV   DX,378H

OUT   DX,AL

4.2.4　与转移地址有关的寻址方式

这种寻址方式用于确定转移指令和子程序调用指令的转移地址。转移地址是由各种寻址方式得到的有效地址(即偏移地址)和段地址组成的。有效地址存入 IP 寄存器中,段地址指定为 CS 段寄存器内容。

1.　相对寻址

这种寻址方式又称为段内直接寻址,转向的位置和转移指令在同一个代码段内。转向的有效地址是当前 IP 寄存器中的内容和指令中指定的 8 位或 16 位偏移量之和。指令中的偏移量是转向的有效地址与当前 IP 值之差,所以当这一程序段在内存中的不同区域运行时,这种寻址方式的转移指令本身不会发生变化,符合程序再定位的要求。这种寻址方式适用于条件转移指令和无条件转移指令。在低档微机系统中,当用于条件转移指令时,偏移量只允许 8 位,386及其后继机型条件转移指令的偏移量可为 8 位或 32 位。无条件转移指令在偏移量为 8 位时称为短转移,偏移量为 16 位时则称为近转移。

例如,若在程序中出现段内短转移指令:JMP　SHORT　NEAR　NEXT,假设该指令在代码段中的偏移地址为 0100H,占两个字节,转移位置 NEXT 的偏移地址为 0142H,则在指令中出现的偏移量为 40H,即 8 位偏移量(补码)。

在执行该指令时,(IP)=0102H,(IP)+偏移量=0102H+40H=0142H。

若在程序中出现 JMP　FAR　PTR　NEXT,则为段内近转移,汇编后指令中出现 16 位的偏移量。

2.　段内间接寻址

所谓段内间接寻址,是指转向地址存放在寄存器中或存储单元中,通过寄存器寻址或存储器寻址得到一个 16 位操作数,用它取代当前 IP 的值。操作数位置可以是寄存器,也可以是存储器操作数。

下面举例说明段内间接寻址的转移指令中转向的有效地址的计算方法。

假设(DS)=2010H,(BX)=0108H,(SI)=2450H,(20180H)=1200H。

例如指令:

JMP   BX

该指令执行后,(IP)=0108H。

例如指令:

JMP   [BX]

则该指令执行后,(IP)=1200H。

3.　段间直接寻址

在这种指令中直接给出了转向位置的段地址和偏移量,所以只需用指令中指令的偏移地址取代 IP 的值,用指令中指定的段地址取代 CS 寄存器的内容,就完成了从一个段到另一个段的转移操作。

例如指令：

JMP   FAR   PTR   PROC1

假设 PROC1 语句所在段的段地址为 3400H，偏移量为 0104H，则紧跟在指令操作码后的两个字数据为 0104H 和 3400H。指令执行时，将 0104H 送入 IP 中，将 3400H 送入 CS 中，即完成段间的转移。

4. 段间间接寻址

在这类指令的操作数位置只能出现存储器操作数，用存储器中的连续两个字的内容来取代 IP 和 CS 中的内容，以达到段间转移的目的。其中低位字送给 IP，高位字送给 CS。

例如指令：

JMP DWORD PTR [BX]

假设(DS)=2100H，(BX)=1020H，(22020H)=0124H，(22022H)=4600H，则指令执行后，(IP)=0124H，(CS)=4600H。

4.3   8086 指令系统

指令系统是某种计算机指令的集合，它代表该种计算机所具有的全部功能。8086/8088 指令系统按功能可以分为六类：数据传送指令、算术运算指令、逻辑运算指令、串操作指令、控制转移指令、处理器控制指令。本章中主要介绍数据传送类指令和常用的 DOS 系统功能调用指令。其他指令在后续章节中介绍。

4.3.1   数据传送类指令

数据传送指令负责把数据、地址或立即数传送到寄存器或存储单元，以及 AL 或 AX 寄存器与 I/O 端口间传送字节型或字型数据。它又可以分为四类：通用传送类指令、累加器专用传送类指令、地址传送类指令和标志寄存器传送类指令。

1. 通用传送类指令

（1）MOV 传送指令。

指令格式：MOV   DST,SRC

执行的操作：(DST)←(SRC)

其中 DST 表示目的操作数，SRC 表示源操作数。该指令把源操作数传送至目的操作数。源操作数内容不变，目的操作数内容与源操作数内容相同。

源操作数可以是累加器、寄存器、存储器操作数和立即数，而目的操作数可以是累加器、寄存器和存储器。注意，源操作数和目的操作数不能同时为存储器操作数，即数据不能通过一条指令从存储器某一个单元直接传送至另一个单元。

MOV 指令的形式有如下几种：

1）从通用寄存器到通用寄存器。

MOV   reg1,reg2

此类指令中的 reg1 和 reg2 可以采用 8 位或 16 位寄存器。例如：

MOV   AX,BX

```
MOV   DL,CH
MOV   SI,BX
MOV   DX,BX
```

注意，两个寄存器之间传送数据时，要求数据类型必须匹配。如：MOV DX,BL 这条指令是错误的，因为 BL 为 8 位寄存器，而 DX 为 16 位寄存器。

2）立即数传送到通用寄存器。

```
MOV   reg,data
```

data 可以是 8 位或 16 位立即数，立即数可以是常量、各种数制的常数、ASCII 码字符，也可以是符号名，常量名需要由伪指令 EQU 来定义。data 数据的类型必须与寄存器字长一致。8 位数可以送 16 位寄存器，但 16 位数不能送 8 位寄存器。例如：

```
MOV   CH,8AH          ;8 位立即数 8AH 送 CH 中
MOV   CL,'B'          ;字符‘B’的 ASCII 码送 CL 中
MOV   SI,COUNT        ;COUNT 为一个符号常数，此值送 SI 中
MOV   DX,2347         ;将十进制数 2347 送 DX 寄存器
```

3）通用寄存器和存储单元之间。

```
MOV   mem(reg)，reg(mem)
```

这种传送指令可以实现从存储单元到通用寄存器的数据传送，也可以实现从通用寄存器到存储单元的传送。操作数可以是字节，也可以是字数据。

例如：

```
MOV   BLOCK,DX
```

其中 BLOCK 是在数据段中定义的符号地址，若指令执行前，(DS)=2010H，BLOCK 对应单元的有效地址为 0014H，(20114H)=15H，(20115)=0BH，(DX)=0FF0EH，则 EA=0014H，PA=(DS)×10H+EA=20114H，指令执行后 DX 中的内容不变，BLOCK 字单元中存放的数据为0B15H。

例如：

```
MOV   AL,ARRAY[SI]
```

源操作数为相对寻址，目的操作数为寄存器寻址，该指令负责将存储单元中的数据传送到 AL 寄存器中。

需要注意的是：这类传送指令中，两个操作数的类型要一致，而且必须一个操作数是寄存器，另一个操作数是存储器。

【例 4-1】 有如下一段程序：

```
DATA      SEGMENT
          ARRAY1 DW    15,23,46,78,89,90,12,34
          CN     EQU   $-ARRAY1
          ARRAY2 DW    CN DUP(?)
DATA      ENDS
CODE      SEGMENT
          ASSUME   DS:DATA,CS:CODE
START:    MOV      AX,DATA
          MOV      DS,AX
          MOV      SI,OFFSET ARRAY1
          MOV      DI,OFFSET ARRAY2
```

```
        MOV    CX,CN
LP:     MOV    AL,[SI]
        MOV    [DI],AL
        INC    SI
        INC    DI
        LOOP   LP
        MOV    AH,4CH
        INT    21H
CODE    ENDS
END     START
```

该程序段完成的功能是将数组 ARRAY1 中的内容传送到数组 ARRAY2 中。由伪指令 DW 定义的数据为 16 位的字数据，所以指令 MOV　AL,[SI]是无法执行的。完成传送操作的程序要作如下修改：

```
LP: MOV    AX,[SI]
    MOV    [DI],AX
    INC    SI
    INC    SI
    INC    DI
    INC    DI
    LOOP   LP
```

4）立即数传送到存储单元。

MOV mem, data

data 可以是 8 位立即数，也可以是 16 位立即数，而且只有源操作数为立即数寻址。

例如：

MOV ARRAY,25

如果在数据段中已定义 ARRAY 为一个符号地址，则该指令将立即数 25 送给 ARRAY 单元。

5）段寄存器与通用寄存器间的数据传送。

MOV seg, reg

或

MOV reg, seg

其中 seg 表示段寄存器，但 CS 不能作目的操作数。reg 表示通用寄存器操作数，可以采用各种 16 位寄存器，本条指令只能是字操作。

例如：

MOV ES,AX

若指令执行前，(AX)=1020H，(ES)=0A5CH，则指令执行后，(AX)=1020H，(ES)=1020H。但指令 MOV　CS,AX 是不合法的。

6）段寄存器与存储单元间的数据传送。

MOV seg,mem

或

MOV mem,seg

例如：

MOV [SI],DS　　;该指令将 DS 中的内容传送到 SI 所指示的字单元中

MOV ES,[BX]　　;该指令将 BX 所指示的存储单元中的内容传送到 ES 中

注意段寄存器之间不能直接传送数据。

MOV 指令可以在 CPU 内部或 CPU 和存储器之间传送字或字节，它传送的信息可以从寄存器到寄存器，立即数到寄存器或到存储单元，从存储单元到寄存器，从寄存器到存储单元，从寄存器或存储单元到除 CS 外的段寄存器，从段寄存器到寄存器或存储单元。注意，立即数不能直接送段寄存器；目的操作数不允许用立即数寻址，也不允许用 CS 寄存器；不允许 MOV 指令在两个存储单元之间直接传送数据。此外，也不允许在两个段寄存器之间直接传送数据。应该注意的是 MOV 指令不影响标志位。

（2）堆栈操作指令。堆栈是在存储器中开辟的一个特殊区域，用于堆栈操作时存入和取出数据或地址。堆栈是以"先进后出"的方式进行数据操作的。从 8086 的堆栈组织形式来看，堆栈是从高地址向低地址方向生长的。堆栈只有一个出入口，堆栈指针寄存器 SP 指向当前的栈顶单元。堆栈的操作有入栈和出栈两种。最初时堆栈的栈底和栈顶重叠在同一个单元，随着堆栈操作的进行，栈底的位置保持不变，而栈顶的位置却在不断变化。入栈时栈顶向低地址方向变化，而出栈时栈顶向高地址方向变化。堆栈组织示意如图 4-5 所示。

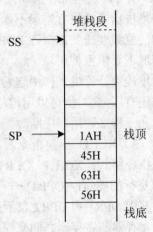

图 4-5　堆栈示意图

1）入栈指令。

指令格式：PUSH　SRC

执行的操作：SP←(SP)-2

　　　　　　((SP+1),(SP))←(SRC)

其中 SRC 是入栈的字操作数，除了立即数外，通用寄存器、段寄存器和存储器操作数都能入栈。

具体的操作过程是：SP 内容首先减 1，操作数的高位字节送入当前 SP 所指示的单元中，然后 SP 中的内容再减 1，操作数的低位字节又送入当前 SP 所指示的单元中。

例如：

PUSH　AX

若指令执行前，(SP)=00F8H，(SS)=2500H，(AX)=3142H，

指令执行时，首先 SP←SP-1，SP=00F7H，AH=31H，送入 SP=00F7H 所指的单元中，然后 SP←SP-1，SP=00F6H，AL=42H，送入 SP=00F6H 所指的单元中。

则指令执行后(SP)=00F6H，(250F6H)=3142H。

2）出栈指令。

指令格式：POP　DST

执行操作：DST←((SP+1),SP)

　　　　　　(SP)←(SP)+2

其中 DST 是出栈操作的目的地址，长度必须为 16 位，除了立即数和 CS 段寄存器以外，通用寄存器、段寄存器和存储器都可以作为出栈的目的地址。

具体的操作过程是：首先将 SP 所指的栈顶单元的内容送入 DST 低位字节单元，SP 的内容加 1，然后将 SP 所指栈顶单元的内容送入 DST 的高位字节单元，SP 的内容再加 1。

例如：

POP　BX

若指令执行前(SS)=2000H，(SP)=0100H，(BX)=78C2H，(20100H)=6B48H，指令执行时，首先将SP=0100H所指栈顶的内容48H送入BL单元，然后(SP)+1=0101H；将SP所指栈顶的内容6BH送入BH，SP+1=0102H。

则指令执行后(BX)=6B48H，(SP)=0102H。

注意，堆栈的存取必须以字为单位，所以PUSH和POP指令只能作字操作，除了段寄存器CS以外，通用寄存器和段寄存器都可作为目的操作数。

堆栈指令的执行结果不影响标志位。要特别注意，执行POP　SS指令后，堆栈区在存储区中的位置要改变，执行POP　SP执行后，栈顶的位置要改变，除非程序中需要这样做，一般情况下要慎重使用。

堆栈在计算机工作中起着重要的作用。如果在程序中要用到某些寄存器，但它的内容却在将来还有用，这时就可以用堆栈把它们保存下来,然后在使用这些内容时再恢复其原始的内容。堆栈在子程序调用和中断时，在子程序和中断服务程序中保护现场和恢复现场时也很有用。

（3）XCHG 交换指令。

指令格式：XCHG　OPR1,OPR2

执行的操作：(OPR1)$\longleftrightarrow$(OPR2)

其中OPR1和OPR2表示两个操作数，该指令中必须有一个操作数在寄存器中。因此它可以在寄存器与寄存器之间交换数据，或寄存器与存储器之间交换数据，但不能与段寄存器交换数据，段寄存器间也不能交换数据，存储器与存储器之间也不能交换数据。

该指令可以实现字节操作，也可以实现字操作。指令的执行结果不影响标志位。

例如：

XCHG　AX,BX

若指令执行前，(AX)=780AH，(BX)=0BA98H，则指令执行后，(AX)=0BA98H，(BX)=780AH。

2．累加器专用传送指令

8086和其他的微处理器一样，将累加器作为数据传输的核心，8086指令系统中的输入/输出指令和换码指令是专门通过累加器来执行的。

（1）输入/输出指令。

1）输入指令。

长格式：　IN　AL,PORT　　（字节）

　　　　　IN　AX,PORT　　（字）

执行操作：(AL)←(PORT)　　（字节）

　　　　　(AX)←((PORT+1),PORT)（字）

短格式：　IN　AL,DX　　　（字节）

　　　　　IN　AX,DX　　　（字）

执行操作：(AL)←(DX)（字节）

　　　　　(AX)←((DX+1),DX)（字）

其中，PORT是外设的外设端口地址，是一无符号数，取值为0～FFH，DX寄存器的内容为外设端口地址，范围为0～FF FFH。

例如：

```
IN    AL,80H          ;将 80H 端口中的数据读入到 AL 中
IN    AX,80H          ;将 80H 端口中的数据读到 AL，将 81H 端口中的数据读到 AH 中
MOV   DX,2F0H         ;端口地址首先送到 DX 中
IN    AL,DX           ;将 DX 所指示的端口中的内容读入到 AL 中
IN    AX,DX           ;将 DX 所指示的端口中的内容读入到 AL 中，将
                      ;(DX)+1 所指示的端口中的内容读入到 AH 中
```

2）输出指令。

长格式：   OUT   PORT,AL

            OUT   PORT,AX

执行操作：(PORT)←(AL)(字节)

            ((PORT +1),PORT)←(AX)（字）

短格式：   OUT   DX,AL   （字节）

            OUT   DX,AX   （字）

执行操作：(DX)←(AL)   （字节）

            ((DX +1),PORT) ←(AX)（字）

例如：

```
OUT   DX,AL           ;AL 中的内容输出到 DX 所指示的字节端口
OUT   DX,AX           ;AX 中的内容输出到 DX 所指示的字端口
OUT   7EH,AL          ;将 AL 中的内容输出到端口地址为 7EH 的端口
OUT   7EH,AX          ;将 AL 中的内容输出到端口地址为 7EH 的端口，将
                      ;AH 中的内容输出到端口地址为(7EH)+1 的端口
```

在使用 I/O 指令时应注意：

① IN/OUT 指令只能用累加器 AL 或 AX 输入输出数据，不能用其他寄存器。

② 端口地址范围为 0～255，可以用 I/O 端口直接寻址方式。

③ 端口地址范围超过 255 时，必须用 I/O 端口间接寻址方式，此时必须将端口地址送入 DX 寄存器。

例如：要将 12 位 A/D 转换器所得数字量输入。这时，A/D 转换器应使用一个字端口，地址设为 2F0H。输入数据的程序段应为：

```
MOV   DX,02F0H
IN    AX,DX
```

（2）XLAT 换码指令。

指令格式：XLAT

执行操作：AL←(BX+AL)

换码指令可将累加器 AL 中的一个值转换为内存表格中的某一个值，再送回 AL 中。XLAT 一般用来实现码制之间的转换，所以又称为查表转换指令。在编译程序中经常需要把一种代码转换为另一种代码。例如把字符的扫描码转换为 ASCII 码。XLAT 就是为这种用途设置的指令。在使用这个指令以前，应先在数据段建立一个表格，表格的首单元的偏移地址送给 BX 寄存器，要转换的代码应该是相对于表格首单元的偏移量，它是一个 8 位无符号数，这说明表格的长度最大只能是 256 个存储单元，在指令执行前存入 AL 寄存器中，表格中的内容则是所要转换的代码。执行指令后，在 AL 中的内容则是要转换的代码。

此指令的执行不影响标志位。必须注意，由于 AL 寄存器只有 8 位，所以表格的长度不能超过 256。

【例 4-2】　要将 0～F 的十六进制数转换为七段数码管显示的代码，编程完成此功能。

要完成这个程序，首先要为每一个十六进制数码设计数码管显示代码，并在数据段建立相应的表格；然后设计程序算法，写出程序流程图；最后书写源程序。

程序如下：

```
DATA      SEGMENT
          TABLE    DB 40H,79H,24H,30H,19H,12H,02H,78H
                   DB 00H,18H,08H,03H,46H,21H,06H,0EH
          FIRST    DB   6
          SECOND   DB   ?
DATA      ENDS
CODE      SEGMENT
          ASSUME   CS:CODE,DS:DATA
START:    MOV      AX, DATA
          MOV      DS, AX
          MOV      BX, OFFSET   TABLE
          MOV      AL,FIRST
          XLAT
          MOV      SECOND, AL
          MOV      AH,4CH
          INT  21H
          CODE     ENDS
          END   START
```

3. 地址传送指令

这组指令有三条：LEA、LDS 和 LES，完成把地址送到指定的寄存器。

（1）LEA（Load effective address）有效地址送寄存器指令。

指令格式：LEA　REG,SRC

执行操作：(REG)←(SRC)

将源操作数的有效地址传送到 16 位通用寄存器，源操作数只能是各种寻址方式的存储器操作数，目的操作数可以使用寄存器，但不能为段寄存器。

例如：

LEA　BX,[SI+BP]　　　　　;执行后，将(SI)+(BP)的结果送到 BX 中
LEA　BX,[0020H]　　　　　;执行后，(BX)=0020H

注意 LEA　SI, [BX]与 MOV SI,[BX]的区别，前者是将 BX 寄存器的内容作为存储器的有效地址送入 SI，若(BX)=1234 H，则指令执行后，(SI)=1234H；后者是将 BX 寄存器间接寻址的连续两个存储单元的内容送入 SI 中，若指令执行前(BX)=1234H，(DS)=2000H，(21234H)=78H，(21235H)=56H，源操作数的物理地址=21234H，则指令执行后，将 21234 H 单元和 21235H 单元的内容送入 SI 中，(SI)=5678H。

（2）LDS（Load DS with pointer）指针送寄存器和 DS 指令。

指令格式：LDS　REG,SRC

执行操作：REG←(SRC)

　　　　　　DS←(SRC+2)

　　其中，源操作数为存储器操作数，目的操作数为 16 位通用寄存器，不能为段寄存器。此指令执行的操作是将 SRC 指示的两个字节单元的内容送入指令中指定的通用寄存器中，SRC+2 所指示的两个字节的内容送入 DS 中。

　　例如：

LDS　BX,ARR[SI]

　　已知指令执行前 ARR=0010H，(SI)=0020H，(DS)=2000H，(BX)=6AE0H，(20030H)=0080H，(20032H)=4000H，则指令执行后(BX)=0080H，(DS)=4000H。

　　（3）LES（Load ES with pointer）指针送寄存器和 ES 指令。

　　指令格式：LES　REG,SRC

　　执行操作：REG←(SRC)

　　　　　　ES←(SRC+2)

　　此指令执行的操作与 LDS 指令大致相似，不同之处是以 ES 代替 DS。

　　例如：

LES　DI,[BX]

　　指令执行前(DS)=2000H，(BX)=0020H，(20020H)=45H，(20021H)=D6H，(20022)=00H，(20023H)=50H，(ES)=4000H。

　　指令执行后(DI)=D645H，(ES)=5000H，各存储单元内容不变。

　　4. 标志寄存器传送指令

　　标志寄存器传送指令共有四条。这些指令都是单字节指令，指令的操作数以隐含形式规定，字节操作数隐含为 AH 寄存器。通过这些指令的执行，可以读出当前标志寄存器（FLAGS 寄存器）中的内容，也可以对标志寄存器设置新的值。

　　（1）LAHF（Load AH with Flags）取标志送 AH 指令。

　　指令格式：LAHF

　　执行操作：AH←FLAGS 的低位字节

　　LAHF 指令将标志寄存器 FLAGS 中的五个状态标志位 SF、ZF、AF、PF 和 CF 分别取出传送到累加器 AH 的对应位，如图 4-6 所示。

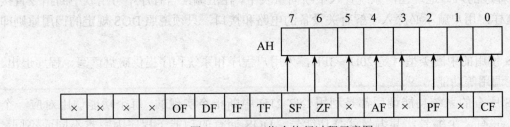

图 4-6　LAHF 指令执行过程示意图

LAHF 指令对标志位没有影响。

　　（2）SAHF（Store AH into Flags）置标志指令。

　　指令格式：SAHF

　　执行操作：FLAGS 的低位字节 ← AH

　　SAHF 指令的传送方向与 LAHF 方向相反，将 AH 寄存器中的第 7、6、4、2、0 位分别传送到标志寄存器的低 8 位的对应位。

SAHF 指令将影响标志位，FLAGS 寄存器中的 SF、ZF、AF、PF 和 CF 将被修改成 AH 寄存器中对应位的值，但其他状态位即 OF、DF、IF 和 TF 不受影响。

（3）PUSHF（Push the Flags）标志进栈指令。

指令格式：PUSHF

执行操作：SP　　←　(SP)-1

　　　　　(SP)　←　FLAGS 高 8 位

　　　　　SP　　←　(SP)-1

　　　　　(SP)　←　PSW 低 8 位

PUSHF 指令先将 SP 减 2，然后将标志寄存器 FLAGS 中的内容（16 位）压入堆栈中。此指令执行后，标志寄存器的内容不变，这条指令本身不影响状态标志位。

（4）POPF（Pop the Flags）标志出栈指令。

指令格式：POPF

执行操作：FLAGS 低 8 位 ← (SP)

　　　　　　　　　SP ← (SP)+1

　　　　　FLAGS 高 8 位 ← (SP)

　　　　　　　　　SP ← (SP)+1

POPF 指令的操作与 PUSHF 指令相反，它将堆栈内容弹出到标志寄存器 FLAGS，然后加 2。POPF 指令对状态标志位有影响。

PUSHF 和 POPF 指令一般用在子程序和中断程序的首尾，可用来保护调用过程以前标志寄存器的值。过程返回后再恢复此标志位或用来修改标志寄存器中相应标志位的值。

4.3.2　DOS 系统功能调用

DOS 磁盘操作系统的两个 DOS 模块：IBMBIO.COM 和 IBMDOS.COM 提供了更多的测试功能。DOS 功能调用对硬件的依赖性更少，使 DOS 功能调用更方便简单。DOS 功能调用可以完成对文件、设备、内存的管理。对用户来说，这些功能模块就是几十个独立的中断服务程序，这些程序的入口地址已由系统置入中断向量表中，在汇编语言程序中可用软中断指令直接调用。这样，用户就不必深入了解有关设备的电路和接口，只须遵照 DOS 规定的调用原则即可使用。

DOS 使用的中断类型号是 20H～3FH，为用户程序和系统程序提供磁盘读写、程序退出、系统功能调用等功能。

DOS 所有的系统功能调用都是利用 INT 21H 中断指令实现的，每个功能调用对应一个子程序，并有一个编号，其编号就是功能号。DOS 拥有的功能子程序因版本不同而不同。

1. 系统功能调用的方法

完成系统功能调用的基本步骤如下：

（1）将入口参数送到指定寄存器中。

（2）子程序功能号送入 AH 寄存器中。

（3）使用 INT 21H 指令。

2. 常用的几种系统功能调用

（1）1 号系统功能调用——键盘输入并回显。此调用的功能是系统扫描键盘并等待键盘输入一个字符，有键按下时，先检查是否是 Ctrl+Break 键，若是则将字符的键值（ASCII 码）送入 AL 寄存器中，并在屏幕上显示该字符。此调用没有入口参数。

例如：下列语句可以实现键盘输入。

```
MOV    AH,01H    ;01H 为功能号
INT    21H
```

（2）2 号系统功能调用——显示输出。此调用的功能是向输出设备输出一个字符。

入口参数：被显示字符的 ASCII 送 DL。

例如：要在屏幕上显示"$"符号，可用以下指令序列：

```
MOV    DL,'$'
MOV    AH,02H
INT    21H
```

（3）3 号系统功能调用——异步通信输入（从串口输入字符）。3 号系统功能调用的功能是从异步串行通信口（默认为 COM1）输入一个字符（或 ASCII 码）。

出口参数：输入的 ACSII 码送 AL 寄存器中。

DOS 系统初始化时此端口的标准是字长 8 位、2400 波特、一个停止位、没有奇偶校验位。

（4）4 号系统功能调用——异步通信输出（从串口输出字符）。此调用的功能是系统从异步通信口（默认为 COM1）输出一个字符（或 ASCII 码）。

入口参数：被输出字符的 ASCII 码送入 DL 中。

例如：现要将"$"符号通过异步串行通信口输出，指令序列如下：

```
MOV    DL,'$'
MOV    AH,04H
INT    21H
```

（5）5 号系统功能调用——打印机输出（从串口输出字符）。此调用的功能是将一个字符输出到打印机（默认 1 号并行口）。

入口参数：要打印字符的 ASCII 码送入 DL 寄存器中。

（6）6 号系统功能调用——直接控制台输入输出字符。此调用的功能是从键盘输入一个字符或输出一个字符到屏幕。

如果(DL)=0FFH，表示是从键盘输入字符。

当标志 ZF=0 时，表示有键被按下，将字符的 ASCII 码送入 AL 寄存器中。

当标志 ZF=1 时，表示没有键按下，寄存器 AL 中不是键入字符的 ASCII 码。

如果(DL)≠0FFH，表示输出一个字符到屏幕，将被输出字符的 ASCII 码送到 DL 中。

此调用与 1 号、2 号调用的区别在于不检查 Ctrl+Break。

【例 4-3】　现要从键盘输入一个字符，并在屏幕上显示字符'?'，程序序列如下：

```
MOV    DL,0FFH
MOV    AH,06H
INT    21H
MOV    DL,'?'
MOV    AH,06H
INT    21H
```

（7）7 号系统功能调用——直接控制台输入无回显。此调用同 1 号功能调用相似，不同的是不回显且不检查 Ctrl+Break。

（8）8 号系统功能调用——键盘输入无回显。此调用同 1 号功能调用相似，不同的是输入的字符不回显。

（9）9 号系统功能调用——显示字符串。此调用的功能是将指定字符缓冲区的字符串送屏幕显示，要求字符串必须以'$'结束。

入口参数：DS:DX 指向缓冲区中字符串的首单元。

（10）0AH 号系统功能调用——字符串输入到缓冲区。此调用的功能是将键盘输入的字符串写入内存缓冲区中。为了接收字符，首先在内存中定义一个缓冲区，其中第一个字节为缓冲区的字节个数，第二个字节用作系统填写实际键入的字符总数，从第三个字节开始存放字符串。输入的字符以回车键结束，如果实际键入的字符不足以填满缓冲区，则其余字节补 0；若输入的字符个数大于定义长度，则超出的字符将丢失，并响铃警告。

（11）4CH 号调用——返回 DOS。功能是结束程序的执行，返回 DOS 操作系统。

调用格式：MOV　AH,4CH

　　　　　　INT　　21H

该功能调用一般用在代码段的末尾，使程序终止执行并返回操作系统。

4.4　80286 增强和扩充指令

80X86 及 Pentium 处理器的指令系统包含 8086/8088 的全部指令，并在此基础上进行了增强和扩展，新增了一些指令。

4.4.1　80286 工作模式

80X86 除 8086/8088 只能在实模式下工作外，其他均可在实模式或保护模式下工作。

1. 实模式

在这种模式下，访问存储器最大寻址空间为 1MB，处理器产生 20 位物理空间的方法、段的结构及存储区中的专用单元和保留单元与 8086/8088 相同。

在实模式下，用 LMSW 指令设置机器状态字 MSW 中的 PE 标志可使 80286 进入保护模式。

2. 保护模式

从 80286 起就引出了保护模式，该工作模式是集实地址模式的能力、存储器管理、对虚拟存储器的支持和对地址空间的保护为一体而建立的一种特殊工作方式。

在保护模式下的寄存器功能、指令功能及寻址方式等与在实地址模式下相同，8086/8088 的程序及 80286 在实地址模式下的程序均可以在保护模式下运行。

4.4.2　有符号整数乘法指令

对于 80286 及其后继机型，IMUL 指令除了单操作数指令（累加器是隐含的）外，增加了双操作数和三操作数格式：

1. IMUL（带符号的双操作数乘法指令）

指令格式：IMUL　REG　IMM

执行的操作：(REG16)←(REG16)*IMM

其中，目的操作数必须是 16 位寄存器，IMM 为立即数，可以相应地用 8 位或 16 位，在运算时机器会自动地把该数符号扩展成与目的操作数长度相同的数。

2. IMUL（带符号的三操作数乘法指令）

指令格式：IMUL　REG,SRC,IMM

执行的操作：(REG16)←(SRC)* IMM

其中，目的操作数必须是 16 位寄存器，而源操作数是与目的操作数长度相同的存储器数。IMM 是立即数，可以是 8 位或 16 位，但长度必须与目的操作数长度相同，如长度为 8 位，运算时机器会自动地把该数符号扩展成与目的操作数长度相同的数。

注意上面两种指令中，源操作数与目的操作数的字长必须一致，机器规定：16 位操作数相乘得到的乘积在 16 位之内，OF 位或 CF 位置 0，否则置 1，这时 OF 位为 1 说明溢出。

例如：

IMUL　DX,9

IMUL　CX,[200H],9

4.4.3　堆栈操作指令

（1）PUSH（入栈指令）。

指令格式：PUSH 16 位立即数

80286 及后继机型允许立即数进栈，16 位立即数压入堆栈，该指令不影响状态标志位，该指令中立即数的范围是 0～65535 或-32678～+32767，如果给出的立即数不够 32 位，则自动扩展，指令执行后 SP 的值减 2。例如：

PUSH　05 H

（2）PUSHA（所有寄存器进栈指令）。

指令格式：PUSHA

执行操作：16 位通用寄存器依次进栈，进栈次序为：AX、CX、DX、BX 指令执行前的 SP、BP、SI、DI。指令执行后(SP)←(SP)-16 仍指向栈顶。

（3）POPA（所有寄存器出栈指令）。

指令格式：POPA

执行操作：16 位通用寄存器依次出栈，出栈次序为：DI、SI、BP、SP、BX、DX、CX、AX，指令执行后(SP)←(SP)+16 仍指向栈顶。应该说明的是，SP 的值是堆栈中所有通用寄存器弹出后堆栈指针实际指向的值，即指令执行后 SP 的值，而原来保存的 SP 的内容被丢失。

PUSHA 和 POPA 这两条堆栈指令均不影响标志位。

4.4.4　移位指令

8086 中有 8 条移位指令，移位计数用 CL 或 1 表示，且规定当移位次数大于 1 时，必须用 CL。在 80286 中，修改了上述限制，当移位次数为 1～31 次时，允许使用立即数。例如：

ROL　AX,12H

SHL　WORD PTR[BX],5

指令执行后堆栈存储情况如图 4-7 所示。

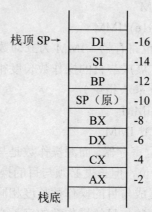

图 4-7　执行指令 PUSHA 的堆栈情况

4.4.5　支持高级语言的指令

（1）内存范围检测指令。

格式：BOUND　16 位寄存器,32 位存储器

以 32 位存储器低两字节为下界，高两字节的内容为上界，若 16 位寄存器的内容在此上、下界表示的地址范围内，程序正常执行；否则产生 INT 5 中断（DOS 并未提供该类型中断处理程序，使用时用户需要自行编写）。当出现这种中断时，返回地址指向 BOUND 指令，而不是 BOUND 后面的指令，这与返回地址指向程序下一条指令的正常中断有区别。

（2）设置堆栈空间指令。

格式：ENTER　16 位立即数,8 位立即数

ENTER 指令使用两个操作数，16 位立即数表示堆栈空间的大小，亦即表示给当前过程分配多少字节的堆栈空间，8 位立即数指出在高级语言内（如 Pascal 语言）调用自身的次数，亦即嵌套层数。

说明：该指令使用 BP 寄存器而不是 SP 作为栈基址。

例如：

ENTER 6,1

该指令为过程分配了 6 个字节的堆栈空间，其嵌套层数为 1。

（3）撤消堆栈空间指令。

指令格式：LEAVE

该指令没有操作数，撤消由 ENTER 指令建立的堆栈空间。

4.5　80386 增强和扩充指令

80386 指令系统包括了所有的 80286 指令，并对 80286 的部分指令进行了功能扩充，另外还新增了一些指令。80386 提供了 32 位寻址方式，可对 32 位数据直接操作。所有 16 位指令均可扩充为 32 位指令。80386 有 8 个 32 位通用寄存器：EAX、ECX、EBX、EDX、ESP、EBP、

ESI、EDI，它们分别是原来的 16 位通用寄存器 AX、CX、BX、DX、SP、BP、SI、DI 的扩展，这些 32 位通用寄存器的低 16 位也可以作为 16 位通用寄存器独立存取数据。

80386 有实地址模式、保护虚地址模式和虚拟 8086 模式三种工作方式。

对于数据段寄存器，80386 在原有的基础上增加了两个：FS 和 GS。

4.5.1　数据传送与扩展指令

（1）MOVSX（带符号扩展传送指令）。

指令格式：MOVSX　DST,SRC

执行操作：(DST)←符号扩展 (SRC)

其中源操作数可以是 8 位或 16 位的寄存器或存储单元的内容，而目的操作数必须是 16 位或 32 位寄存器，传送时把源操作数符号扩展到目的操作数。此指令适用于有符号数的传送与扩展，且不影响标志位。

（2）MOVZX（带零扩展传送指令）。

指令格式：MOVZX　DST,SRC

执行操作：(DST)←零扩展(SRC)

有关源操作数和目的操作数以及对标志位的影响均与 MOVSX 相同，它们的区别是 MOVSX 的源操作数是带符号数，所以作符号扩展；MOVZX 的源操作数是无符号数，所以作零扩展。

MOVSX 和 MOVZX 指令与一般双操作数指令的区别是：一般双操作数指令的源操作数和目的操作数的长度要求相同，但 MOVSX 和 MOVZX 的源操作数长度一定要小于目的操作数的长度。例如：

```
MOV    DL,83H
MOVSX  AX,DL  ;83H 扩展为 FF83H 送 AX
MOVZX  BX,DL  ;83H 扩展为 0083H 送 BX
```

4.5.2　地址传送指令

（1）LFS（Load FS with pointer）指针送寄存器和 FS 指令。

指令格式：LFS　REG,SRC

执行操作：(REG)←(SRC)

　　　　　(FS)←(SRC+2)

或　　　　(FS)←(SRC+4)

其中，SRC 只能用存储器寻址方式。当 REG 是 16 位寄存器时，将源操作数所指存储单元中存放的 16 位偏移地址装入该寄存器，然后将(SRC+2)中的 16 位数装入 FS 段寄存器；当 REG 是 32 位寄存器时，将源操作数所指存储单元中存放的 32 位偏移地址装入该寄存器，然后将(SRC+4)中的 16 位数装入 FS 段寄存器。

本指令的目的寄存器不允许使用段寄存器，本指令不影响标志位。

例如：

LFS　DI,[BX]

如指令执行前(DS)=2000H，(BX)=080AH，(2080AH)=05A3H，(2080CH)=3000H，则指令

执行后(DI)=05A3H，(FS)=3000H。

（2）LGS（Load GS with pointer）指针送寄存器和 GS 指令。该指令与 LFS 指令的功能基本相同，唯一的区别是：该指令的段寄存器为 GS。

（3）LSS（Load SS with pointer）指针送寄存器和 SS 指令。该指令与 LFS 指令的功能基本相同，唯一的区别是：该指令的段寄存器为 SS。

例如：

LSS　ESI, [BX]

如指令执行前(DS)=2000H，(BX)=0808H，(20808H)=012008A3H，(2080CH)=4000H，则指令执行后(ESI)=012008A3H，(SS)=4000H。

4.5.3　有符号乘法指令

（1）IMUL（带符号的双操作数乘法指令）。

指令格式：IMUL　REG　SRC

执行的操作：(REG16)←(REG16)×(SRC)

其中，目的操作数必须是 16 位或 32 位寄存器，源操作数是与目的操作数长度相同的通用寄存器或存储器，16 位操作数相乘得到的乘积在 16 位之内或 32 位操作数相乘得到的乘积在 32 位之内，OF 位或 CF 位置 0，否则置 1，这时 OF 位为 1 说明溢出。

（2）IMUL（带符号的三操作数乘法指令）。

指令格式：IMUL　REG,SRC,IMM

执行的操作：(REG16)←(SRC)×IMM

其中，目的操作数必须是 16 或 32 位寄存器，而源操作数是与目的操作数长度相同的通用寄存器或存储器，IMM 是立即数，可以是 8 位、16 位，但长度必须与目的操作数长度相同，如长度为 8 位，运算时机器会自动地把该数符号扩展成与目的操作数长度相同的数。对标志位的影响与上一条指令相同。

例如：

IMUL　AX,BX

IMUL　ECX, [SX][DI],6

4.5.4　符号扩展指令

（1）CWDE（字转换为双字指令）。

指令格式：CWDE

执行的操作：AX 的内容符号扩展到 EAX 中，形成 EAX 中的双字。

（2）CDQ（双字转换为 4 字指令）。

指令格式：CDQ

执行的操作：EAX 的内容符号扩展到 EDX，形成 EDX:EAX 中的 4 字。

例如：CWDE

指令执行前：(AX)=80A2 H

指令执行后：(EAX)=FFFF80A2H

4.5.5　堆栈操作指令

（1）PUSH（入栈指令）。

指令格式：PUSH　IMM

执行的操作：(ESP)←(ESP-4)

　　　　　　((ESP)+3, (ESP)+2, (ESP)+1, (ESP))←(IMM)

（2）PUSHAD（所有寄存器进栈指令）。

指令格式：PUSHAD

执行的操作：32 位通用寄存器依次进栈，进栈次序为：EAX、ECX、EDX、EBX 指令执行前的 ESP、EBP、ESI、EDI。指令执行后(SP)←(SP)-32。

（3）POPAD（所有寄存器出栈指令）。

指令格式：POPAD

执行的操作：32 位通用寄存器依次出栈，出栈次序为：EDI、ESI、EBP、ESP、EBX、EDX、ECX、EAX，指令执行后(SP)←(SP)+32，与 POPA 相同，最终 ESP 的值为弹出操作对堆栈指针调整后的值，而不是堆栈中保存的 ESP 的值。

（4）PUSHFD（标志进栈指令）。

指令格式：PUSHFD

执行的操作：(ESP)←(ESP)- 4

　　　　　　((ESP)+3, (ESP)+2, (ESP)+1, (ESP))←(EFLAGS AND 0FCFFFFH)

　　　　　　清除 VM 和 RF 位

此指令将 32 位标志寄存器 EFLAGS 的内容入栈。

（5）POPFD（标志出栈指令）。

指令格式：POPFD

执行的操作：(EFLAGS)←((ESP)+3，(ESP)+2，(ESP)+1，(ESP))

　　　　　　(ESP)←(ESP)+ 4

此指令将当前栈顶的 4 字节内容弹出至 EFLAGS 寄存器。

上述指令中除 POPFD 以外，其余均不影响状态标志位。

4.5.6　移位指令

（1）SHLD（双精度左移指令）。

指令格式：SHLD　DST,REG,CNT

其中，DST 是除立即数外的任何一种寻址方式指定的 16 位或 32 位数，源操作数 REG 是与目的操作数长度相同的寄存器数，第三个操作数 CNT 用来指定移位次数，它可以是一个 8 位立即数，也可以是 CL，用其内容存放移位次数。移位次数为 1~31，如果大于 31，机器自动取 32 来取代。执行的操作如图 4-8 所示。

图 4-8　SHLD 移位示意图

（2）SHRD（双精度右移指令）。

指令格式：SHRD   DST,REG,CNT

其中操作数的要求与上条指令相同。执行的操作如图 4-9 所示。

图 4-9　SHRD 移位示意图

4.5.7　位操作指令

1. 位测试及设置指令

测试指令可以用来对指定位进行测试，因而可以根据该位的值来控制程序流的执行方向。而置位指令可以对指定的位进行设置。

（1）BT（Bit Test）位测试。

指令格式：BT   DST,SRC

执行的操作：把目的操作数中由源操作数所指定位的值送往标志位 CF。

（2）BTS（Bit Test and Set）位测试并置 1。

指令格式：BTS   DST,SRC

执行的操作：把目的操作数中由源操作数所指定位的值送往标志位 CF，并将目的操作数中的该位置 1。

（3）BTR（Bit Test and Reset）位测试并置 0。

指令格式：BTR   DST,SRC

执行的操作：把目的操作数中由源操作数所指定位的值送往标志位 CF，并将目的操作数中的该位置 0。

（4）BTC（Bit Test and Complement）位测试并变反。

指令格式：BTR   DST,SRC

执行的操作：把目的操作数中由源操作数所指定位的值送往标志位 CF，并将目的操作数中的该位取反。

在本组指令中，DST 是 16 位或 32 位通用寄存器或存储单元，用来指定要测试的内容，SRC 是与 DST 长度相同的通用寄存器或 8 位立即数，用来指定要测试的位。由于目的操作数的字长最大为 32 位，所以位位置的范围应是 0～31。

本组指令影响 CF 位的值，对其他标志位没有意义。

例如：

BT   AX,4

如果指令执行前(AX)=1234H，则指令执行后(AX)=1234H，CF=1。

BTC   AX,4

如果指令执行前(AX)=1234H，则指令执行后(AX)=1224H，CF=1；如果指令执行前(AX)=1224H，则指令执行后(AX)=1234H，CF=0。

2. 位扫描指令

位扫描指令用于找出寄存器或存储器地址中所存数据的第一个或最后一个是 1 的位，该指令用于检查寄存器或存储器是否为 0。

（1）BSF（Bit Scan Forward）正向位扫描。

指令格式：BSF　REG, SRC

执行的操作：指令从位 0 开始自右向左扫描源操作数，目的是检索第一个为 1 的位，如果遇到第一个为 1 的位则将 ZF 置 0，并把该位的位置装入目的操作数；如源操作数为 0，则将 ZF 置 1，目的操作数无定义。

其中，REG 是 16 位或 32 位通用寄存器，SRC 是与 REG 长度相同的通用寄存器或存储器。该指令影响 ZF 位，对其他标志位无定义。

（2）BSR（Bit Scan Reverse）反向位扫描。

指令格式：BSR　REG, SRC

执行的操作：指令从最高有效位开始自左向右扫描源操作数，目的是检索第一个为 1 的位，该指令除方向与 BSF 相反外，其他规定均与 BSF 相同。

例如：

BSF　ECX,EAX

BSR　EDX,EAX

如指令执行前，(EAX)=60000000H，可见该数中有两个 1 位并出现在位位置 29 和 30，则 BSF 指令后，(ECX)=29D，ZF=0；BSR 指令后，(EDX)=30D，ZF=0。

4.5.8　条件设置指令

这组指令用于测试指定的标志位所处的状态，并根据测试结果将指定的一个 8 位寄存器或内存单元置 1 或置 0，它们类似于条件转移指令中的标志位测定，前者根据测试结果置 1 或置 0，而后者根据测试结果决定是否转移。

指令格式：SETcc　DST

执行操作：指令根据所指定的条件码情况，如满足条件则把目的字节置 1，如不满足条件则把目的字节置 0。指令本身不影响标志位。

其中，cc 是条件，作为指令助记符的一部分，DST 是 8 位字节的寄存器或存储单元，用于存放测试的结果。

条件设置指令可分为以下三组：

（1）单个条件标志的值把目的字节置 1。

1）SETZ（或 STEZE）（set byte if zero,or equal）结果为零（或相等）则目的字节置 1。

指令格式：SETZ（或 STEZE）DST

测试条件：ZF=1

2）SETNZ（或 SETNZE）（set byte if not zero,or not equal）结果不为零（或不相等）则目的字节置 1。

指令格式：SETNZ（或 STENZE）DST

测试条件：ZF=0

3）SETS（set byte if sign）结果为负则目的字节置 1。

指令格式：SETS　DST

测试条件：SF=1

4）SETNS（set byte if not sign）结果为正则目的字节置 1。

指令格式：SETNS　DST

测试条件：SF=0

5）SETO（set byte if overflow）溢出则目的字节置 1。

指令格式：SETO　DST

测试条件：OF=1

6）SETNO（set byte if not overflow）不溢出则目的字节置 1。

指令格式：SETNO　DST

测试条件：OF=0

7）SETP（或 SETPE）（set byte if parity,or parity even）奇偶位为 1 则目的字节置 1。

指令格式：SETP（或 SETPE）DST

测试条件：PF=1

8）SETNP（或 SETPNE）（set byte if not parity,or not parity even）奇偶位为 0 则目的字节置 1。

指令格式：SETNP（或 SETPNE）DST

测试条件：PF=0

9）SETC（或 SETB 或 SETNAE）（set byte if carry,or below,or not above or equal）进位位为 1，或低于，或不高于或等于则目的字节置 1。

指令格式：SETC（或 SETB 或 SETNAE）DST

测试条件：CF=1

10）SETNC（或 SETNB 或 SETAE）（set byte if not carry,or not　below,or　above or equal）进位位为 0，或不低于，或高于或等于则目的字节置 1。

指令格式：SETNC（或 SETNB 或 SETAE）DST

测试条件：CF=0

（2）比较两个无符号数，并根据比较的结果把目的字节置 1。

1）SETB（或 SETNAE 或 SETC）低于，或不高于或等于，或进位位为 1，则目的字节置 1。

指令格式：SETB（或 SETNAE 或 SETC）DST

测试条件：CF=1

2）SETNB（或 SETAE 或 SETNC）不低于，或高于或等于，或进位位为 0，则目的字节置 1。

指令格式：SETNB（或 SETAE 或 SETNC）DST

测试条件：CF=0

1）和 2）两种指令与（1）组指令中的 9）和 10）两种指令完全相同。

3）SETBE（或 SETNA）（set byte if below or equal,or not above）低于或等于，或不高于则目的字节置 1。

指令格式：SETBE（或 SETNA）DST

测试条件：CF∨ZF=1

4）SETNBE（或 SETA）（set byte if not below or equal,or above）不低于或等于，或高于则目的字节置 1。

指令格式：SETNBE（或 SETA）DST

测试条件：CF∨ZF=0

（3）比较两个带符号数，并根据比较的结果把目的字节置 1。

1）SETL（或 SETNGE）（set byte if less, or not greater or equal）小于，或不大于或等于则目的字节置 1。

指令格式：SETL（或 SETNGE）DST

测试条件：SF ⊕ OF =1（⊕ 为异或操作）

2）SETNL（或 SETGE）（set byte if not less, or greater or equal）不小于，或大于或等于则目的字节置 1。

指令格式：SETNL（或 SETGE）DST

测试条件：SF ⊕ OF =0

3）SETLE（或 SETNG）（set byte if less, or equal or not greater）小于，或等于或不大于或等于则目的字节置 1。

指令格式：SETLE（或 SETNG）DST

测试条件：(SF ⊕ OF)∨ZF =1

（4）SETNLE（或 SETG）（set byte if not less, or equal or greater）不小于，或等于或大于或等于则目的字节置 1。

指令格式：SETNLE（或 SETG）DST

测试条件：(SF ⊕ OF)∨ZF =0

例如：

```
SETZ    AL        ;当 ZF=1，则(AL)=1，否则(AL)=0
SETNC   BL        ;当 CF=0，则(BL)=1，否则(BL)=0
```

4.6　80486 新增指令

1. BSWAP（字节交换指令）

指令格式：BSWAP REG32

执行的操作：使指令指定的 32 位寄存器的字节次序变反。具体操作为：1、4 字节互换，2、3 字节互换。

本指令不影响状态标志位。

例如：

BSWAP EAX

如指令执行前，(EAX)=11223344H，则指令执行后，(EAX)=44332211H。

2. XADD（互换并相加指令）

指令格式：XADD   DST,SRC

执行的操作：TEMP←(SRC)+(DST)

(SRC)←(DST)

(DST)←TEMP

该指令是将目的操作数装入源操作数，并把源操作数和目的操作数的和送目的操作数。

该指令的源操作数只能使用寄存器寻址方式，目的操作数可以使用寄存器或任一种存储器寻址方式。该指令可以作双字、字或字节运算，且对标志位的影响与 ADD 相同。

例如：

XADD [BX],EAX

如果指令执行前，BX 所指单元的内容为 11223344H，(EAX)=00224455H，则指令执行后，(EAX)=11223344H，BX 所指单元的内容为 11337799H。

3. CMPXCHG（比较并交换指令）

指令格式：CMPXCHG　DST, SRC

执行的操作：累加器 AC 与 DST 比较。

如(AC)=(DCT)，则 ZF ← 1,(DST) ← (SRC)，否则 ZF ←0,(AC) ← (DST)。

其中，源操作数是寄存器，目的操作数是与源操作数长度相同的通用寄存器或存储单元，累加器可以为 AL、AX 或 EAX 寄存器。该指令对标志位的影响与 CMP 指令相同。

例如：

CMPXCHG　SI, BX

如指令执行前，(AX)=2300H，(BX)=2300H，(SI)=2400H，则指令执行后：因(AX)≠(SI)，则 ZF=0，(AX)=2400H。

如指令执行前，(AX)=2300H，(BX)=2500 H，(SI)=2300H，则指令执行后：因(AX)=(SI)，则 ZF=1，(SI)=2500H。

4. Cache 管理指令

80486 提供了以下三条 Cache 管理指令：

（1）INVD（使整个片内 Cache 无效指令）。

指令格式：INVD

执行的操作：刷新内部 Cache，并分配一个专用总线周期刷新外部 Cache。

该指令用于将 CPU 内部 Cache 的内容无效，执行该指令不会将外部 Cache 中的数据写回主存，即 Cache 中的数据自然丢失。

（2）WBINVD（写回并使 Cache 无效指令）。

指令格式：WBINVD

执行的操作：刷新内部 Cache，分配一个专用总线周期将外部 Cache 的数据写回主存，并在此后的一个专用总线周期将外部 Cache 刷新。

（3）使 TLB 无效指令。

指令格式：INVLPG

执行的操作：使页式管理机构内的高速缓冲器 TLB 中的某一项作废。若 TLB 中含有一个存储器操作数映像的有效项，则该 TLB 项被标记为无效。

4.7　Pentium 新增指令

1. CMPXCHG8B（8 字节比较交换指令）

指令格式：CMPXCHG8B　DST

执行的操作：EDX、EAX 与 EDX 相比较如(EDX,EAX)=(DST)，则 ZF ← 1，(DST) ← (ECX,EBX)，否则 ZF ← 0，(EDX,EAX) ← (DST)。

其中，源操作数为存放在 EDX:EAX 中的 64 位字，目的操作数是用存储器寻址方式确定的一个 64 位字。

该指令影响 ZF 位，但不影响其他标志位。

例如：

CMPXCHG8B   [BX]

如指令执行前，(EDX)=0，(EAX)=12345678H，BX 所指 64 位字存储单元的内容为0011223344556677H，则指令执行后，由于(EDX,EAX)≠[BX]，则 ZF=0，(EDX)=00112233H，(EAX)=44556677H。

2．处理器特征识别指令

指令格式：CPUID

执行的操作：根据 EAX 中的参数将处理器的说明信息送 EAX，特征标志字送 EDX。

3．读时间标记计数器指令

指令格式：RDTSC

执行的操作：将 Pentium 中的 64 位时间标记计数器的高 32 位送 EDX，低 32 位送 EAX。该计数器随每一个时钟递增，在 Reset 后该计数器置 0，利用该计数器可以检测程序运行性能。

4．读模型专用寄存器指令

指令格式：RDMSR

执行的操作：将 ECX 所指定的模型专用寄存器的内容送 EDX、EAX，具体为高 32 位送EDX，低 32 位送 EAX。若所指定的模型寄存器不是 64 位，则 EDX、EAX 中的相应位无效。

5．写模型专用寄存器指令

指令格式：WRMSP

执行的操作：将 EDX、EAX 的内容送 ECX 指定的模型专用寄存器，具体为 EDX 和 EAX的内容分别作为高 32 位和低 32 位。若所指定的模型寄存器有未定义或保留的位，则这些位的内容不变。

本章小结

本章围绕 8086 指令系统和寻址方式讲述了寻址方式的基本概念、各种指令的使用情况。指令按照操作数的设置情况分为 3 种：无操作数指令、单操作数指令和双操作数指令。按操作数的存放位置有 4 种类型：立即数、寄存器操作数、存储器操作数和输入/输出端口操作数。

指令通常并不直接给出操作数，而是给出操作数的存放地址。寻找操作数地址的方式称为寻址方式，寻找的目的是为了得到操作数。本章还介绍了 8086 的 6 种基本寻址方式：立即数寻址、寄存器寻址、直接寻址、寄存器间接寻址、相对寻址、基址变址寻址。在学习本章时，要弄清这 6 种寻址方式的区别和特点，重点掌握存储器寻址方式中的有效地址和物理地址的计算方法。

指令系统是程序设计的基础，要想编出高质量的程序，就必须清楚地了解计算机的指令系统。Intel 8086 微处理器的指令系统中有 99 条指令，按功能分为 6 类：数据传送指令、算术运算指令、逻辑运算指令、串操作指令、控制转移指令、处理器控制指令。本章只介绍了数据传送类指令及 DOS 系统功能调用指令的应用，其他指令将在程序设计中介绍。4.4～4.7 节介绍了 80286、80386、80486 和 Pentium 微处理器的新增指令及应用情况。

习题4

1．名词解释：操作码、操作数、立即数、寄存器操作数、存储器操作数

2．什么叫寻址方式？8086 指令系统有哪几种和数据有关的寻址方式？

3．设(DS)=1000H，(BX)=2865H，(SI)=0120H，偏移量 D=47A8H，试计算下列各种寻址方式下的有效地址并在右边答案中找出正确的答案，将其序号填入括号内：

（1）使用 D 的直接寻址　　　　　　　　　　　（　　）A　2865H

（2）使用 BX 的寄存器寻址　　　　　　　　　　（　　）B　700DH

（3）使用 BX 和 D 的寄存器相对寻址　　　　　　（　　）C　47A8H

（4）使用 BX、SI 和 D 的相对基址变址寻址　　　（　　）D　2985H

（5）使用 BX、SI 的相对寻址　　　　　　　　　（　　）E　712DH

4．指出下列指令的正误，对错误指令说明错误原因。

（1）MOV　　DS,100　　　　　　　　　　（2）MOV　　[1200],23H

（3）MOV　　[1000H],[2000H]　　　　　　（4）MOV　　1020H,CX

（5）MOV　　AX,[BX+BP+0100H]　　　　（6）MOV　　CS,AX

（7）PUSH　　AL　　　　　　　　　　　（8）PUSH　　WORD　PTR[SI]

（9）OUT　　CX,AL　　　　　　　　　　（10）IN　　　AL,[80H]

（11）MOV　　CL,3300H　　　　　　　　（12）MOV　　AX,2100H[BP]

（13）MOV　　DS,ES　　　　　　　　　　（14）MOV　　IP,2000H

（15）PUSH　　CS　　　　　　　　　　　（16）POP　　　CS

5．选择题，将正确答案的字母序号填入括号内。

（1）下列指令中操作数在代码段中的是（　　　）。

　　A．MOV　AL,25H　　　　　　　　B．ADD　AH,BL

　　C．INC　DS:[25]　　　　　　　　　D．CMP　AL,BL

（2）用 MOV 指令将十进制数 89 以组合型 BCD 码格式送入 AX，正确的指令是（　　　）。

　　A．MOV　AX，0089　　　　　　　　B．MOV　AX,0809

　　C．MOV　AX，0089H　　　　　　　D．MOV　AX,0809H

（3）寄存器间接寻址中，操作数在（　　　）中。

　　A．通用寄存器　　　　B．堆栈　　　　C．主存单元　　　　　D．段寄存器

（4）运算型指令的寻址和转移型指令的寻址的不同点在于（　　　）。

　　A．前者取操作数，后者决定程序的转移地址

　　B．后者取操作数，前者决定程序的转移地址

　　C．两者都是取操作数

　　　　D．两者都是决定程序的转移地址

　　（5）直接、间接、立即三种寻址方式指令的执行速度由快至慢的排序为（　　）。

　　　　A．直接、立即、间接　　　　　　　　B．直接、间接、立即

　　　　C．立即、直接、间接　　　　　　　　D．不一定

　　（6）JMP　WORD　PTR[DI]的源操作数的物理地址是（　　）。

　　　　A．16D×(DS)+(BX)+(SI)　　　　　　B．16D×(ES)+(BX)+(SI)

　　　　C．16D×(SS)+(BX)+(SI)　　　　　　D．16D×(CS)+(BX)+(SI)

　　6．现有(DS)=2000H，(BX)=0100H，(SI)=0002H，(20100H)=12H，(20101H)=34H，(20102H)=56H，(20103H)=78H，(21200H)=2AH，(21201H)=4CH，(21202H)=B7H，(21203H)=65H，试说明下列指令执行后，AX 寄存器中的内容。

　　（1）MOV　　　AX,1200H

　　（2）MOV　　　AX,BX

　　（3）MOV　　　AX,[1200H]

　　（4）MOV　　　AX,[BX]

　　（5）MOV　　　AX,1100H[BX]

　　（6）MOV　　　AX,[BX+SI]

　　（7）MOV　　　AX,[1100H+BX+SI]

　　7．假设(DS)=2000H，(ES)=2100H，(SS)=1500H，(SI)=00A0H，(BX)=0100H，(BP)=0010H，数据段中变量名 VAL 的偏移地址为 0050H，试指出下列源操作数字段的寻址方式是什么？其物理地址是多少？

　　（1）MOV　AX, 0ABH　　　　　　　（2）MOV　AX, BX

　　（3）MOV　AX, [100H]　　　　　　　（4）MOV　AX, VAL

　　（5）MOV　AX, [BX]　　　　　　　　（6）MOV　AX, ES:[BX]

　　（7）MOV　AX, [BP]　　　　　　　　（8）MOV　AX, [SI]

　　（9）MOV　AX, [BX+10]　　　　　　（10）MOV　AX, VAL[BX]

　　（11）MOV　AX, [BX][SI]　　　　　　（12）MOV　AX, VAL[BX][SI]

　　8．假设下列程序执行前，(SS)=8000H，(SP)=2000H，(AX)=7A6CH，(DX)=3158H。执行下列程序段，画出每条指令执行后，寄存器的内容和堆栈存储的内容的变化情况，执行完毕后,(SP)为多少？

PUSH　AX

PUSH　DX

POP　　BX

POP　　CX

　　9．假设下列指令执行前，(CS)=1000H，(DS)=6000H，(BX)=1766H，ALPHA=75H，(617C6H)=46H，(617C7H)=01H，(617C8H)=00H，(617C9H)=20H，(6183BH)=70H，(6183CH)=17H，试写出下列无条件转移指令执行后 CS 和 IP 的值。

　　（1）EBE7　JMP　SHORT　AGAIN

　　　　CS=（　　　　　　　　），IP=（　　　　　　　　　）

　　（2）E90016　JMP　NEAR　PTR　OTHER

　　　　CS=（　　　　　　　　），IP=（　　　　　　　　　）

　　（3）E3　JMP　BX

CS=（　　　　　　　　），IP=（　　　　　　　　　）

（4）EA46010020　JMP　FAR　PROB

CS=（　　　　　　　　），IP=（　　　　　　　　　）

（5）FF67　JMP　WORD　PTR　ALPHA[BX]

CS=（　　　　　　　　），IP=（　　　　　　　　　）

（6）FFEB　JMP　DWORD　PTR[BX]

CS=（　　　　　　　　），IP=（　　　　　　　　　）

第 5 章　伪指令及汇编语言程序结构

本章从汇编语言和汇编程序的基本概念出发，重点介绍汇编语言程序的书写规则、基本表达方法、指令、伪指令、上机的操作环境等相关知识。通过本章的学习，读者应掌握以下内容：

- 汇编语言和汇编程序的基本概念
- 汇编语言源程序的书写规则、语句格式及程序分段
- 符号定义、数据定义、段定义、程序开始和结束、过程定义等伪指令语句的格式、功能及应用
- 汇编语言源程序的建立、汇编、连接、调试及运行

5.1　汇编语言和汇编程序

5.1.1　汇编语言

汇编语言是一种面向 CPU 指令系统的程序设计语言，它采用指令系统的助记符来表示操作码和操作数，用符号地址表示操作数地址，因而易记、易读、易修改，给编程带来很大方便。

实际上，由汇编语言编写的程序称为汇编语言源程序，它就是机器语言程序的符号表示，汇编语言源程序与其经过汇编所产生的目标代码程序之间是一一对应关系。

汇编语言源程序能够直接利用硬件系统的特性对位、字节、字寄存器、存储单元、I/O 端口等进行处理，同时也能直接使用 CPU 指令系统和指令系统提供的各种寻址方式编制出高质量的程序，这种程序不但占用内存空间少，而且执行速度快。

汇编语言源程序虽然比机器语言程序直观、易懂、便于交流和维护，但不能像机器语言那样直接被计算机识别和执行，必须借助于一种系统通用软件（汇编程序）的翻译变成机器语言程序（目标程序）才能执行。

5.1.2　汇编程序

汇编语言源程序在输入计算机后，需要将其翻译成目标程序，计算机才能执行相应指令，这个翻译过程称为汇编，完成汇编任务的程序称为汇编程序。目前常用的汇编程序有 Microsoft 公司推出的宏汇编程序 MASM（Macro Assembler）和 Borland 公司推出的 TASM（Turbo Assembler）两种，它们之间在多数情况下是兼容的。本书采用 MASM 来说明汇编程序所提供的伪操作和操作符。

汇编程序和汇编语言源程序是两回事，汇编程序是将汇编语言源程序翻译成机器能够识

别和执行的目标程序的一种系统程序。

　　汇编程序以汇编语言源程序文件作为输入，并由它产生两种输出文件：目标程序文件和源程序列表文件。目标程序文件经连接定位后由计算机执行；源程序列表文件将列出源程序、目标程序的机器语言代码及符号表。符号表是汇编程序所提供的一种诊断手段，它包括程序中所用的所有符号和名字以及这些符号和名字所指定的地址。如果程序出错，可以较容易地从这个符号表中检查出错误。因此，汇编程序作为最早也是最成熟的一种系统软件，它的主要功能有：

　　（1）检查源程序。

　　（2）测出源程序中的语法错误，并给出出错信息。

　　（3）产生源程序的目标程序，并可给出列表文件（同时列出汇编语言和机器语言的文件，称为 LIST 文件）。

　　（4）展开宏指令。

　　实际上，汇编程序不仅能识别助记符指令，而且能识别汇编程序提供的、对汇编过程起控制作用的汇编命令，即伪指令。

　　在编写源程序时，要严格遵守汇编语言程序的书写规范，否则就会出错。

5.2　汇编语言语句格式

　　8086 宏汇编 MASM 使用的语句可以分成 3 种类型：指令语句、伪指令语句和宏指令语句。

　　（1）指令语句：这类指令能够产生目标代码，是 CPU 可以执行的能够完成特定功能的语句，主要由机器指令组成。在汇编时，一条指令语句被翻译成对应的机器码，对应着机器的一种操作。

　　（2）伪指令语句：伪指令语句不像机器指令那样是在程序运行期间由计算机来执行，而是在汇编程序对源程序汇编期间由汇编程序处理的操作，它们可以完成如处理器选择、定义程序模式、定义数据、分配存储区、指示程序结束等功能，但不产生目标代码。

　　伪指令语句也可以由标号、伪指令和注释 3 部分组成，但伪指令语句的标号后面不能有冒号，这是伪指令语句和指令语句的一大差别。

　　例如：

VAR1 DB 20H

　　这条指令是给变量 VAR1 分配一个字节的存储单元，并赋值为 20H。

　　这是一条完整的伪指令语句，VAR1 是它的名字部分，它代表由伪指令 DB 分配的那个单元的符号地址，又叫做变量名。这条语句经汇编后，为 VAR1 分配一个字节单元，并将初始值 20H 装入其中。在机器代码中，这条语句不会出现，它的功能在汇编时已全部完成。

　　（3）宏指令语句：宏指令语句由标号、宏指令和注释组成。

　　宏指令语句是由编程者按照一定的规则来定义的一种较"宏大"的指令。一般来说，一条宏指令包括多条指令或伪指令。

　　在程序中，往往需要在不同地方重复某几条语句的使用。为使源程序书写精练、可读性好，可以先将这几条语句定义为一条宏指令。在写程序时，凡是出现这几条语句的地方，可以用宏指令语句来代替。在汇编时，汇编程序按照宏指令的定义，在出现宏指令的地方将其展开还原。

　　因此，从源程序的书写来看，利用宏指令节省了篇幅，使程序简明扼要。但是这并不意味着该程序的目标代码文件缩小，使用宏指令并不能节省内存空间。关于宏指令的使用，将在后续章节详细介绍。

一般情况下，汇编语言的语句可由 1～4 部分组成：

[名字]　操作码项　[操作数项]　[;注释]

名字项是一个符号；操作码项是一个操作码的助记符，它可以是指令、伪操作或宏指令；操作数项由一个或多个表达式组成，它提供为执行所要求的操作而需要的信息；注释项用来说明程序或语句的功能，分号（;）用来识别注释项的开始，也可以从一行的第一个字符开始，此时整行都是注释，常用来说明下面一段程序的功能。

其中带方括号的部分表示任选项，既可以选用，也可以不用。

5.2.1　名字项

名字项可以是语句标号或变量。标号是可执行指令语句的符号地址，在代码段中定义，用作转移指令或调用指令的操作数，表示转移地址；变量通常是指存放数据的存储器单元符号地址，它在除代码段以外的其他段中定义，可以用作指令的操作数。名字和变量统称为标识符。

1. 组成名字的字符及规则

它是由字母打头的字符串，可由下列字符组成：

①字母 A～Z 和 a～z。

②数字 0～9。

③专用字符 ?、.、@、一、$。

除数字 0～9 外，其他字符都可以放在名字的第一个位置。字符"."只能出现在名字的第一个位置，其他位置不允许出现。名字最长由 31 个字符组成。汇编程序对 31 个以后的字符不予理会，所以当两个名字的前 31 个字符完全相同而从第 32 个字符开始有不同字符时，汇编程序将它们视为同一个名字。

2. 标号和变量的区别

标号是某条指令所存放单元的符号地址，而变量是某操作数所存放单元的符号地址。在汇编语言程序中，指令语句中的名字一般采用标号，这个标号可以是任选的，即可以不写。标号出现在代码段，后面跟着冒号":"。

伪指令语句中的名字可以是变量名、段名、过程名、符号名等，可以是规定必写、任选或省略，这取决于具体的伪指令。而伪指令语句中名字之后不要用冒号":"。

例如：

LAB1：MOV　AX,2050H

这是一条指令语句，标号 LAB1 是它的名字，也就是这条指令第一字节的符号地址。

例如：

VAR1　DW　1200H

这是一条伪指令语句，变量 VAR1 是它的名字，VAR1 后面不跟冒号":"。VAR1 也是一个符号地址，伪操作符 DW 将一个字 1200H 定义给 VAR1 和相邻的 VAR1+1 两个单元，即在 VAR1 单元中放数 00H（低字节），在 VAR1+1 单元中放数 12H（高字节）。

一个标号与一条指令的地址相联系，因此，标号可以作为 JMP 指令和 CALL 指令的操作数。伪指令语句中的名字一般不作为 JMP 指令和 CALL 指令的操作数，但在间接寻址时可以使用。

应当注意，在同一个程序中，同样的标号或变量的定义只允许出现一次，否则汇编程序会指示出错。

3. 标号和变量的属性

标号和变量都有 3 种属性：段属性、偏移属性和类型属性。

段属性：该属性定义了标号和变量的段起始地址，其值必须在一个段寄存器中。标号的段是它所出现的对应代码段，所以由 CS 指示。变量的段可以是 DS、ES、SS、CS，通常由 DS 或 ES 指示。

偏移属性：该属性表示标号和变量相距段起始地址的字节数，该数是一个 16 位无符号数。

类型属性：该属性对于标号而言，用于指出该标号是在本段内引用还是在其他段中引用。标号的类型有 NEAR（段内引用）和 FAR（段外引用）两种。对于变量，其类型属性说明变量有几个字节长度。这一属性由定义变量的伪指令 DB（定义字节型）、DW（定义字型）、DD（定义双字型）等确定。

5.2.2   操作码项

操作码项可以是指令、伪指令和宏指令的助记符。

指令是指 CPU 指令系统中的指令，汇编程序将其翻译成对应的机器语言指令。伪指令则不能翻译成对应的机器码，它只是在汇编过程中完成相应的控制操作，所以又称为汇编控制指令。例如，定义数据、分配存储单元、定义一个符号以及控制汇编结束等。宏指令则是有限的一组指令（机器指令、伪指令）定义的代号，汇编时将根据其定义展开成相应的指令。

5.2.3   操作数项

操作数项是操作符的操作对象。操作符在完成相应的操作时要求有一系列的操作数。当有两个或两个以上的操作数时，各操作数之间用逗号隔开。对于指令语句，操作数项一般给出操作数地址，可能是一个、多个或一个也没有。对于伪指令和宏指令语句，操作数项则给出所要求的参数。

操作数一般有常数、寄存器、标号、变量和表达式等几种形式。

1. 常数

常数是操作数位置出现的数值数据或字符型数据，其值在汇编时已完全确定，程序运行过程中不会发生变化。

在 8086 宏汇编中，允许有以下几种常数：

（1）二进制常数：是一串 0 和 1 数字的组合，以字母 B 结尾。

（2）八进制常数：由数字 0～7 组成，必须以字母 O 结尾。

（3）十进制常数：这是最常用的一种常数，后跟字母 D 或不跟任何字母。

（4）十六进制常数：由数字 0～9 和字母 A～F 组成，这类数据必须以字母 H 结尾。

（5）字符串常数：用单引号括起来的字符以及字符串，其各个字符的 ASCII 码值构成字符串常数。字符串常数可以和整数常数等价使用，但这些字符串常数的长度必须为一个字节或一个字，以便与目标操作数的长度相匹配。

在指令中，常数通常被称为立即数，它只能用作源操作数，不能作为目标操作数。它的允许取值范围由指令中的目标操作数的形式自动确定为 8 位或 16 位。

总之，常数主要以立即数、位移量的形式出现在指令语句或伪指令语句中。

2. 表达式和运算符

由运算对象和运算符组成的合法式子就是表达式，分为数值表达式和地址表达式两种。数值表达式的运算结果是一个数，地址表达式的运算结果是一个存储单元的地址。表达式的运算结果在汇编的过程中计算出来。

在表达式中，运算符充当着重要的角色。8086 宏汇编有算术运算符、逻辑运算符、关系运算符、分析运算符和综合运算符五种。

（1）算术运算符。算术运算符用于完成算术运算，有+（加法）、−（减法）、×（乘法）、/（除法）、MOD（求余）、SHL（左移）、SHR（右移）七种运算，其中加、减、乘、除运算都是整数运算，结果也是整数；除法运算得到的是商的整数部分；求余运算是指两数整除后所得到的余数。

算术运算符可以用于数字表达式或地址表达式。它们可以直接对数值进行运算，但在用于地址表达式时，只有加法和减法才具有实际意义，并且要求进行加减的两个地址应在同一段内，否则运算结果就不是一个有效地址了。但也应注意其物理意义，地址±数字量是在原地址基础上偏移若干个单元；如果把两个地址相加是无意义的，两个地址相减则得到两个单元间的距离，结果是数值。另外还要注意，若在表达式中出现两个地址，则这两个地址应在同一个段内。

【例 5-1】 如下程序段介绍了算术运算符的使用方法。

```
DATA    SEGMENT
        BUF    DB 2,3,5,7,4
DATA    ENDS
CODE    SEGMENT
        ...
        MOV    AL,BUF+3
        MOV    AH,3*2-5 MOD 3
        MOV    BH,0101B    SHL 4
        MOV    BL,01010000B SHR 4
        ...
```

（2）逻辑运算符。逻辑运算符的作用是对其操作数进行按位操作。它与指令系统中的逻辑运算指令是不同的，它在运算后产生一个逻辑运算值，供给指令操作数使用，但不影响标志位。要注意的是，对地址不能进行逻辑运算，逻辑运算只能用于数字表达式中。此外，逻辑运算是在汇编时完成的，表达式的值由汇编程序确定，而逻辑指令是在程序执行时完成逻辑操作的。逻辑运算符有 AND（与）、OR（或）、XOR（异或）和 NOT（非）。其中 NOT（非）是单操作数运算符，其他 3 个逻辑运算符为双操作数运算符。

指令 MOV AX,00FFH AND 0FF00H 汇编为：MOV AX,0000H。

指令 MOV AL,35H XOR 0FH 汇编为：MOV AL,0CAH。

（3）关系运算符。关系运算符有 EQ（相等）、NE（不等于）、LT（小于）、GT（大于）、LE（小于或等于）、GE（大于或等于）六种。

关系运算符都是双操作数运算，两个操作数必须都是数字或两个同一段内的存储器地址，对两个性质不同的项目进行关系比较是没有意义的。关系运算的结果只能是两种情况：关系成立或不成立。当关系成立时运算的逻辑结果值为真，用 0FFFFH 或 0FFH 表示，关系不成立时结果的逻辑值为假，用 0 表示。

指令 MOV   CX,5 NE 3 汇编为：MOV   CX,0FFFFH，因为 5 不等于 3 的关系成立，所以汇编为 0FFFFH。

指令 MOV   AL,56   LT   24 汇编为：MOV   AL,0，因为 56 小于 24 的关系不成立，所以汇编为 0。

（4）分析运算符。分析运算符是对存储器地址进行运算的。它可以将存储器地址的 3 个重要属性：段、偏移量和类型分离出来，返回到所在的位置作操作数使用，因此分析运算符又称为数值返回运算符。

分析运算符有 5 个：SEG（求段基址）、OFFSET（求偏移量）、TYPE（求变量类型）、LENGTH（求变量长度）和 SIZE（求字节数）。其中 LENGTH 和 SIZE 只对数据存储器地址操作数有效。

1）SEG 运算符：利用运算符 SEG 可以得到一个标号或变量的段地址。

格式：SEG   变量名或标号名

【例 5-2】 已知数据段 DATA 从存储器实际地址 03000H 开始，作如下定义后，用 SEG 运算符求变量所在的段基址。

```
DATA      SEGMENT                    ;定义数据段
          VAR1   DB   10H,18H,25H,34H   ;定义字节数据
          VAR2   DW   2300H,1200H        ;定义字数据
          VAR3   DD   11002200H,33004400H  ;定义双字数据
DATA      ENDS                       ;数据段结束
```

则 MOV   CX,SEG VAR1 汇编成：MOV   BX,0300H；MOV   CX,SEG VAR2 汇编成：MOV   CX,0300H；MOV   DX,SEG VAR3 汇编成：MOV   DX,0300H。

可见，同一段内变量的段基址相同，用 SEG 求出的数值相等。

2）OFFSET 运算符：利用运算符 OFFSET 可以得到一个标号或变量的偏移量。

格式：OFFSET   变量名或标号名

【例 5-3】 对于例 5-2 所定义的数据段，采用 OFFSET 运算符求出变量 VAR1 和 VAR2 的偏移量。

则

```
MOV  BX, OFFSET VAR1       汇编成：MOV   BX,0  ;变量 VAR1 的偏移量是 0
MOV  CX, OFFSET VAR2       汇编成：MOV   CX,4  ;变量 VAR2 的偏移量是 4
MOV  DX, OFFSET VAR3       汇编成：MOV   DX,4  ;变量 VAR3 的偏移量是 8
```

3）TYPE 运算符：TYPE 运算符可以加在变量、结构或标号的前面，所求出的是这些存储器操作数的类型部分。运算符 TYPE 的运算结果是一个数值，这个数值与存储器操作数类型属性的对应关系如表 5-1 所示。

表 5-1   TYPE 返回值与存储器操作数类型的对应关系

存储器操作数类型	TYPE 返回值
字节数据 BYTE（DB 定义）	1
字数据 WORD（DW 定义）	2
双字数据 DWORD（DD 定义）	4
NEAR 指令单元	-1
FAR 指令单元	-2

格式：TYPE 变量、结构或标号名

【例 5-4】 TYPE 运算符应用举例。

①TYPE 运算符加在变量前面，返回的是这个变量所对应的 TYPE 返回值。

对例 5-2 所定义的数据段，有：

TYPE　VAR1=1　　;字节数据
TYPE　VAR2=2　　;字数据
TYPE　VAR3=4　　;双字数据

②TYPE 运算符加在结构前面，返回的是这个结构所包含的字节数。

如以下结构：

```
STUDENT   STRUC
    NAME        DB 'WANG'
    NUMBER     DB  ?
    ENGLISH    DB  ?
    MATHS      DB  ?
    COMPUTER  DB  ?
STUDENT   ENDS
```

则 TYPE STUDENT=8，说明结构 STUDENT 共包含 8 个字节。

③TYPE 运算符加在标号前面，返回的是这个标号的属性是 NEAR 还是 FAR。

当标号的属性是 NEAR 时，TYPE 运算符的返回值为-1；当标号的属性是 FAR 时，TYPE 运算符的返回值为-2。

4）LENGTH 运算符：LENGTH 运算符放在数组变量的前面，可以求出该数组中所包含的变量或结构的个数。

格式：LENGTH　变量

对于变量中用重复操作符 DUP 定义的情况，汇编程序将回送分配给该变量的单元数，而对于其他情况则送 1。

【例 5-5】 定义某个变量 ARRAY 为字节变量，采用重复操作符 DUP 说明该变量的个数。

ARRAY　　DB　10 DUP(?)　　;此时，LENGTH ARRAY 的结果为 10

5）SIZE 运算符：回送分配给该变量的字节数。如果一个变量已经用重复操作符 DUP 加以说明，则利用 SIZE 运算符可以得到分配给该变量的字节总数。如果未用 DUP 加以说明，则得到的结果是 TYPE 运算的结果。

格式：SIZE　变量

计算公式：当使用重复操作符 DUP(?)，括号内的值为单项数据时，可以用以下公式计算变量 ARRAY 的 SIZE 值：

SIZE ARRAY=(LENGTH ARRAY)×(TYPE ARRAY)

【例 5-6】 对于变量 ARRAY，已经定义变量个数为 10，类型为字变量，计算该变量可以得到的字节总数。

ARRAY　　DW　10 DUP(?)

则：SIZE ARRAY=(LENGTH ARRAY)×(TYPE ARRAY)=10×2=20。

（5）属性运算符。属性运算符可以用来建立和临时改变变量或标号的类型以及存储器操作数的存储单元类型，而忽略当前的属性，所以又称为属性修改运算符。有 6 个属性运算符：PTR、段属性前缀、SHORT、THIS、HIGH 和 LOW。

1）PTR 运算符。

格式：类型　PTR　存储器地址表达式

PTR 用来建立一个符号地址，但它本身并不实际分配存储器，只是用来给已分配的存储地址赋予另一种属性。PTR 将它左边的类型指定给右边的地址表达式。这样，PTR 便产生了一个新的存储器地址操作数，这个新的地址操作数具有和 PTR 右边的地址表达式一样的段基址和偏移量，即它们指示的是同一存储单元，但却有不同的类型。

在 PTR 表达式中出现的类型可以是 BYTE、WORD、DWORD、NEAR、FAR 或结构名称。

PTR 右边的地址表达式可以是标号以及作为地址指针的寄存器、变量和数值的各种组合形式。

【例 5-7】 PTR 应用举例。

```
VAR1    DB    30H,40H
VAR2    DW    2050H
...
MOV    AX,WORD PTR VAR1
MOV    BL,BYTE PTR VAR2
```

在此例中，VAR1 为字节变量，对应 VAR1 存储单元保存的数据为 30H，对应 VAR1+1 存储单元保存的数据为 40H；VAR2 为字变量，对应 VAR2 存储单元保存的数据为 2050H。

在传送指令中，从字节变量 VAR1 存储单元和 VAR1+1 存储单元中取出一个字数据，赋给字寄存器 AX；从字变量 VAR2 存储单元中取出一个字节数据，赋给字节寄存器 BL。则有：(AX)=4030H，(BL)=50H。

2）段属性前缀。8086 的寻址方式中，有一些是隐含指出所规定的段寄存器的。例如，若用 BP 作基址寻址的单元，则表明此单元位于堆栈段 SS；而用 BX 作基址寻址的单元，则表明此单元位于数据段 DS。但在某些特例下，需要进行段超越寻址，这时应使用段属性前缀。

格式：段寄存器名称:地址表达式

例如：

```
MOV    AX,ES:[BX+SI]
```

这条指令是把 ES 段中偏移地址为 BX+SI 的单元中的字送 AX 寄存器，而不是到 DS 段去寻址这个单元。

3）SHORT 运算符。运算符 SHORT 用来修饰 JMP 指令中跳转地址的属性，指出跳转地址是在下一条指令地址的-128～+127 个字节范围之内。

格式：SHORT 标号

【例 5-8】 在 JMP 指令中使用 SHORT 运算符来进行短距离跳转。

```
          ...
          JMP    SHORT    NEXT
          ...
NEXT:     ...
```

该例中，使用 SHORT 运算符后，跳转标号 NEXT 与 JMP 指令的距离不能大于 127 个字节。

在 8086CPU 指令系统中，使用 JMP 指令可以实现段间或段内跳转，在段内跳转时，跳转距离可以在±32KB 范围内，若用 SHORT 运算符修饰后，则只能在±127 字节范围内短距离跳转。

4）THIS 运算符。THIS 运算符和 PTR 运算符一样，可以用来建立一个指定类型的存储器地址操作数，而不实际为它分配新的存储单元。用 THIS 建立的存储器地址操作数的段和偏移量部分与目前所能分配的下一个存储单元的段和偏移量相同，但类型由 THIS 指定。

格式：THIS 类型

凡是在 PTR 中可以出现的类型，在 THIS 中也允许出现，即有 NEAR、FAR、BYTE、WORD、DWORD 或结构名称。

【例 5-9】 对同一个数据区，要求既可以字节为单位，又可以字为单位进行存取。

```
AREA1  EQU  THIS  WORD
AREA2  DB   100  DUP(?)
```

此例中，AREA1 和 AREA2 实际上代表同一个数据区，共有 100 个字节，但 AREA1 的类型为 WORD，而 AREA2 的类型为 BYTE。

5）HIGH 和 LOW 运算符。HIGH 和 LOW 被称为字节分离运算符，它接受一个数或地址表达式，HIGH 取高位字节，LOW 取低位字节。

【例 5-10】 定义一个符号常数 COUNT，它等值于 4A83H，将其高低字节分离出来，分别由寄存器 AH 和 AL 保存。

```
COUNT  EQU  4A38H
MOV    AH,HIGH COUNT
MOV    AL,LOW COUNT
```

汇编成：

```
MOV  AH,4AH
MOV  AL,38H
```

以上介绍了常用的算术运算符、逻辑运算符、关系运算符、分析运算符以及综合运算符等，这些运算符和常数、寄存器名、标号、变量一起共同组成表达式，放在语句的操作数字段中。

在汇编过程中，由汇编程序先计算表达式的值，然后再翻译指令。

在计算表达式的值时，计算的优先顺序是非常重要的。如果一个表达式同时具有多个运算符，则按以下规则运算：

● 优先级高的先运算，优先级低的后运算。

● 优先级相同时，按表达式中从左到右的顺序运算。

● 括号可以提高运算的优先级，括号内的运算总是在相邻的运算之前进行。

各种运算符从高到低的优先级排列顺序如表 5-2 所示，表中同一行的运算符具有相等的优先级别。

表 5-2 各类运算符的优先级别

优先级别	运算符
1	LENGTH、SIZE、WIDTH、MASK、(),[ ],<>
2	.（结构变量名后面的运算符）
3	:（段超越运算符）
4	PTR、OFFSET、SEG、TYPE、THIS
5	HIGH、LOW

续表

优先级别	运算符
6	+、－（一元运算符）
7	＊、/、MOD、SHL、SHR
8	+、－（二元运算符）
9	EQ、NE、LT、LE、GT、GE
10	NOT
11	AND
12	OR、XOR
13	SHORT

5.3　伪指令语句

伪指令语句中使用的伪指令，无论其表示形式以及在语句中所处的位置都与 CPU 指令相似，但是两者之间有着重要的区别。首先，CPU 指令是给 CPU 的命令，在运行时由 CPU 执行，每条指令对应 CPU 的一种特定的操作，例如传送、加法、减法等；而伪指令是给汇编程序的命令，在汇编过程中由汇编程序进行处理，例如定义数据、分配存储区、定义段及定义过程等。其次，汇编以后，每条 CPU 指令产生一一对应的目标代码，而伪指令则不产生与之相应的目标代码。

宏汇编程序 MASM 提供了几十种伪指令，根据伪指令的功能，大致可以分为以下几类：

数据定义伪指令、符号定义伪指令、段定义伪指令、过程定义伪指令、宏处理伪指令、模块定义与连接伪指令、处理器方式伪指令、条件伪指令、列表伪指令、其他伪指令。

本节介绍一些常用的基本伪指令。

5.3.1　数据定义伪指令

数据定义伪指令为一个数据项分配存储单元,用一个符号名与这个存储单元相联系且为这个数据提供一个任选的初始值。也可以只给变量分配存储单元，而不赋予特定的值。

常用的数据定义伪指令有 DB、DW、DD、DQ 和 DT 等。

数据定义伪指令的一般格式为：

[变量名]　伪指令　操作数 [,操作数…][;注释]

方括号中的变量名为任选项，它代表所定义的第一个单元的地址。变量名后面不要跟冒号"："。伪指令后面的操作数可以不止一个，如果有多个操作数时，相互之间应该用逗号"，"分开。注释项也是任选的。

1. 定义字节变量伪指令 DB

DB（Define Byte）用于定义变量的类型为字节变量 BYTE，并给变量分配字节或字节串，DB 伪指令后面的操作数每个占有一个字节。

2．定义字变量伪指令 DW

DW（Define Word）用于定义变量的类型为字变量 WORD，DW 伪指令后面的操作数每个占有一个字，即两个字节。在内存中存放时，低位字节在前，高位字节在后。

3．定义双字变量伪指令 DD

DD（Define Double word）用于定义变量的类型为双字变量，DD 伪指令后面的操作数每个占有两个字，即 4 个字节。同样，在内存中存放时，低位字在前，高位字在后。

4．定义四字变量伪指令 DQ

DQ（Define Quadruple word）用于定义变量的类型为 4 字变量，DQ 伪指令后面的操作数每个占有 4 个字，即 8 个字节。同样，在内存中存放时，低位字在前，高位字在后。

5．定义十字节变量伪指令 DT

DT（Define Ten byte）用于定义变量的类型为 10 个字节，DT 伪指令后面的操作数每个占有 10 个字节。一般用于存放压缩的 BCD 码。

操作数段可以是各种形式的数据，也可以不是数据，只表明留多少空间单元，下面分别说明。

（1）操作数可以是常数、表达式或字符串，但每项操作数的值不能超过由伪指令所定义的数据类型限定的范围。

例如，DB 伪指令定义数据的类型为字节，则其范围应该是：

无符号数：0～255

带符号数：-128～+127

给变量赋初值时，如果使用字符串，则字符串必须放在单引号中。另外，超过两个字符的字符串只能用 DB 伪指令定义。

【例 5-11】　在如下所示的数据段中分析数据定义伪指令的使用和存储单元的初始化。

```
DATA SEGMENT              ;定义数据段
    B1   DB   10H,30H      ;存入两个字节 10H,30H
    B2   DB   2 * 3+5      ;存入表达式的值 0BH
    S1   DB   'GOOD! '     ;存入 5 个字符
    W1   DW   1000H,2030H  ;存入两个字 1000H,2030H
    W2   DD   12345678H    ;存入双字 1234H,5678H
    S2   DB   'AB'         ;存入两个字符的 ASCII 码 41H 和 42H
    S3   DW   'AB'         ;存入 42H,41H
DATA ENDS                 ;数据段结束
```

在数据定义的第 1 条和第 2 条语句中，分别将常数和表达式的值赋予一个字节变量。第 3 句的操作数是包含 5 个字符的字符串。第 4 句和第 5 句，分别给字变量和双字变量赋初值。在第 6 句和第 7 句中，注意伪指令 DB 和 DW 的区别，虽然操作数均为"AB"两个字符，但存入变量的内容各不相同。

（2）问号"？"也可以作为数据定义伪指令的操作数，此时仅给变量保留相应的存储单元，而不赋予变量某个确定的初值。

例如：

```
ABD    DB   12H,?,?
DFF    DW   ?
```

（3）操作数字段也可以采用重复操作符"DUP"来复制某个（或某些）操作数。

格式为：n　DUP(初值[,初值…])

圆括号中为重复的内容，n 为重复次数。如果用"n DUP(?)"作为数据定义伪指令的唯一操作数，则汇编程序产生一个相应的数据区，但不赋予任何初始值。此外，重复操作符"DUP"可以嵌套。

【例 5-12】　在如下所示的数据段中分析重复操作符"DUP"的使用和存储单元的初始化。

```
DATA SEGMENT                          ;定义数据段
    BUF1  DB   ?                      ;分配字节变量存储单元，不赋初值
    BUF2  DB   8   DUP(0)             ;分配字节变量存储单元，赋初值为 0
    BUF3  DW   5   DUP(?)             ;分配字变量存储单元，不赋初值
    BUF4  DW   10 DUP(0,1,?)          ;分配字变量存储单元，对其初始化
    BUF5  DB   50 DUP(2,2 DUP(4),6)   ;分配字节变量存储单元，对其初始化
DATA ENDS                             ;数据段结束
```

数据段中的第 2 条语句给字节变量 BUF2 分配 8 个存储单元，并赋初值为 0。第 3 句给字变量 BUF3 分配 5 个字单元，即 10 个存储单元，不预先赋初值。第 4 句给字变量 BUF4 分配初始数据为 0、1、？且重复次数为 10 的存储空间，共占 30 个字节。第 5 句给字节变量 BUF5 定义为一个数据区，其中包含重复 50 次的内容：2、4、4、6，共占 200 个字节。

（4）变量的数据属性问题。在数据定义伪操作前面的变量的值是该伪操作前面的变量的值，是该伪操作中的第一个数据项在当前段内的第一个字节的偏移地址。此外，它还有一个类型属性用来表示该语句中的每一个数据项的长度（以字节为单位），因此 DB 伪操作的类型属性为 1，DW 为 2，DD 为 4，DF 为 6，DQ 为 8，DT 为 10。变量表达式的属性和变量是相同的。汇编程序可以用这种隐含的类型属性来确定某些指令是字指令还是字节指令。

例：

```
OPER1  DB   ?,?
OPER2  DW   ?,?
       …
       MOV   OPER1,0
       MOV   OPER2,0
```

则第一条指令应为字节指令，而第二条指令应为字指令。

5.3.2　符号定义伪指令

符号定义伪指令的用途是给一个符号重新命名或定义新的类型属性等。这些符号可以包括汇编语言的变量名、标号名、过程名、寄存器名以及指令助记符等。

常用的符号定义伪指令有 EQU、=、LABLE。

1. EQU 伪指令

EQU 伪指令是给符号名定义一个值，或定义为其他符号名或任何可以求出常数值的表达式，也可以是任何有效的助记符。

格式：名字　EQU　表达式

此后，程序中凡需要用到表达式的地方，就可以用表达式名来代替。因此，利用 EQU 伪指令，可以用一个名字代表一个数值，或用一个较简短的名字来代替一个较长的名字。

【例 5-13】　分析 EQU 伪指令的作用。

COUNT	EQU	100	;COUNT 代替常数 100
VAL	EQU	ASCII-TABLE	;VAL 代替变量 ASCII-TABLE
SUM	EQU	30 * 25	;SUM 代替数值表达式
ADR	EQU	ES:[BP+DI+10]	;ADR 代替地址表达式 ES:[BP+DI+10]
C	EQU	CX	;C 代替寄存器 CX
M	EQU	MOV	;M 代替指令助记符 MOV

如果源程序中需要多次引用某一表达式，则可以利用 EQU 伪指令给其赋一个名字，以代替程序中的表达式，从而使程序更加简洁，便于阅读。以后如果改变了表达式的值，也只需要修改一处，而不必修改多处，使程序易于维护。

需要注意的是，一个符号一经 EQU 伪指令赋值后，在整个程序中不允许再对同一符号重新赋值。

2. =（等号）伪指令

格式：名字=表达式

"="（等号）伪指令的功能与 EQU 伪指令基本相同，主要区别在于它可以对同一个名字重复定义。

例如：	COUNT	EQU	10	;正确，COUNT 代替常数 10
	COUNT	EQU	10+20	;错误，COUNT 不能再次定义
但：	COUNT	=10		;正确，COUNT 代替常数 10
	COUNT	=10+20		;正确，COUNT 可以重复定义

3. LABLE 伪指令

LABLE 伪指令的用途与 TYPE 相同，它使同一个变量或标号可以具有不同的类型属性。

格式：变量名或标号名　LABLE　类型符

变量的类型可以是 BYTE、WORD、DWORD，标号的类型可以是 NEAR 和 FAR。

利用 LABLE 伪指令可以使同一个数据区兼有 BYTE 和 WORD 两种属性，这样，在以后的程序中可以根据不同的需要分别以字节为单位或以字为单位存取其中的数据。

【例 5-14】 用 LABLE 伪指令定义变量和标号。

VAL1	LABLE	BYTE	;VAL1 是字节型变量
VAL2	DW 20	DUP(?)	;VAL2 是字型变量

VAL1 和 VAL2 变量的存储地址相同，但类型不同。

NEXT1	LABLE　FAR	;NEXT1 为 FAR 型标号
NEXT2：	MOV AX,1200H	;NEXT2 为 NEAR 型标号
	…	
	JMP　NEXT2	;段内转移
	JMP　NEXT1	;段间转移

5.3.3　段定义伪指令

段定义伪指令的用途是在汇编语言程序中定义逻辑段，用它来指定段的名称和范围，并指明段的定位类型、组合类型及类别。

常用的段定义伪指令有 SEGMENT、ENDS 和 ASSUME 等。

1. SEGMENT/ENDS 伪指令

使用格式：　段名　[定位类型]　[组合类型]　['类别']

　　　　　…（段内语句系列）

　　　　　段名　ENDS

　　SEGMENT 伪指令用于定义一个逻辑段，给逻辑段赋予一个段名，并以后面的任选项规定该逻辑段的其他特性。

　　SEGMENT 伪指令位于一个逻辑段的开始，ENDS 伪指令则表示一个逻辑段的结束。这两个伪操作总是成对出现，缺一不可，二者前面的段名必须一致。两个语句之间的部分即是该逻辑段的内容。例如，对于代码段，段内语句系列主要有 CPU 指令及其他伪指令；对于数据段和附加数据段，段内语句系列主要有定义数据区的伪指令等。

　　SEGMENT 伪指令后面还有三个任选项，在上面的格式中，它们都放在方括号内，表示可以选择。如果使用了任选项，三者的顺序必须符合格式中的规定。

　　一般情况下，这些说明可以不用，但是如果需要连接程序（LINK）把本程序与其他程序模块相连接时，则需要这些说明。它们是给汇编程序和连接程序的命令，告诉汇编程序和连接程序如何确定解决边界以及如何组合几个不同的段等。

　　（1）定位类型：定位类型选项告诉汇编程序如何确定逻辑段的边界在存储器中的位置，用来规定对段起始边界的要求。

　　定位类型有以下 4 种选择：

　　1）BYTE：表示逻辑段从字节的边界开始，即可以从任何地址开始。此时本段的起始地址紧接在前一个段的后面。

　　2）WORD：表示逻辑段从字的边界开始。两个字节为一个字，此时本段的起始地址最低一位必须是 0，即从偶地址开始。

　　3）PARA：表示逻辑段从一个节的边界开始。通常 16 个字节称为一节，故本段的起始地址最低 4 位必须为 0，应为××××0H。

　　4）PAGE：表示逻辑段从页边界开始。通常 256 个字节称为一页。故本段的起始地址最低 8 位必须为 0，应为××00H。

　　它们表示的段的起始地址为：

　　BYTE=×××× ×××× ××××B

　　WORD=×××× ×××× ×××0B

　　PARA=×××× ×××× 0000B

　　PAGE=×××× ×××× 0000 0000B

　　如果省略定位类型任选项，则默认其为 PARA。

　　（2）组合类型：SEGMENT 伪指令的第二个任选项是组合类型，它告诉汇编程序当装入存储器时各个逻辑段如何进行组合。

　　组合类型共有 6 种选择：

　　1）NONE：表示本段与其他逻辑段不发生关系，每段都有自己的基地址。这是任选项默认的组合类型。

　　2）PUBLIC：连接时，把不同程序模块中具有相同名字的段连接在一起而形成一个段，其连接次序由连接命令指定。每一分段都从小段的边界开始，因此各模块的原有段之间可能存在小于 16 个字节的间隙。

　　3）STACK：其含义与 PUBLIC 基本相同，把不同模块中同名的段组合在一起形成一个堆栈段。该段的长度为原有段的总和，各原有段之间没有 PUBLIC 所连接段中的间隙，而且栈顶可自动指向连接后形成的大堆栈段的栈顶。应当注意，组合类型 STACK 仅限于作为堆栈区域的逻辑段使用。

4）COMMON：连接时，对于不同程序模块中的逻辑段，如果具有相同的段名，则都从同一个地址开始装入，由于同名分段具有相同的起始地址，因而会产生覆盖。最后，COMMON 连接的段的长度等于原来各分段的最大长度，重叠部分的内容取决于排在最后一个段的内容。

5）MEMORY：几个逻辑段连接时，连接程序将把本段定位在被连接在一起的其他所有段之上，如果被连接的逻辑段中有多个段的组合类型都是 MEMORY，则汇编程序只将首先遇到的段作为 MEMORY 段，而其余的段均当作 COMMON 段来处理。

6）AT 表达式：使段的起始地址是表达式所计算出来的 16 位段地址，但它不能指定代码段。例如 AT 5800H，表示本段的段基址为 5800H，则本段从存储器的物理地址 58000H 开始装入。

（3）类别：SEGMENT 伪指令的第三个任选项是类别，类别必须放在单引号内。

类别的作用是在连接时决定各逻辑段的装入顺序。当几个程序模块进行连接时，其中具有相同类别名的逻辑段被装入连续的内存区，类别名相同的逻辑段按出现的先后顺序排列。没有类别名的逻辑段与其他无类别名的逻辑段一起连续装入内存。

2．ASSUME 伪指令

格式：ASSUME　段寄存器名:段名[,段寄存器名:段名[,…]]

对于 8086CPU 而言，以上格式中的段寄存器名可以是 CS、DS、SS、ES。段名可以是曾用 SEGMENT 伪指令定义过的某一个段名或组名以及在一个标号和变量前面加上分析运算符 SEG 所构成的表达式。

ASSUME 伪指令只是指定某个段分配给哪一个段寄存器。当汇编程序汇编一个逻辑段时，即可利用相应的段寄存器寻址该逻辑段中的指令或数据。在一个源程序中，ASSUME 伪指令应该放在可执行程序开始位置的前面。

还需要指出一点，ASSUME 伪指令只是通知汇编程序有关段寄存器与逻辑段的关系，并没有给段寄存器赋予实际的初值。所以，在程序的操作部分要用 MOV 指令来完成给段寄存器赋初值，如 DS、ES 和 SS。但 CS 寄存器的值在程序初始化时由汇编程序自动给出，因此一般不在程序中赋值。SS 寄存器可以不用 ASSUME 伪指令，此时利用系统设置的堆栈。

5.3.4　过程定义伪指令

在程序设计中，经常将一些重复出现的语句组定义为子程序。子程序又称为过程，可以采用 CALL 指令来调用。

1．过程定义伪指令 PROC/ENDP 的格式

格式：过程名　　PROC　　[NEAR]/FAR
　　　　　　　　　…（语句系列）
　　　　　　　　　　RET
　　　　　　　　　…（语句系列）
　　　　过程名　　ENDP

其中，PROC 伪指令定义一个过程,赋予过程一个名字,并指出该过程的类型属性为 NEAR

或 FAR。如果没有特别指明类型，则认为过程的类型是 NEAR。伪指令 ENDP 标志过程的结束。上述两个伪指令必须成对出现，它们前面的过程名必须一致。

2. 过程的调用

当一个程序段被定义为过程后，程序中的其他地方则可以用 CALL 指令来调用这个过程。调用一个过程的格式为：

CALL　过程名

过程名实质上是过程入口的符号地址，它和标号一样，也有三种属性：段属性、偏移量属性、类型属性。过程的类型属性可以是 NEAR 或 FAR。

一般来说，被定义为过程的程序段中应该有返回指令 RET，但不一定是最后一条指令，也可以有不止一条 RET 指令。执行 RET 指令后，控制返回到原来调用指令的下一条指令。过程的定义和调用均可以嵌套。

5.3.5　结构定义伪指令

结构就是相互关联的一组数据的某种组合形式。使用结构，需要进行结构的定义、结构的预置和结构的引用。

1. 结构的定义

用伪指令 STRUC 和 ENDS 把相关数据定义语句组合起来，便构成一个完整的结构。

格式：结构名　　STRUC
　　　　…（数据定义语句序列）
　　　结构名　　ENDS

【例 5-15】　用结构制作一张学生成绩表，学生信息包括姓名、学号、各门课成绩。

```
STUDENT  STRUC
    NAME1        DB 'WANG'
    NUMBER       DB ?
    ENGLISH      DB ?
    MATHS        DB ?
    COMPUTER     DB ?
STUDENT  ENDS
```

此例中，STUDENT 称为结构名，数据定义语句序列中的变量名叫做结构字段名。

一个结构经过定义后，仅仅告诉汇编程序存在着这样一种形式的结构变量，并不为它分配实际的存储单元。这一点和宏指令的定义很相似。因此，在使用结构之前仅定义是不够的，还必须进行预置——即分配实际的存储单元。

2. 结构的预置

结构的定义完成以后，就好像在某些高级语言中完成了某些数据类型的定义，在汇编语言中，结构这个数据类型是通过结构变量来使用的。

对结构进行预置的格式如下：

结构变量名　结构名 (字段值表)

其中：

①结构名是结构定义时用的名字。

②结构变量名是程序中具体使用的变量，它与具体的存储空间以及数据相联系，程序中可

以直接引用它。

③字段值表用来给结构变量赋初值，表中各字段的排列顺序以及类型应该与结构定义时一致，各字段之间以逗号分开。

通过结构预置语句可以对结构中的某些字段进行初始化，但通过预置进行结构变量的初始化有一定的限制和规定：

①在结构定义中具有一项数据的字段才能通过预置来代替初始定义的值，而用 DUP 定义的字段或一个字段后有多个数据项的字段，则不能在预置时修改其定义时的值。

【例 5-16】 结构定义中结构变量初值的预置。

```
DATA    STRUC
    A1    DB    30H                  ;简单元素，可以修改
    A2    DB    10H,20H              ;多重元素，不能修改
    A3    DW    ?                    ;简单元素，可以修改
    A4    DB    'ABCD'               ;可用同长度的字符串修改
    A5    DW    10 DUP(?)            ;多重元素，不能修改
DATA    ENDS
```

若有些字段的内容采用定义时的初值，则在预置语句中这些字段的位置仅写一个逗号即可。若所有的字段都如此，则仅写一对尖括号即可。

【例 5-17】 对前面定义的 STUDENT 结构，采用结构变量来代表学生的信息。设有三个学生，则可有：

```
S1    STUDENT <'ZHANG',11,87,90,89>
S2    STUDENT <'WANG',12,68,83,71>
32    STUDENT <'LI',13,92,86,95>
```

这样，就在存储器中为 3 个学生建立了成绩档案，把他们的姓名、学号以及 3 门课成绩都放在了指定的位置。

3. 结构的引用

在程序中引用结构变量和其他变量一样，可以直接写结构变量名。若要引用结构变量中的某一字段，则采用如下形式：

结构变量名·结构字段名

或者，先将结构变量的起始地址的偏移量送到某个地址寄存器，然后再用：

[地址寄存器]·结构字段名

例如：若要引用结构变量 S1 中的 ENGLISH 字段，则以下两种用法都是正确的。

```
（1）MOV    AL, S1·ENGLISH
（2）MOV    BX, OFFSET S1
    MOV    AL, [BX]·ENGLISH
```

5.3.6 模块定义与连接伪指令

在编写规模较大的汇编语言源程序时，可以将整个程序划分为几个独立的源程序，称之为模块，然后将各模块分别进行汇编，生成各自的目标程序，最后将它们连接成为一个完整的可执行程序。各模块之间可以相互进行符号访问，也就是说，在一个模块中定义的符号可以被另一个模块引用。通常称这类符号为外部符号，而将那些在一个模块中定义且只在同一模块中引用的符号称为局部符号。

为了进行模块之间的连接和实现相互的符号访问以便进行变量传送，通常使用 NAME、END、PUBLIC、EXTRN 伪指令。

1. NAME 伪指令

NAME 伪指令用于给源程序汇编以后得到的目标程序指定一个模块名，连接时需要使用这个目标程序的模块名。

格式：NAME　模块名

NAME 的前面不允许再加上标号，如果程序中没有 NAME 伪指令，则汇编程序将 TITLE 伪指令（TITLE 属于列表伪指令）后面"标题名"中的前 6 个字符作为模块名。如果源程序中既没有使用 NAME 伪指令，也没有使用 TITLE 伪指令，则汇编程序将源程序的文件名作为目标程序的模块名。

2. END 伪指令

END 伪指令表示源程序到此结束，指示汇编程序停止汇编，对于 END 后面的语句可以不予理会。

格式：END　[标号]

END 伪指令后面的标号表示程序执行的启动地址。END 伪指令将标号的段基址和偏移地址分别提供给 CS 和 IP 寄存器。方括号中的标号是任选项，如果有多个模块连接在一起，则只有主模块的 END 语句使用标号。

3. PUBLIC 伪指令

PUBLIC 伪指令说明本模块中的某些符号是公共的，即这些符号可以提供给将被连接在一起的其他模块使用。

格式：PUBLIC　符号[,…]

其中的符号可以是本模块中定义的变量、标号或数值的名字，包括用 PROC 伪指令定义的过程名等。PUBLIC 伪指令可以安排在源程序的任何地方。

4. EXTRN 伪指令

EXTRN 伪指令说明本模块中所用的某些符号是外部的，即这些符号在将被连接在一起的其他模块中定义，在定义这些符号的模块中还必须用 PUBLIC 伪指令加以说明。

格式：EXTRN　名字:类型[,…]

其中的名字必须是其他模块中定义的符号，上述格式中的类型必须与定义这些符号的模块中的类型说明一致。

如果为变量，类型可以是 BYTE、WORD、DWORD 等；如果为标号和过程，类型可以是 NEAR 或 FAR；如果是数值，类型可以是 ABS 等。

5.3.7　程序计数器$和 ORG 伪指令

1. 程序计数器$

字符"$"在 8086 宏汇编中具有一种特殊的意义，把它称为程序计数器，用来保存当前正在汇编的指令地址。

汇编程序在对段定义的处理过程中，每遇到一个新的段名，就在段表中填入该段名，同时为该段设置一个初值为 0 的位置计数器。然后，对该段进行汇编，对申请分配存储器的语句及产生目标代码的语句，都将其占用的存储器的字节数累加在该段的位置计数器中。随着汇编的进行，位置计数器的值不断变化，字符"$"表示位置计数器的当前值，它可以在数值表达式中使用。

在程序中，"$"出现在表达式里，其值为程序下一个所能分配的存储单元的偏移地址。例如指令 JNZ $+8 的转向地址是 JNZ 指令的首地址加上 8。

2．ORG 伪指令

ORG 是起始位置设定伪指令，用来指出源程序或数据块的起点。

段内存储器的分配是从 0 开始依次顺序分配的。因此，位置计数器的值是从 0 开始递增累计的。但在程序设计中，若需要将存储单元分配在指定位置，而不是从位置计数器的当前值开始，便可以使用 ORG 语句，利用 ORG 伪指令可以改变位置计数器的值。

格式：ORG   数值表达式

ORG 伪操作可以使下一个字节的地址为数值表达式的值。

【例 5-18】 已知数据段中 VAR1 的偏移量为 2，占 3 个字节，初始数据为 20H、30H、40H；VAR2 的偏移量为 8，占两个字节，初始数据为 5678H。VAR1 和 VAR2 之间有 3 个字节的距离，采用 ORG 完成数据段存储器的分配。

```
DATA   SEGMENT
        ORG 2                       ;预置 VAR1 的偏移地址为 2
    VAR1   DB 20H,30H,40H           ;VAR1 的初始数据
        ORG  $+3                    ;预置 VAR2 的偏移地址为 8
    VAR2   DW 5678H                 ;VAR2 的初始数据
DATA   ENDS
```

5.4 汇编语言程序的段结构

8086 的存储器是分段的，所以 8086 必须按段来组织程序和使用存储器，这就需要有段定义语句。段定义语句的主要伪指令有：SEGMENT、ENDS、ASSUME 和 ORG。其格式如下：

```
Segment name    SEGMENT
                ⋮
Segment name    ENDS
```

SEGMENT 和 ENDS 语句成对使用，把汇编语言源程序分成段。这些段就相当于存储段，在这些段中可分为代码段、数据段、附加段和堆栈段。代码段中存放指令序列和伪指令，对于数据段、附加段和堆栈段一般是存储单元的定义、初始化数据、分配单元数等伪指令。

汇编语言为什么要关心存储器段呢？首先如果有一个段内的转移或调用指令，在指令中只包含新指令单元的 16 位段内偏移地址；而在一个段间的转移和调用指令，还必须包含段地址。其次，使当前数据段和当前堆栈段的数据访问指令，对于 8086 结构来说是最优的，因为它只包含数据单元的 16 位段内偏移地址，任何其他访问指令访问处在可寻址段中的某一个段的数据单元在机器码指令中还必须附加一个段超越前缀。因此，汇编语言必须知道程序的段结构，并知道在各种指令执行时将访问哪一个段，由段寄存器指出这个信息，并由 ASSUME 语句提供。

下面的程序是用 SEGMENT ENDS 和 ASSUME 伪指令来定义代码段、数据段和附加段。

```
MY  DATA      SEGMENT
X             DB           ?
```

```
Y               DW              ?
Z               DD              ?
MY  DATA        ENDS
MY EXTRA        SEGMENT
ALPHA           DB              ?
BETA            DW              ?
GAMMA           DD              ?
MY EXTRA        ENDS
MY  STACK       SEGMENT
                DW              100   DUP(?)
TOP             EQU             THIS WORD
MY  STACK       ENDS
MY  CODE        SEGMENT
                ASSUME   CS: MY CODE,DS:MY DATA
                ASSUME   ES:MY   EXTRA,SS:MY STACK
START:          MOV   AX,SEG X
                MOV   DS,AX
                MOV   AX,SEG ALPHA
                MOV   ES,AX
                MOV   AX,MY STACK
                MOV   SS,AX
                MOV   SP,OFFSET TOP
                ...
MY  CODE        ENDS
                END   START
```

在上例中，程序分为四段，每一段都有段定义伪指令 SEGMENT 和 ENDS 来分段。

5.5 汇编语言程序上机过程

5.5.1 汇编语言的工作环境及上机步骤

1. 硬件环境

目前 8086 汇编语言程序一般多在 IBM PC/XT 及其兼容机上运行,因此要求机器具有一些基本配置就可以了,汇编语言对机器硬件环境没有特殊要求。

2. 软件环境

软件环境主要是指支持汇编语言程序运行和帮助建立汇编语言源程序的一些软件,主要包括以下几个方面:

（1）DOS 操作系统:汇编语言程序的建立和运行都是在 DOS 操作系统的支持下进行的。目前 IBM PC/XT 上流行的是 MS-DOS,因此要首先进入 MS-DOS 状态,然后开始汇编语言的操作。

（2）编辑程序:编辑程序是用来输入和建立汇编语言源程序的一种通用的系统软件,通常源程序的修改也是在编辑状态进行的。

常用的编辑程序有:

①行编辑程序:EDLIN.COM。

②全屏幕编辑程序:EDIT.COM、WORDSTAR、NE.COM、TC.COM 等。

（3）汇编程序：8086 的汇编程序有 TASM.EXE 和宏汇编 MASM.EXE 两种，两者在多数情况下是兼容的，一般选用 MASM.EXE。

（4）连接程序：8086 汇编语言使用的连接程序是 LINK.EXE。

（5）调试程序：这类程序作为一种辅助工具帮助编程者进行程序的调试，通常用动态调试程序 DEBUG.COM。

3. 运行汇编语言程序的步骤

一般情况下，在计算机上运行汇编语言程序的步骤如下：

（1）用编辑程序（例如 EDIT.COM）建立扩展名为.ASM 的汇编语言源程序文件。

（2）用汇编程序（例如 MASM.EXE）将汇编语言源程序文件汇编成用机器码表示的目标程序文件，其扩展名为.OBJ。

（3）如果在汇编过程中出现语法错误，根据错误的信息提示（如错误位置、错误类型、错误说明）用编辑软件重新调入源程序进行修改。没有错误时采用连接程序（例如 LINK.EXE）把目标文件转化成可执行文件，其扩展名为.EXE。

（4）生成可执行文件后，在 DOS 命令状态下直接键入文件名即可执行该文件。

上述过程可用图 5-1 表示。

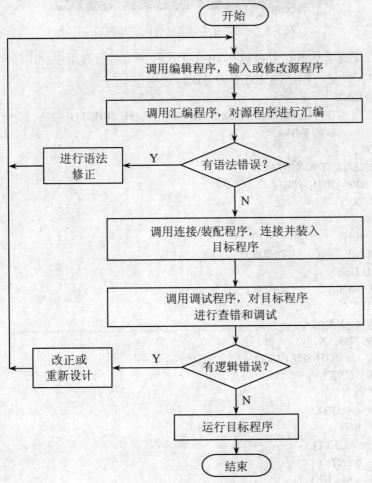

图 5-1　建立、汇编和运行汇编语言程序流程

5.5.2　汇编语言源程序的建立

当启动系统后，进入 DOS 状态，发出下列命令即可进入 EDIT 屏幕编辑软件，然后输入汇编语言源程序：

　　C:\>EDIT

当不指定具体文件名称时，进入 EDIT 状态，用 Alt 键激活命令选项，此时 EDIT 屏幕编辑软件的工作窗口如图 5-2 所示。

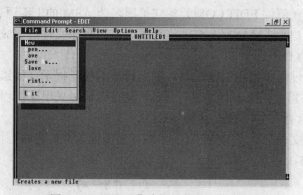

图 5-2　EDIT 屏幕编辑软件的工作窗口

下面给出的程序要求从内存中存放的 10 个无符号字节整数数组中找出最小数，将其值保存在 AL 寄存器中。设定源程序的文件名为 ABC。

```
DATA      SEGMENT
          BUF      DB   23H,16H,08H,20H,64H,8AH,91H,35H,2BH,7FH
          CN       EQU $-BUF
DATA      ENDS
STACK     SEGMENT STACK 'STACK'
          STA DB   10 DUP(?)
          TOP EQU $-STA
STACK     ENDS
CODE      SEGMENT
          ASSUME      CS:CODE,DS:DATA,SS:STACK
START:    PUSH DS
          XOR   AX,AX
          PUSH AX
          MOV   AX,DATA
          MOV   DS,AX
          MOV   BX,OFFSET BUF
          MOV   CX,CN
          DEC   CX
          MOV   AL,[BX]
          INC   BX
LP:       CMP   AL,[BX]
          JBE   NEXT
          MOV   AL,[BX]
```

```
NEXT:   INC   BX
        DEC   CX
        JNZ   LP
        RET
CODE    ENDS
        END   START
```

键入以下命令：

C:\>EDIT ABC.ASM

此时屏幕的显示状态如图 5-3 所示。

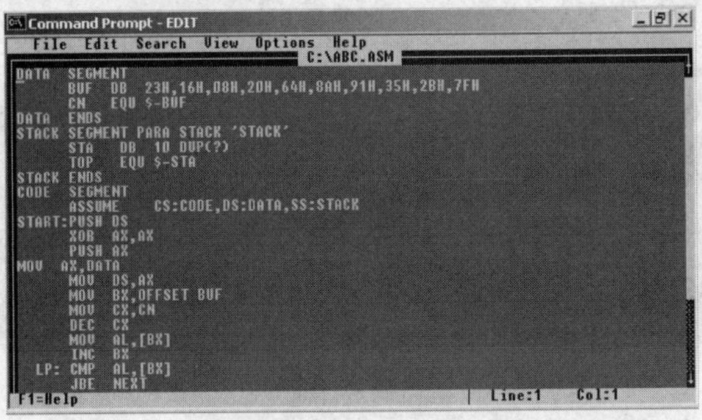

图 5-3　用 EDIT 编辑 ABC.ASM 程序的窗口

程序输入完毕后一定要将源程序文件存入盘中，以便进行汇编及连接，也可以再次调出源程序进行修改。

5.5.3　将源程序文件汇编成目标程序文件

在对源程序文件进行汇编时，汇编程序将对.ASM 文件进行二遍扫描。如果源程序文件中出现语法错误，则汇编结束后将指出源程序中的错误，这时可用编辑程序再次修改源程序中的错误，然后再次汇编，直到最后得到没有错误的目标程序，即扩展名为.OBJ 的文件。

一般情况下，汇编程序的主要功能有以下 3 项：

（1）检查源程序中存在的语法错误，并给出错误信息。

（2）源程序经汇编后没有错误则产生目标程序文件，扩展名为.OBJ。

（3）若程序中使用了宏指令，则汇编程序将展开宏指令。

源程序建立以后，在 DOS 状态下采用宏汇编程序 MASM 对源程序文件进行汇编，其操作过程如图 5-4 所示。

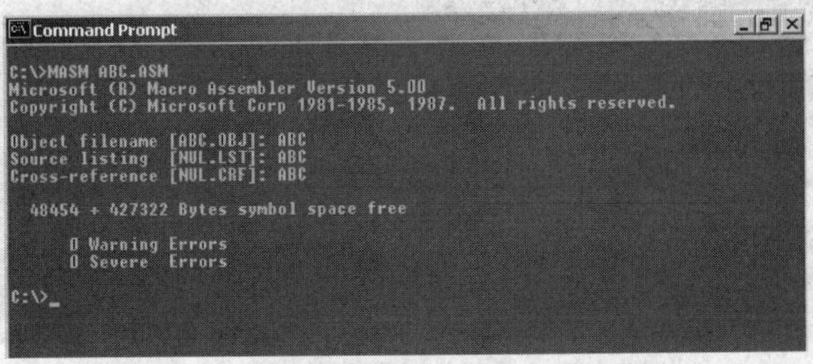

图 5-4　MASM 宏汇编程序的工作窗口

汇编程序调入后，首先显示软件版本号，然后出现三个提示行。

第 1 个提示行是询问目标程序文件名，方括号内为机器规定的默认文件名，通常直接键入回车，表示采用默认的文件名，也可以键入指定文件名。

第 2 个提示行是询问是否建立列表文件，若不建立，可直接键入回车；若要建立，则输入文件名再键入回车。列表文件中同时列出源程序和机器语言程序清单，并给出符号表，有利于程序的调试。

第 3 个提示行是询问是否要建立交叉索引文件，若不建立，直接键入回车；如果要建立，则输入文件名即建立了扩展名为.CRF 的文件。为了建立交叉索引文件，必须调用 CREF.EXE 程序。其操作过程如图 5-5 所示。

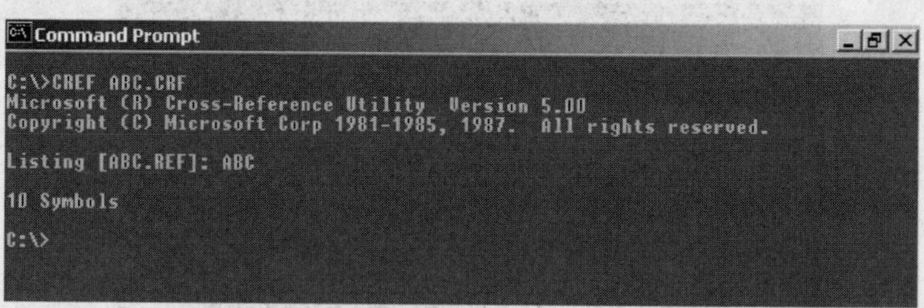

图 5-5 建立 CREF 交叉索引文件的工作窗口

调入汇编程序以后，当逐条回答了上述各提示行的询问之后，汇编程序就对源程序进行汇编。如果汇编过程中发现源程序有语法错误，则列出有错误的语句和错误代码。

汇编过程的错误分警告错误（Warning Errors）和严重错误（Severe Errors）两种。其中警告错误是指汇编程序认为的一般性错误；严重错误是指汇编程序认为无法进行正确汇编的错误，并给出错误的个数、错误的性质。这时，就要对错误进行分析，找出原因和问题，然后再调用屏幕编辑程序加以修改，修改以后再重新汇编，一直到汇编无错误为止。

5.5.4 用连接程序生成可执行程序文件

经汇编以后产生的目标程序文件（.OBJ 文件）并不是可执行程序文件，必须经过连接以后才能成为可执行文件（即扩展名为.EXE）。

连接程序 LINK 并不是专为汇编语言程序设计的，如果一个程序是由若干个模块组成的，也可以通过连接程序把它们连接在一起，这些模块可以是汇编产生的目标文件，也可以是高级语言编译程序产生的目标文件。

连接过程如图 5-6 所示。

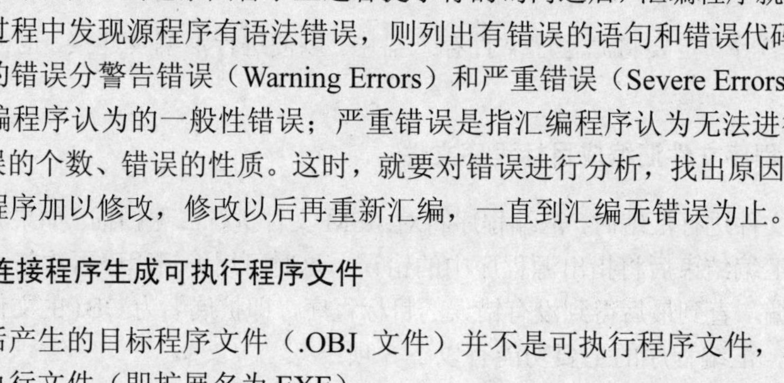

图 5-6 LINK 连接程序的工作窗口

在连接程序调入后，首先显示版本号，然后出现三个提示行。

第 1 个提示行是询问要产生的可执行文件的文件名，一般直接键入回车，采用方括号内规定的隐含文件名即可。

第 2 个提示行是询问是否要建立连接映像文件。若不建立，则直接回车；如果要建立，则键入文件名再回车。

第 3 个提示行是询问是否用到库文件，若无特殊需要，则直接键入回车即可。

上述提示行回答以后，连接程序开始连接，如果连接过程中出现错误，则显示出错信息，根据提示的错误原因，要重新调入编辑程序加以修改，然后重新汇编，再经过连接，直到没有错误为止。连接以后，便可以产生可执行程序文件（.EXE 文件）。

通常情况下，汇编程序连接以后可以产生以下三个文件：

（1）.EXE 文件：这是可以直接在 DOS 操作系统下运行的文件。

（2）.MAP 文件：这是连接程序的列表文件，又称为连接映像文件，它给出每个段在存储器中的分配情况。

（3）.LIB 文件：这是指明程序在运行时所需要的库文件。

5.5.5　程序的执行

当我们建立了正确的可执行文件以后即可直接在 DOS 状态下执行该程序，如：

C:\>ABC

本程序当中没有用到 DOS 中断调用指令，所以在屏幕上看不到程序执行的结果。

我们可以采用调试程序 DEBUG 来进行检查。

5.5.6　程序的调试

在编写汇编语言源程序时产生的错误，除了一般语法错误和格式错误可以用汇编和连接程序发现和指出外，逻辑上的错误都必须用调试程序（DEBUG.COM）来排除。

DEBUG.COM 文件用于试验和检测用户程序，其功能有：

（1）设置断点和启动地址。

（2）单步跟踪。

（3）子程序跟踪。

（4）条件跟踪。

（5）检查修改内存和寄存器。

（6）移动内存以及读写磁盘。

（7）汇编一行和反汇编等。

在 DEBUG 状态下，可以对程序进行动态调试，一边运行一边调试，同时可以观察到各寄存器、内存单元以及各标志位的变化情况。

1. DEBUG 程序的调用

在 DOS 提示符下可以直接键入命令，如图 5-7 所示。

2. DEBUG 的主要命令

表 5-3 列出了 DEBUG 的主要命令及功能。

图 5-7　DEBUG 调试程序的工作窗口

表 5-3　DEBUG 的主要命令及功能

命令名	含义	使用格式	功能
D	显示存储单元命令	-D[address]	按指定地址范围显示存储单元内容
		-D[range]	按指定首地址显示存储单元内容
E	修改存储单元内容命令	-E　address[list]	用指定内容替代存储单元内容
		-E　address	逐个单元修改存储单元内容
F	填写存储单元内容命令	-F range list	将指定内容填写到存储单元
R	检查和修改寄存器内容命令	-R	显示 CPU 内所有寄存器内容
		-R　register　name	显示和修改某个寄存器内容
		-RF	显示和修改标志位状态
G	运行命令	-G[=address1][address2]	按指定地址运行
T	跟踪命令	-T[=address]	逐条指令跟踪
		-T[=address][value]	多条指令跟踪
A	汇编命令	-A[address]	按指定地址开始汇编
U	反汇编命令	-U[address]	按指定地址开始反汇编
		-U[range]	按指定范围的存储单元开始反汇编
N	命名命令	-N　filespecs [filespecs]	将两个文件标识符格式化
L	装入命令	-L address drive sector sector	装入磁盘上的指定内容到存储器
		-L[address]	装入指定文件
W	写命令	-W address drive sector sector	把数据写入磁盘的指定扇区
		-W[address]	把数据写入指定的文件
Q	退出命令	-Q	退出 DEBUG

5.6　汇编语言程序运行实例

　　本节通过一个汇编语言源程序的实际例子来了解汇编语言源程序的建立、汇编、连接、运行的过程。

　　给出的程序是从键盘输入 10 个字符，然后以与键入相反的顺序将 10 个字符输出到显示屏幕上。设定源程序名为 STR.ASM。

（1）用 EDIT 建立汇编语言源程序。在 DOS 状态下调用 EDIT 编辑程序建立文件名为 STR.ASM 的汇编源程序，如图 5-8 所示。

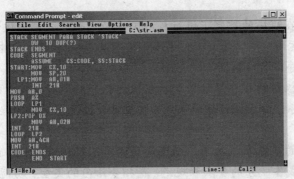

图 5-8　用 EDIT 建立汇编语言源程序

（2）用 MASM 汇编生成目标文件。源程序文件建立完毕后，调用宏汇编程序 MASM 对 STR.ASM 进行汇编，过程如图 5-9 所示。

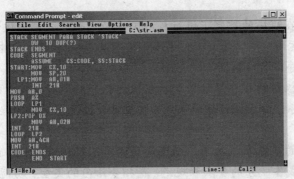

图 5-9　用 MASM 汇编生成目标文件

（3）用 LINK 进行连接生成可执行文件。汇编完毕，程序正确则可以调用 LINK 进行连接，以生成可执行文件 STR.EXE，过程如图 5-10 所示。

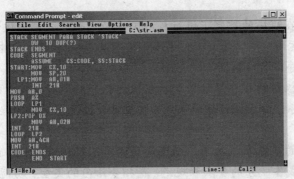

图 5-10　用 LINK 进行连接生成可执行文件

（4）程序的运行。在 DOS 状态下直接键入可执行程序文件名 STR，然后从键盘输入 10 个字符，并将其倒序排列输出，过程如图 5-11 所示。

图 5-11　程序的运行

 **本章小结**

　　任何计算机都是在程序的控制下进行相应工作的，而每种程序设计语言都有自己的特点和运行环境。要熟练运用一种语言进行程序设计，就要熟悉和掌握该种语言的指令系统、语法规则、书写要求和程序运行环境。

　　汇编语言是面向机器的程序设计语言，它使用指令助记符、符号地址及标号编制程序，与机器有着直接的关系。由于执行速度快、面向机器硬件，所以在过程控制、软件开发等应用中得到了广泛的使用。

　　本章从汇编语言的基本表达入手，阐述和讨论了汇编语言源程序的分段书写格式，三种类型的语句及语句组成各成分的要求和规定，伪指令语句的类型、功能和格式规定，指令语句和宏指令语句的一般格式的规定，介绍了汇编语言的工作环境和源程序的建立、汇编、连接、运行、调试等过程。通过学习，读者应该熟悉汇编语言源程序的基本格式，正确运用语句格式来书写程序段，掌握伪指令的功能和应用，并通过上机操作熟悉编辑程序、汇编程序、连接程序和调试程序等软件工具的使用，掌握源程序的建立、汇编、连接、运行、调试等技能，为下一章的程序设计打下良好基础。

 **习题5**

1. 什么叫汇编？汇编程序的功能有哪些？

2. 什么叫基本汇编？什么叫宏汇编？两者之间有何区别？

3. 汇编程序和汇编源程序有什么区别？两者的作用是什么？

4. 一个汇编源程序应该由哪些逻辑段组成？各段如何定义？各段的作用和使用注意事项是什么？

5. 汇编语言源程序的语句类型有哪几种？各自的作用和使用规则是什么？

6. 语句标号和变量应具备的 3 种属性是什么？各属性的作用是什么？如何使用？

7. 怎样在机器上建立、编辑、汇编、连接、运行、调试一个汇编语言源程序？

8. 已知数据段 DATA 从存储器实际地址 02000H 开始，作如下定义：
```
DATA   SEGMENT
     VAR1   DB   2 DUP(0,1,?)
     VAR2   DW   50 DUP(?)
     VAR3   DB   10 DUP(0,1,2 DUP(4),5)
DATA   ENDS
```
求出 3 个变量经 SEG、OFFSET、TYPE、LENGTH 和 SIZE 运算的结果。

9. 已知数据区定义了下列语句，采用图示说明变量在内存单元的分配情况以及数据的预置情况。
```
DATA   SEGMENT
     A1   DB   20H,52H,2 DUP(0,?)
     A2   DB   2 DUP(2,3 DUP(1,2),0,8)
     A3   DB   'GOOD! '
     A4   DW   1020H,3050H
     A5   DD   A3
DATA   ENDS
```

10. 采用示意图来说明下列变量在内存单元的分配以及数据的预置。

```
DATA   SEGMENT
       ORG 4
       VAR1   DW 9
       VAR2   DW 2 DUP(0)
       CONT   EQU 2
       VAR3   DB   CONT DUP(?,8)
       VAR4   DB 2 DUP(?,CONT DUP(0),'AB')
DATA   ENDS
```

11. 已知 3 个变量的数据定义如下所示，分析给定的指令是否正确，有错误时加以改正。

```
DATA   SEGMENT
       VAR1   DB ?
       VAR2   DB 10
       VAR3   EQU 100
DATA   ENDS
```

（1）　MOV　VAR1,AX

（2）　MOV　VAR3,AX

（3）　MOV　BX,VAR1
　　　　MOV　[BX],10

（4）　CMP　VAR1,VAR2

（5）　VAR3　EQU　20

12. 设 VAR1 和 VAR2 为字变量，LAB 为标号，分析下列指令的错误之处，并加以改正。

（1）　ADD　　　　VAR1,VAR2

（2）　MOV　　　　AL,VAR2

（3）　SUB　　　　AL,VAR1

（4）　JMP　　　　LAB[SI]

（5）　JNZ　　　　VAR1

（6）　JMP　　　　NEAR LAB

13. 假设程序中的数据定义如下：

```
LNAME        DB    30  DUP(?)
ADDRESS      DB    30  DUP(?)
CITY         DB    15  DUP(?)
CODE-LIST    DB    1,8,4,3,5
```

（1）用一条 MOV 指令将 LNAME 的偏移地址放入 AX。

（2）用一条指令将 CODE-LIST 的前两个字节的内容放入 SI。

（3）写一条伪指令操作使 CODE-LENGTH 的值等于 CODE-LIST 域的实际长度。

14. 写一完整的程序放在代码段 C-SEG 中，要求把数据段 D-SEG 中的 AUGEND 和附加段 E-SEG 中的 ADDEND 相加，并把结果存放在 D-SEG 中的 SUM 中。其中 AUGEND、ADDEND 和 SUM 均为双精度数，AUGEND 赋值为 99251，ADDEND 赋值为-15962。

15. 试说明下述指令中哪些需要加上 PTR 伪操作。

```
BVAL      DB    10H,20H
WVAL      DW    1000H
```

（1）MOV　AL, BVAL

（2）MOV　DL,[BX]

（3）SUB　[BX],2

（4）MOV　CL,WVAL

（5）ADD　AL,BVAL+1

16. 已知 3 个学生的姓名、学号、3 门课成绩，定义一个结构给出 3 条结构预置语句，将 3 个学生的情况送入 3 个结构变量。

第6章 汇编语言程序设计

本章首先介绍算术运算指令和逻辑运算指令的指令格式和简单应用，然后详细讲述汇编语言程序设计的基本步骤，通过实例分析说明程序的基本结构，按照程序设计的基本步骤设计各种结构程序的方法，并介绍了顺序结构程序设计的方法与实例。主要知识点有：

- 算术运算类指令的格式与应用
- 逻辑运算类指令的格式与应用
- 汇编语言程序设计的基本步骤
- 顺序程序的基本结构和设计方法

6.1 汇编语言程序设计的基本方法和基本步骤

6.1.1 汇编语言程序设计的基本步骤

设计一个良好的程序应该满足设计要求，除了能正常运行和实现指定的功能以外，还应满足：

（1）程序要结构化，简明、易读和易调试。

（2）执行速度快。

（3）占用存储空间少，即存储容量小。

在初期的计算机中，由于存储设备价格昂贵，容量有限，一般要尽量少占用存储空间。随着科学技术和生产技术的发展，半导体存储器的单片容量不断增大，磁盘密度不断提高，而且相应的价格也逐渐下降，因此现在也就不特别注重容量的问题了。但是对有些计算机应用场合，如智能化的仪器仪表、电脑化的家用电器等设备中的监控程序，一般都是采用汇编语言编写程序。这就要求它的功能要强，程序要短，存储容量不能太大，才能达到微型化及价格低的目的。

程序执行速度问题在某些实时控制、跟踪等程序中显得特别突出。例如对一些对象中的某些参数进行实时控制，如果参数变化速度很快，程序执行速度太慢，就会发生失控现象。当然速度和容量有时是矛盾的，要根据实际问题来进行权衡。

用汇编语言设计程序，一般按下述步骤进行：

（1）分析问题，抽象出描述问题的数学模型。分析问题的目的就是求得对问题有一个确切的理解，明确问题的环境限制，弄清已知条件、原始数据、输入信息、对运算精度的要求、处理速度的要求以及最后应获得的结果。

有的实际问题比较简单，有现成的数学公式和数学模型可以利用。当没有现成的公式和模型可以利用时，就需要建立一个模型来描述处理过程。要建立一个复杂的数学模型，往往需要经过若干次实验，取得大量数据，利用数理统计方法对客观现象和过程进行有限度的抽象，既要考虑其普遍性，又要考虑其特殊性，最后归纳总结而成。这个过程有时程序设计人员是不能胜任的，必须由具备实践经验的工程技术人员和数学领域的专家来完成，但程序设计人员必须对已经建立的数学模型有深刻而清晰的理解。

对问题用简洁而严明的数学方法进行严格的或近似的描述，即建立一个数学模型，这样就把一个实际问题变成了能用计算机处理的问题。

（2）确定解决问题的算法或解题思想。所谓算法，就是确定解决问题的方法和步骤。一类问题可以同时存在几种算法，评价算法好坏的指标是程序执行的时间和占用存储器的空间、设计该算法和编写程序所投入的人力、理解该算法的难易程度以及可扩充性和可适应性等。

如果已经有了数学模型，能够直接和间接利用一些现有的计算方法当然是最好不过的事，但有时往往没有现成的计算方法可用，那么就得根据人们在解决实际问题时在逻辑思维的常规推理方法中找出算法。

【例 6-1】　在 100 个字节的无符号整数数组中找出最小数，编写程序。

本例中，若是用人工方法在一组数据中找出最小的数，首先从第一个数开始，假设它是最小数，用它和第二个数作比较，取两个中的最小值。再将这个最小数与下一个数进行比较，保留最小值，一直将全部数组中的数据两两比较完毕，最小的数也就保留下来了。从这个人工比较两个数取小数的过程可以得到如何用计算机来完成这项任务的启发。

现在可以归纳算法为：建立一个数据指针指向数据区的首单元，将第一个数取出送入某个寄存器中，与下一个数作比较，若下一个数较小，就将它取出送入寄存器中，否则寄存器中的内容保持不变。然后调整指针，将寄存器中的数据与指针所指的数进行比较，重复上述过程。这样两两比较下去，直到比较完毕。最后寄存器中就保留下了最小的数。

（3）绘制流程图和结构图。算法或思想确定下来以后，应选择合适的方法将这种算法或思想表达出来。算法可以用自然语言、类程序设计语言或流程图来描述。

自然语言描述算法比较容易理解和进行交流，但自然语言表达时可能存在二义性、不明确性，所以在描述一些复杂情况的算法时，不易追随其中的逻辑流程，并且编写程序也比较困难，因此这种表达方法只适用于对简单问题的描述。

用程序设计语言描述算法比较简洁，但有些程序设计语言的逻辑结构不易看清楚，而且鉴于一种程序设计语言的极限性，交流起来也不太方便。因此，现在通用的方法是使用半自然语言来描述算法，这种半自然语言也称为类程序设计语言。

流程图描述算法是一种传统上常用的方法。流程图是一种用特定的图形符号加上简单的文字说明来表示数据处理过程的方法。它指出了计算机执行操作的逻辑次序，而且表达非常简洁、清晰，设计者可以从流程图上直接了解系统执行任务的全部过程以及各部分之间的关系，便于排除设计错误。

流程图的种类比较多，如逻辑流程图、算法流程图、结构流程图、功能流程图等。对于一个复杂的问题，可以画多级流程图，先画功能框图，再逐步求精画出系统的每一个部分。也就是将一个复杂的问题分解成一个个功能模块，先画出模块间的结构图，再对每一个功能模块画出算法流程图。

本例中的程序流程图比较简单，易于画出，根据算法将解决问题的顺序描述出来即可，具体内容如图 6-1 所示。

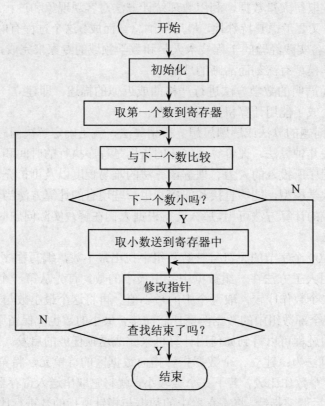

图 6-1   例 6-1 的程序流程图

（4）分配存储空间和工作单元。8086/8088 存储器结构要求存储空间分段使用，因此要分别定义数据段、堆栈段、代码段以及附加段。工作单元可以设置在数据段和附加段中的某些存储单元，也可以设置在 CPU 内部的数据寄存器中。例如在本例中我们把数组存放在数据段，利用 BX 作数据指针，用 CX 作计数器，用 AL 暂存较小数。

（5）编制程序。用计算机的指令助记符或语句实现算法的过程就是编制程序，又称为编程。编制程序时，必须严格按语言的语法规则书写，这样编写出来的程序称为源程序。汇编语言源程序经过汇编后成为机器语言的目标程序，最后经过连接成为可执行程序。

编制汇编程序时要考虑以下几点：

1）程序结构尽可能简单、层次清楚，合理分配寄存器的用途，选择常用、简单、直接、占用内存少、运行速度快的指令序列。

2）尽量采用结构化程序设计方法设计源程序。

3）尽量提高源程序的可读性和可维护性，必要时应提供简明的注释。

（6）程序静态检查。程序编好后，首先要进行静态检查，看程序是否具有所要求的功能、选用的指令是否合适、程序的语法和格式上是否有错误、指令中引用的语句标号名称和变量名是否定义正确、程序执行流程是否符合算法和流程图等，当然也要适当考虑字节数要少执行速度又快的因素。容易产生错误的地方要重点检查。静态检查可以及时发现问题，及时进行修改。静态检查编写的程序没有错误，就可以上机进行运行调试了。

（7）上机调试。汇编语言源程序编制完毕后，送入计算机进行汇编、连接和调试。汇编程序可以检查源程序中的语法错误，调试人员根据指出的语法错误修改程序，直至无语法错误，再利用 DEBUG 调试工具检查程序运行以后是否能达到预期的结果。

对于复杂的问题，往往要分解成若干个子问题，分别由几个人编写而形成若干个程序模块，把它们组装在一起才能形成总体程序。一般来说，总会有这样或那样的问题和错误，这些问题和错误在调试程序中通常都可以及时发现，然后进行修改，再调试再修改，直到所有的问题解决为止。

6.1.2　结构化程序的概念

在计算机发展的初期，由于计算机硬件价格贵、内存容量小、程序运算速度慢，因此要求程序的运行时间尽可能短，占用内存尽可能少。也就是说，当时衡量程序质量好坏的主要标准是占用内存的大小和运行时间的长短。为了达到这一目的，人们挖空心思寻找技巧，这种程序使人们很难理解和消化，造成人力和时间的严重浪费，而且程序设计没有统一的规范，弊端很大。

随着计算机的发展，特别是大规模和超大规模集成电路技术的兴起，使计算机硬件价格大大下降，内存容量不断扩大，运算速度大幅度提高。因此，减少时间和节省内存已不是主要矛盾，而应使程序具有良好的结构、清晰的层次、容易理解和阅读、容易修改和查错，这就对以前的传统设计方法提出了挑战，从而产生了结构化程序设计方法。

所谓结构化程序设计是指程序的设计、编写和测试都采用一种规定的组织形式进行，而不是想怎么写就怎么写。这样，可使编制的程序结构清晰，易于读懂，易于调试和修改，充分显示出结构化程序设计的优点。

在 20 世纪 70 年代初，由 Boehm 和 Jacobi 提出并证明了结构定理，即任何程序都可以由3 种基本结构程序构成结构化程序，这 3 种结构是：顺序结构、分支（条件选择）结构和循环结构。每一个结构只有一个入口和一个出口，3 种结构的任意组合和嵌套就构成了结构化的程序。

1. 顺序结构

顺序结构是按照语句实现的先后次序执行一系列的操作，它没有分支、循环和转移，如图 6-2（a）所示。

2. 分支结构（条件选择结构）

分支结构根据不同情况做出判断和选择，以便执行不同的程序段。分支的意思是在两个或多个不同的操作中选择一个，分为双分支结构和多分支结构，如图 6-2（b）和（c）所示。

3. 循环结构

循环结构是重复执行一系列操作，直到某个条件出现为止。循环实际上是分支结构的一种扩展，循环是否继续是依靠条件判断语句来完成的。按照条件判断的位置，可以把循环分为"当型循环"和"直到型循环"。第一种情况是先作条件判断，第二种情况是先执行一次循环，然后判断是否继续循环，程序流程如图 6-2（d）和（e）所示。

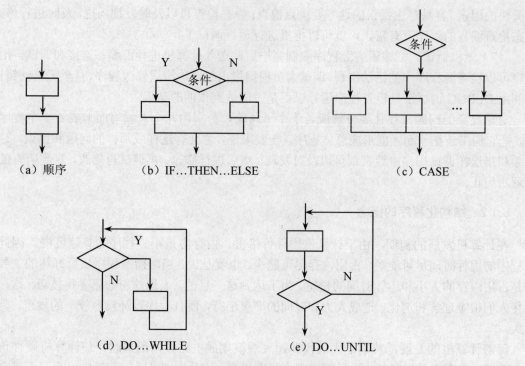

（a）顺序　　　　　　（b）IF…THEN…ELSE　　　　　　　（c）CASE

（d）DO…WHILE　　　　　　（e）DO…UNTIL

图 6-2　五种基本逻辑结构

6.1.3　流程图画法规定

在程序设计过程中，特别是一些大型程序设计过程中，人们往往用流程图作为程序设计的辅助手段。流程图用一些简单形象的图形直观地描述一个程序流向的过程图，还可以描述系统的全局结构。

流程图一般由 4 部分组成：执行框、选择框、起始框和终止框以及指向线。

1. 执行框

执行框中写出某一段程序或某一个模块的功能，其特点是具有一个入口和一个出口。执行框用矩形来表示，如图 6-3（a）所示。

2. 选择框

选择框用来表示进行条件判断，然后产生分支。选择框用菱形框或带尖角的六边形表示，框内写明比较、判断的条件。它有一个入口和两个出口，在每个出口处都要写明条件判断的结果。条件成立，一般用"是"或"Y"表示；若条件不成立，则用"否"或"N"说明。选择框如图 6-3（b）表示。

3. 开始和结束框

表示程序的开始或结束，开始框只有一个出口，没有入口；结束框只有一个入口，没有出口。开始和结束框用带圆弧边的矩形框表示，如图 6-3（c）和（d）所示。

4. 指向线

指向线表示程序流程的路径和方向，用箭头表示。箭尾指出上一步操作来自何方，箭头指出下一步操作去何处。

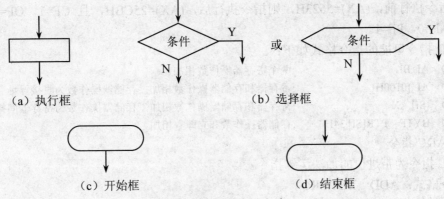

图 6-3 流程图的表示方法

6.2 算术运算类指令

8086 的算术运算指令包括二进制运算和十进制运算指令。算术运算指令用来执行算术运算，包括双操作数指令（如加、减、乘、除 4 类基本运算指令）、单操作数指令以及适应进行 BCD 码十进制数运算而设置的各种校正指令共 20 条。如前所述，双操作数指令的两个操作数除源操作数为立即数的情况外，必须有一个是寄存器操作数。单操作数指令不允许使用立即数和段寄存器作为操作数。

所有算术运算指令都会影响标志位。总的来说，有这样一些规则：

（1）运算结果向前产生进位或借位时，CF=1。

（2）最高位向前进位和次高位向前进位不同时产生时，OF=1。

（3）如果运算结果为 0，ZF=1。

（4）如果运算结果最高位为 1，则 SF=1。

（5）如果运算结果中有偶数个 1，则 PF=1。

6.2.1 加法指令

1. ADD 指令

ADD 指令为不带进位的加法运算指令。

指令格式：ADD DST,SRC

执行的操作：DST←(SRC)+(DST)

ADD 指令用来实现源操作数 SRC 和目的操作数 DST 的字或字节数据的相加，结果放在目的操作数中。当 SRC 为立即数时，DST 可为存储器操作数或通用寄存器；当 SRC 为寄存器时，DST 可以是通用寄存器，也可以是存储器操作数；当 SRC 为存储器操作数时，DST 只能是通用寄存器。

注意，两个存储器操作数不能直接相加，段寄存器也不能参加运算。在使用指令时还要注意两个操作数的类型要一致，可以是字操作，也可以是字节操作。

指令执行后对各状态标志位 OF、SF、ZF、AF、PF 和 CF 均可产生影响。

例如：

ADD AX,0CFA8H

若指令执行前，(AX)=5623H，则指令执行后，(AX)=25CBH，且 CF=1，OF=0，SF=0，ZF=0，AF=0，PF=1。

ADD 指令可能的指令格式如下：

```
ADD   AL,BL              ;两个寄存器操作数相加
ADD   AL,[0100H]         ;寄存器和存储器操作数相加，存储器操作数为直接寻址
ADD   [SI],AX            ;寄存器和存储器操作数相加，存储器操作数为寄存器间接寻址
ADD   BYTE PTR[SI],34H   ;存储器操作数和立即数相加
```

2. ADC 指令

ADC 指令为带进位的加法运算指令。

指令格式：ADD DST,SRC

执行的操作：DST←(SRC)+(DST)+CF

ADC 指令同 ADD 指令的区别在于 ADC 指令除了完成源操作数和目的操作数相加外，还要加上进位标志 CF。其他与 ADD 指令的规定相同。

ADC 指令主要用于多字节（或多字）加法运算中。因为加法指令最多只能进行 16 位二进制数相加，当更多的二进制数进行加法运算时，必须编程采用 ADD 和 ADC 指令进行多精度运算。

【例 6-2】已知源操作数和目的操作数都为 32 位，被加数存放在 DX 和 AX 中，其中 DX 存放高位字；加数存放在 CX 和 BX 中，CX 中存放高位字。执行下列指令序列：

```
ADD   AX,BX        ;低位字相加
ADC   DX,CX        ;带进位的高位字相加
```

若指令执行前，(AX)=5A3BH，(DX)=809EH，(BX)=0BA7FH，(CX)=09ADH，第一条指令执行后，(AX)=14BAH，CF=1，OF=0，SF=0，ZF=0，AF=1，PF=0；第二条执行后，(DX)=8A4CH，CF=0，OF=0，SF=1，ZF=0，AF=1，PF=1。

可以看出，为实现双精度加法，必须用两条指令分别完成低位字和高位字的加法，而且在高位字相加时，应该使用 ADC 指令，以便把前一条 ADD 指令作低位字加法所产生的进位值加入高位字之内。另外，带符号的双精度数的溢出应该根据 ADC 指令的 OF 位来判断，而作低位加法用的 ADD 指令的溢出是无意义的。

3. INC 指令

INC 指令为单操作数加指令。

指令格式：INC OPR

执行的操作：OPR←(OPR)+1

此指令只有一个操作数，既为源操作数，又为目的操作数，因此 INC 指令后的操作数只能是通用寄存器或存储器操作数，不能是立即数，也不能是段寄存器（段寄存器不能参加任何运算）。指令对 OPR 中的内容增 1，所以又叫增量指令。该指令常用在循环结构程序中修改指令或用作循环计数器。指令格式举例如下：

```
INC   AL
INC   CX
INC   BYTE PTR [SI+BX]
```

INC 指令影响 CF 以外的状态标志位。

6.2.2　减法指令

1. SUB 指令

SUB 指令为不带借位的减法。

指令格式：SUB　DST,SRC

执行的操作：DST←(SRC)−(DST)

SUB 指令用来对目的操作数 DST 和源操作数 SRC 的字或字节数进行相减，结果放在目的操作数中。此指令中，DST 和 SRC 操作的寻址方式的规定同 ADD 指令。

指令执行后对各状态标志位 OF、SF、ZF、AF、PF 和 CF 均可产生影响。

例如：

SUB　BX,CX

若指令执行前，(BX)=9543H，(CX)=28A7H，则指令执行后，(BX)=6C9CH，(CX)=28A7H，CF=0，OF=1，ZF=0，SF=0，AF=1，PF=1。

SUB 指令还可以有其他的寻址方式，例如：

SUB　DX,MEM_WORD

SUB　MEM_BYTE[DI],BL

同 ADD 指令一样，在使用指令时还要注意两个操作数的类型要一致。

2. SBB 指令

SBB 指令为带借位的减法。

指令格式：SBB　DST,SRC

执行的操作：DST←(SRC)−(DST)−CF

SBB 指令和 SUB 指令极为相似，唯一不同的是 SBB 指令在执行减法运算时还要减去 CF 的值。SBB 指令执行时，是用被减数（DST）减去减数（SRC），同时还要减去低位字或字节相减时产生的借位。

SBB 指令主要用于多精度数减法中。

【例 6-3】　现有两个双精度字 00127546H 和 00109428H，其中被减数 00127546H 存放在 DX 和 AX 寄存器，DX 中存放高位字；减数 00109428H 存放在 CX 和 BX 寄存器，CX 中存放高位字，执行双精度字减法指令为：

SUB　AX,BX

SBB　DX,CX

则第一条指令执行后，(AX)=E11EH，(BX)=9428H，CF=1，ZF=0，AF=1，PF=1，SF=1，OF=1；执行第二条指令时，完成 DX 减 CX，同时再减 1(CF=1)；指令执行后，(DX)=0001H，(CX)=0010H，CF=0，ZF=0，AF=0，PF=0，SF=0，OF=0。

SBB 指令还可以有其他的寻址方式，例如：

SBB　DX,[SI+ARRAY]

SBB　BYTE PTR[DI],BL

SBB　X[BX+SI],1256

由上可见，加法指令和减法指令只能进行 16 位数的运算，当进行 32 位数的运算时，必须首先进行低 16 位数运算，它们产生的进位或借位再参加高 16 位数的运算，低位字的加法和减法分别用 ADD 和 SUB，高位字的加减法用 ADC 和 SBB 指令。

【例 6-4】 设 X、Y、Z 均为双精度数，它们分别存放在地址为 X，X+2；Y，Y+2；Z，Z+2 的存储单元中，存放时高位字在高地址中，低位字在低地址中，下列指令序列实现 W=X+Y+24-Z，并用 W 和 W+2 单元存放运算结果。

```
MOV    AX,X        ;X 低位字节存入 AX 中
MOV    DX,X+2      ;X 高位字节存入 DX 中
ADD    AX,Y        ;X、Y 的低位字相加
ADC    DX,Y+2      ;X、Y 的高位字和低位进位相加
ADD    AX,24       ;X+Y 和的低位字与 24 相加
ADC    DX,0        ;X+Y 和的高位字与低位的进位相加
SUB    AX,Z        ;(X+Y+24)和的低位字与 Z 的低位字相减
SBB    DX,Z+2      ;(X+Y+24)和的高位字与 Z 的高位字及借位相减
MOV    W,AX        ;结果低位字存入 W 和 W+1 存储单元
MOV    W+2,DX      ;结果高位字存入 W+2 和 W+3 存储单元
```

3. DEC 指令

DEC 为减 1 指令。

指令格式：DEC　OPR

执行的操作：OPR←(OPR)-1

此指令与 INC 指令极为相似，不同之处只是将操作数减 1，结果送回操作数。指令格式规定同 INC 指令。

DEC 指令影响 CF 以外的状态标志位。

此指令通常也用于循环程序中修改指针和循环次数。

例如：

```
DEC    CX               ;CX 中的内容减 1 后送回 CX
DEC    BYTE  PTR[SI]    ;将 SI 所指示字节单元中的内容减 1 后送回该单元
```

4. NEG 指令

NEG 为求补指令。

指令格式：NEG　OPR

执行的操作：OPR←0-(OPR)

NEG 指令将 OPR 中的内容取 2 的补码，即执行 OPR←0-(OPR)后，再送回 OPR 中。执行 0-(OPR)相当于将 OPR 中的内容按位取反后末位加 1。

NEG 指令执行的也是减法操作，指令格式规定同 INC 指令。

此指令影响所有的状态标志位。

对 CF 的影响是：当 OPR 中的内容为 0 时，CF=0；否则 CF=1。

对 OF 的影响是：当 OPR 中存放的是最小负数-128（即字节数据为 80H）或-32768（即字数据为 8000H）时，执行 NEG 指令后，结果不变，即求补后回送的值仍为 80H 或 8000H,此时 OF=1；其他情况 OF=0。

例如：

```
NEG    DX
```

指令执行前，(DX)=9A80H，执行指令后，(DX)=6580H，CF=1，OF=0，SF=0，AF=0，PF=0，ZF=0。

5. CMP 指令

CMP 为比较指令。

指令格式：CMP　OPR1,OPR2

执行的操作：(OPR1)-(OPR2)

该指令与 SUB 指令一样执行减法操作，但有一点不同，该指令不保存结果（差），即指令执行后，OPR1 和 OPR2 两个操作数的内容不会改变。执行这条指令的主要目的是根据操作的结果设置状态标志位。CMP 指令后面通常都会紧跟一条条件转移指令，根据比较结果使程序产生分支。OPR1 和 OPR2 的寻址方式的规定同加减指令中的 DST 和 SRC。

比较指令执行后影响所有的状态标志位，根据状态标志位便可判断两操作数的比较结果。

关于 CMP 指令执行后如何判断数的大小在条件转移指令中介绍。

6.2.3　乘法运算指令

乘法类指令共 3 条，其中两条为基本乘法指令，包括对无符号数和带符号数相乘的指令，还有一条非组合 BCD 数相乘调整的指令 AAM，本书不作说明。

进行乘法运算时，如果两个 8 位数相乘，乘积将是一个 16 位的结果；如果两个 16 位数相乘，乘积是一个 32 位的结果。

乘法指令中有两个操作数，但指令中只给出乘数，被乘数隐含给出。8 位乘时被乘数先放入 AL 中，乘积存放到 AX 中；16 位乘时被乘数先放入 AX 寄存器中，乘积放到 DX 和 AX 两个寄存器中，且 DX 中存放高 16 位，AX 中存放低 16 位。

乘法运算需要区分无符号数和带符号数，为什么会这样呢？下面举一个简单的例子。

现假设有两个机器数 0101 和 1110，如果用直接相乘的方法计算 0011×1110，则为：

$$
\begin{array}{r}
0101 \\
\times\quad 1110 \\
\hline
0000 \\
0101 \\
0101 \\
0101 \\
\hline
1000110 \qquad =46H=70D
\end{array}
$$

如果将乘数和被乘数看作无符号，0101B×1110B=5D×14D=70D，结果正确；但如果将两个数看作带符号数，将补码转换为十进制真值，则 0101B×1110B=5D×(-2)D=(-10)D，而机器中的运算结果 46H 转换为真值为 70D，运算结果错误。

如果改为另一种方法，先将 1110B 复原为-2，用绝对值参加乘法运算，则计算 3×2，即计算 0011×0010，则二进制运算结果为 00000110，然后送符号位。因为是异号数相乘，对结果 00000110 求补，则得 11111010，为-6 的补码，结果正确。

从上面的讲述可以看出，无符号数和带符号数的运算方法不同，所以乘法运算要区分无符号数和带符号数。

1. MUL 指令

MUL 为无符号数乘法运算指令。

指令格式：MUL　SRC

执行的操作：若 SRC 为字节数据，则执行 AX←(AL)×(SRC)

若 SRC 为字数据，则执行 DX、AX←(AX)×(SRC)

被乘数隐含给出，乘数 SRC 可以用寄存器操作数、各种存储器操作数，而绝不能用立即数和段寄存器。

MUL 指令对状态标志位 CF 和 OF 有影响，而 SF、ZF、AF 和 PF 的值不确定。

例如：

MUL　AL　　　　　　　　;完成(AL)×AL，结果送 AX

MUL　BX　　　　　　　　;完成(AX)×(BX)，结果送 DX、AX

MUL　WORD　PTR[SI]　　;AX 和 SI 所指示的字单元内容相乘

两个 8 位数相乘，如果乘积小于 255，则(AH)=0，这时 CF=OF=0，否则(AH)≠0, CF=OF=1；两个 16 位数相乘，如果乘积小于 65535，则(DX)=0，CF=OF=0，否则(DX)≠0，CF=OF=1。

例如：

MOV　AL,14H

MOV　CL,05H

MUL　CL

本例中结果的高半部分(AH)=0，所以 CF=OF=0。

2. IMUL 指令

IMUL 为带符号数乘法运算指令。

指令格式：IMUL　SRC

执行的操作：若 SRC 为字节数据，则执行 AX←(AL)×(SRC)

若 SRC 为字数据，则执行 DX、AX←(AX)×(SRC)

与 MUL 指令相同，被乘数隐含给出，乘数 SRC 可以用寄存器操作数、各种存储器操作数，而绝不能用立即数和段寄存器。

IMUL 指令对状态标志位 CF 和 OF 有影响，而 SF、ZF、AF 和 PF 的值不确定。

两个 8 位带符号数相乘，如果乘积在-128～+127 范围内，则 AH 中为符号位的扩展，即为 00H 或 FFH，这时 CF=OF=0，否则如果乘积超过 8 位带符号数的表示范围，即 AH 中为有效的数值位，这时 CF=OF=1；两个 16 位带符号数相乘，如果乘积在-32768～+32767 范围内，则 DX 中为符号位的扩展，即为 0000H 或 FFFFH，CF=OF=0，否则 DX 中带有有效的数值位，这时 CF=OF=1。

例如：

IMUL　BX　　　　　　　　;AX 中的内容乘以 BX 中的内容，结果送 DX、AX

IMUL　CL　　　　　　　　;AL 中的内容乘以 CL 中的内容，结果送 AX

IMUL　WORD PTR[SI+BX]　;AX 中内容乘以（SI+BX）所指示的字单元

注意，乘数为存储器操作数时必须指明数据类型，即用属性操作符 BYTE PTR 或 WORD PTR 说明是字节操作还是字操作。另外，乘法指令中，目的操作数只能是 AL 或 AX，所以是隐含的，指令中无须写出。

6.2.4　除法运算指令

8086 指令系统中共有 5 条除法指令，其中两条是分别对无符号数和带符号进行除法运算的指令，两条是用于带符号数扩展的指令，还有一条是用于非组合 BCD 码除法调整的指令，本书不作说明。同乘法运算一样，除法运算也要区分带符号数和无符号数。

8086CPU 执行除法时规定：除数长度只能是被除数长度的一半。当被除数为 16 位时，除数应为 8 位；当被除数为 32 位时，除数应为 16 位。另外，还规定：

（1）当被除数为 16 位时，应存放在 AX 中，除数为 8 位，可为寄存器操作数，也可为存储器操作数。除得的 8 位商值放到 AL 中，8 位余数放到 AH 中。

（2）当被除数为 32 位时，应存放在 DX 和 AX 中，除数为 16 位，可为寄存器操作数，也可为存储器操作数。除得的 16 位商值放到 AX 中，16 位余数放到 DX 中。

1. DIV 指令

DIV 为无符号数除法指令。

指令格式：DIV　SRC

执行的操作：

SRC为字节数据：AL←(AX)/(SRC)　商

　　　　　　　　AH←(AX)/(SRC)　余数

SRC为字数据：AX←(DX)(AX)/(SRC)　商

　　　　　　　DX←(DX)(AX)/(SRC)　余数

DIV 指令的被除数、除数、商和余数全部为无符号数，DIV 指令对所有的状态标志位无定义，即 DIV 执行后，CF、OF、AF、PF、ZF、SF 的值不确定。

2. IDIV 指令

IDIV 为带符号数除法指令。

指令格式：IDIV　SRC

执行的操作：与 DIV 指令相同，但被除数、除数、商和余数均为带符号数，且余数的符号位同被除数。IDIV 执行后，CF、OF、AF、PF、ZF、SF 的值不确定。

对除法指令有以下几点需要指出：

（1）除法运算后，状态标志位 AF、CF、OF、PF、SF、ZF 的值都是不确定的，它们是 0 还是 1 都没有什么意义。

（2）用 IDIV 指令时，如果是一个双字除以一个字，则商的范围为 -32768～+32767；如果是一个字除以一个字节，则商的范围为 -128～+127。运算结果超出了表示范围，那么会作为除数为 0 的情况来处理，即产生 0 号中断，而不是按照通常的做法使溢出标志 OF 置 1。

（3）在对带符号数进行除法运算时，例如 30/(-8)，商为 -3，余数为 +6。余数的符号位同被除数。

（4）除法运算中，要求被除数长度应为除数长度的 2 倍，即当被除数只有 8 位时，必须将此 8 位数放在 AL 中，并对 AL 中的数据进行扩展；同样，当被除数只有 16 位时，必须将被除数放到 AX 中，然后对 AX 中的数据进行扩展。以带符号数为例：现内存单元中有 X 和 Y 两个字节单元，存放有带符号数据，其中(X)=+125,(Y)=-16，要完成 X/Y，需要将 X 取出送至 AL 中，如果马上进行除法运算，会得到错误的结果。主要原因是 AH 中预先没有被除数的内容存放在里面，而进行除法运算时完成的是 AX/Y。为了保证运算正确，必须将 AL 中的内容扩展至 AX 中。同样道理，当除数和被除数都是 16 位时，被除数首先取出放到 AX 中，然后将 AX 中的内容扩展至 DX 中。带符号数的扩展是符号位的扩展，即将 AL 中的最高位扩展到 AH 的 8 位中，或 AX 中的最高位扩展至 DX 的 16 位中，8086 系统提供了专门的符号扩展指令，而无符号数的扩展很简单，只是将 AH 或 DX 寄存器清零即可。

【例 6-5】 在内存中有 X 和 Y 两个字节单元，存有无符号数，现要求完成 X/Y，将商存入 Z 单元。执行的指令序列如下：

```
MOV    AL,X
MOV    AH,0
DIV    Y
MOV    Z,AL
```

3. CBW 指令

CBW 指令为字节转换为字指令。

指令格式：CBW

执行的操作：AL 中的符号位扩展到 AH 中。若 AL 中的 $D_7=0$，则(AH)=00H；若 AL 中的 $D_7=1$，则(AH)=FFH。

例如，若(AL)=0ADH，(AH)=35H，则执行 CBW 后，(AX)=0FFADH。

4. CWD 指令

CWD 为字转换为双字指令。

指令格式：CWD

执行的操作：AX 中的符号位扩展到 DX 中。若 AX 中的 $D_{15}=0$，则(DX)=0000H，若 AX 中的 $D_{15}=1$，则(DX)=FFFFH。

例如，若(AX)=367AH，(DX)=1200H，则执行 CWD 指令后，(AX)=367AH，(DX)=0000H。

CBW 和 CWD 指令的执行不影响标志位。

【例 6-6】 算术运算类指令的综合应用：试计算(W-(X×Y+Z-340))/X，设 W、X、Y、Z 均为 16 位带符号数，分别存放在数据段的 W、X、Y、Z 变量单元中。要求计算完成后，商和余数存入 RESULT 开始的字单元中。写出完整的汇编语言程序。

```
DAT   A  SEGMENT                    ;数据段
      W  DW   -245
      X  DW   15
      Y  DW   -32
      Z  DW   280
      RESULT DW 2 DUP(?)
DATA  ENDS
CODE  SEGMENT                        ;代码段
      ASSUME   CS:CODE,DS:DATA
START: MOV    AX,DATA                ;初始化 DS
      MOV    DS,AX
      MOV    AX,X                    ;被乘数 X 取出存入 AX 中
      IMUL   Y                       ;X×Y
      MOV    CX,AX                   ;乘积的低位字转存至 CX
      MOV    BX,DX                   ;乘积的高位字转存至 BX
      MOV    AX,Z                    ;加数 Z 取出存入 AX 中
      CWD                            ;将 Z 扩展成双字
      ADD    CX,AX                   ;X×Y 的低位字与 Z 的低位字相加
      ADC    BX,DX                   ;X×Y 的高位字与 Z 的高位字及进位相加
      SUB    CX,340                  ;X×Y+Z 的低位字减 340
```

```
        SBB     BX,0                    ;X×Y+Z 的高位字减低位的借位
        MOV     AX,W                    ;W 取出存入 AX
        CWD                             ;使 W 扩展成双字
        SUB     AX,CX                   ;(W-(X×Y+Z)-340)低位运算
        SBB     DX,BX                   ;(W-(X×Y+Z)-340)高位运算
        IDIV    X                       ;(W-(X×Y+Z)-340)/X
        MOV     RESULT,AX               ;商存入 RESULT 单元
        MOV     RESULT+2,DX             ;余数存入 RESULT+2 单元
        MOV     AH,4CH
        INT     21H                     ;返回 DOS
CODE            ENDS
        ENDSTART                        ;汇编结束
```

6.2.5　BCD 码调整指令

前面所有的算术运算指令都是二进制数的运算指令，但人们常用的是十进制数。这样，当计算机进行运算时，必须先将十进制数转换为二进制，再进行二进制数运算，计算结果再转换为十进制输出。为了便于十进制数的运算，8086/8088 指令系统提供了一组用于十进制调整的指令，将二进制运算结果直接进行调整而得到十进制数的结果。

1. DAA 指令

DAA 指令为组合十进制数加法调整指令。

指令格式：DAA

执行的操作：AL←把 AL 中的和调整为组合 BCD 码形式

这条指令执行之前，必须先执行 ADD 指令或 ADC 指令，加法指令必须把两个组合十进制数相加，并把结果存放在 AL 寄存器中。

BCD 码是一种二—十进制编码，编码原则是把每一个十进制数码用 4 个二进制位表示。微处理器中，运算器的核心部件是二进制加法器，逢二进一；4 位为一组，视为十六进制数，遵循逢十六进一原则。当运算结果中，十六进制数码≤9 时，逢十进一（十进制数码同十六进制数码的前 10 个），当十六进制数码值>9 时，相应的二进制数 1010、1011、1100、1101、1110、1111 对 BCD 来说是错误的，必须进行调整。DAA 指令应紧跟在加法指令之后，执行时，先对相加结果进行测试：若结果中的低 4 位是十六进制数码 A~F，或者是 AF=1，则 AL 寄存器内容加 06H；如果 AL 寄存器中高 4 位是十六进制数码的 A~F，则 AL 寄存器的内容加 60H。

DAA 指令影响 OF 以外的其他状态标志位。

例如：

ADD　AL,BL

DAA

指令执行前，(AL)=28H，(BL)=69H，执行 ADD 指令后，(AL)=91H,AF=1。

ADD 指令执行的加法是二进制加法，得到的和是二进制数，不是压缩的 BCD 码。

执行 DAA 指令，因为 AF=1，进行调整 AL←(AL)+06H，AL 中的内容为 97H，高 4 位≤09H，不必进行调整。

所以指令执行完毕后，(AL)=97H，(BL)=69H，此时 AL 中的内容是 97D 的压缩 BCD 码，结果正确。

【例 6-7】 要对两个十进制数 2946 和 4587 进行相加，这两个数分别存放在数据段中从 BCD1 和 BCD2 开始的单元，低位在前，高位在后，结果放入以 BCD3 开始的单元中。

```
MOV    AL,BCD1
ADD    AL,BCD2          ;低位字节相加
DAA                     ;十进制调整
MOV    BCD3,AL          ;存低位字节和
MOV    AL,BCD1+1
ADC    AL,BCD2+1        ;加高位字节连同进位
DAA                     ;十进制调整
MOV    BCD3+1,AL        ;存高位字节和
```

第一组 4 条指令把低位字节相加经十进制调整后存入 BCD3 中，其中 ADD 指令执行后，(AL)=46H+87H=0CDH，CF=0，AF=0；经 DAA 指令调整后，(AL)=33H，CF=1，AF=1。第二组 4 条指令把高位字节相加并调整后存入 BCD3+1 中。其中 ADC 指令执行后，(AL)=29H+45H+1=6FH，CF=0，AF=0。经 DAA 调整后，(AL)=75H，AF=1，CF=0。最后，BCD3 中存放 7533H，即 7533D 的组合 BCD 码，结果正确。

2. AAA 指令

AAA 指令为非组合十进制数加法调整指令。

指令格式：AAA

执行的操作：AL←把 AL 中的和调整成非组合 BCD 码格式

　　　　　　AH←AH+调整产生的进位值

这条指令执行之前，必须先执行 ADD 指令或 ADC 指令，加法指令必须把两个非组合十进制数相加，并把结果存放在 AL 寄存器中，调整后的结果放到 AX 中。

AAA 指令的调整原则如下：

（1）如果 AL 寄存器的低 4 位在 0~9 之间且 AF=0，则跳过第（2）步，执行第（3）步。

（2）如果 AL 寄存器的低 4 位在十六进制数 A~F 之间或 AF=1，则 AL 寄存器的内容加 6，AH 寄存器的内容加 1，并使 AF=1。

（3）清除 AL 寄存器的高 4 位。

（4）AF 位的值送 CF。

指令执行后，AAA 指令除影响 AF 和 CF 标志位外，其余标志位均无定义。

例如：

```
ADD   AL,BL
AAA
```

指令执行前，(AX)=0505H，(BL)=09H。ADD 指令执行后，(AL)=0EH，不是非组合 BCD 码；AAA 指令执行后，(AX)=0604H，为 64 的非组合 BCD 码，AF=1，CF=1。

3. DAS 指令

DAS 为组合十进制减法调整指令。

指令格式：DAS

执行的操作：AL←AL 中的差调整成组合 BCD 码格式

这条指令执行之前，必须先执行 SUB 指令或 SBB 指令，减法指令必须把两个组合十进制数相减，并把结果存放在 AL 寄存器中。

本指令的调整方法是：如果 AF=1 或者 AL 寄存器的低 4 位是十六进制的 A～F，则 AL 寄存器中的内容减 06H，且将 AF 标志位置 1。如果 CF=1 或者 AL 寄存器的高 4 位是十六进制的 A～F，则 AL 寄存器中的内容减 60H，并将 CF 标志位置 1。

同 DAA 指令相同，DAS 指令影响 OF 以外的状态标志位。

例如：

```
SUB   AL,AH
DAS
```

指令执行前，(AL)=97H，(AH)=39H，分别为 97D 和 39D 的组合 BCD 码，SUB 指令执行后，(AL)=5EH，AF=1，AL 中的内容不是组合 BCD 码格式，需要进行调整。执行 DAS 指令，完成 AL←(AL)-06H 后，(AL)=58H，CF=0 且 AL 中的高 4 位≤09H，不必进行调整。所以 AL 中的结果为 58H，是 58D 的组合 BCD 码格式，结果正确。

【例 6-8】 要对两个十进制数 2946 和 4587 进行相减，这两个数分别存放在数据段中从 BCD1 和 BCD2 开始的单元，低位在前，高位在后，结果放入以 BCD3 开始的单元中。

```
MOV   AL,BCD1
SUB   AL,BCD2            ;减低位字节
DAS                     ;十进制调整
MOV   BCD3,AL           ;存低位字节差
MOV   AL,BCD+1
SBB   AL,BCD2+1         ;减高位字节连同进位
DAS                     ;十进制调整
MOV   BCD3+1,AL         ;存高位字节差
```

4. AAS 指令

AAS 为非组合十进制数减法调整指令。

指令格式：AAS

执行的操作：AL←把 AL 中的差调整成非组合 BCD 码格式

AH←AH-调整产生的进位值

这条指令执行之前，必须先执行 SUB 指令或 SBB 指令，减法指令必须把两个非组合十进制数相减，并把结果存放在 AL 寄存器中，调整后的结果放到 AX 中。

AAS 指令的调整原则：

（1）如果 AL 寄存器的低 4 位在 0～9 之间且 AF=0，则跳过第（2）步，执行第（3）步。

（2）如果 AL 寄存器的低 4 位在十六进制数 A～F 之间或 AF=1，则 AL 寄存器的内容加 6，AH 寄存器的内容减 1，且使 AF=1。

（3）清除 AL 寄存器的高 4 位。

（4）AF 位的值送 CF。

指令执行后，AAS 指令除影响 AF 和 CF 标志位外，其余标志位均无定义。

例如：

```
SUB   AL,CL
AAS
```

指令执行前，(AX)=0205H，即 25D 的非组合 BCD 码，(CL)=08H。SUB 指令执行后，AF=1，CF=1，(AL)=0FDH，需要进行调整。AAS 指令执行完成后，(AX)=0107H，为 17D 的非组合 BCD 码格式，结果正确。

6.3　逻辑运算与移位类指令

6.3.1　逻辑运算类指令

逻辑运算指令可对 8 位数或 16 位数进行逻辑运算，逻辑运算是按位进行操作的。

AND、OR、XOR 和 TEST 指令的使用形式很相似，都是双操作数指令。操作数寻址方式的规定与双操作数的算术运算类指令相同。

NOT 指令是单操作数指令，同单操作数的算术运算指令一样，操作数不能是立即数或段寄存器操作数，可以使用通用寄存器和存储器操作数。

1．AND 指令

AND 为逻辑与指令。

指令格式：AND　DST,SRC

执行的操作：DST←(DST)∧(SRC)

其中的"∧"表示逻辑与操作，AND 指令完成源操作数和目的操作数按位进行逻辑"与"运算，并将运算结果送回目的操作数。该指令的执行结果影响 CF、OF、SF、PF 和 ZF。CF=0，OF=0，其他状态标志位按结果进行设置，AF 位无定义。

利用 AND 指令可将操作数中的某些位保持不变，而使其他一些数位清零，称为屏蔽。要保持不变的位要和"1"相"与"，而要清零的位必须和"0"相"与"。另外，操作数自身和自身相与，运算结果保持不变，但可以将 CF 和 OF 清零。

例如：

AND　AL,0FH

指令执行前，(AL)=38H，指令执行后，(AL)=08H，达到屏蔽目的。

利用该指令可以将高 4 位清零，低 4 位保持不变，能完成将数字 0~9 的 ASCII 码转换为相应的非组合 BCD 码格式的功能。

例如：

AND　AL,AL

若指令执行前，(AL)=9AH，则指令执行后，(AL)=9AH，操作数本身不变，但使 CF=0，OF=0。

2．OR 指令

OR 为逻辑或指令。

指令格式：OR　DST,SRC

执行的操作：DST←(DST)∨(SRC)

其中的"∨"表示逻辑或操作，OR 指令完成源操作数和目的操作数按位进行逻辑"或"运算，并将运算结果送回目的操作数。该指令的执行结果影响 CF、OF、SF、PF 和 ZF。CF=0，OF=0，其他状态标志位按结果进行设置，AF 位无定义。

利用 OR 指令可将操作数中的某些位保持不变，而使其他一些位置 1。要保持不变的位和"0"相"或"，要置 1 的位和"1"相"或"。另外，操作数自身和自身相或，运算结果保持不变，但可以将 CF 和 OF 清零。

例如：

OR　AL,80H

若指令执行前，(AL)=25H，指令执行后，(AL)=A5H，达到将 D_7 置 1 的目的。

3. XOR 指令

XOR 为逻辑异或指令。

指令格式：XOR　DST，SRC

执行的操作：DST←(DST)⊕(SRC)

其中的"⊕"表示逻辑异或操作，XOR 指令完成源操作数和目的操作数按位进行逻辑"异或"运算，并将运算结果送回目的操作数。

异或逻辑运算为：0⊕0=0，0⊕1=1，1⊕0=1，1⊕1=0。

该指令的执行结果影响 CF、OF、SF、PF 和 ZF，使 CF=0，OF=0，其他状态标志位按结果进行设置，AF 位无定义。

利用 XOR 指令可将操作数中的某些位保持不变，而使其他一些位按位取反。要保持不变的位和"0"相"异或"，要取反的位和"1"相"异或"。另外，操作数自身和自身相"异或"，运算结果为 0，同时将 CF 和 OF 清零。

例如：

XOR　AL,CL

若指令执行前，(AL)=69H，(CL)=8AH，则指令执行后，(AL)=E3H，同时使 CF=0，OF=0。

例如：

XOR　AL,AL

指令执行前，(AL)=A7H，同为 0 或同为 1 的两个数位相"异或"，结果为 0，因此该指令将 AL 清零，同时使 CF=0，OF=0。

例如：

XOR　AL,0FH

若指令执行前，(AL)=B5H，指令执行后，(AL)=BAH，AL 中的高 4 位保持不变，而低 4 位按位取反，同时使 CF=0，OF=0。

4. NOT 指令

NOT 为逻辑非指令。

指令格式：NOT　DST

执行的操作：DST←$\overline{(DST)}$

NOT 指令为单操作数指令，寻址方式的规定同 INC 指令。该指令执行后不影响任何标志位。

例如：

NOT　AL

若指令执行前，(AL)=01101011B，则指令执行后，(AL)=10010100B。

5. TEST 指令

TEST 为测试指令。

指令格式：TEST　OPR1，OPR2

执行的操作：(OPR1)∧(OPR2)

两个操作数执行"与"操作后，结果不回送，只影响状态标志位 PF、SF、ZF，使 CF=0，OF=0，AF 无定义。利用该指令，可以在不改变原有操作数的情况下，用来检测某一位或某几位是"0"还是"1"。编程时，作为条件转移指令的先行指令。

该指令经常需要和条件转移指令配合使用，具体情况在分支程序中介绍。

6.3.2　非循环移位指令

1. SHL 指令

SHL 为逻辑左移指令。

指令格式：SHL　DST,CL/1

执行的操作：将 DST 中的二进制位向左移动一位或
CL 寄存器中指定的位数。左移一位时，操作数的最高位移
出送到 CF 中，最低位补 0。操作如图 6-4 所示。

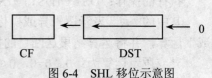

图 6-4　SHL 移位示意图

　　其中 DST 可以是通用寄存器或任何寻址方式的存储
器操作数，而不允许是立即数和段寄存器。操作数可以是 8 位，也可以是 16 位。如果移动位
数为一位，指令中可以直接给出；如果移动的位数超过一位，则移动的位数应放入 CL 中。

利用左移一位操作可以实现将操作数乘 2 的运算。

例如：

SHL　AL,1　　　　　;将 AL 中的内容向左移动一位，空出最低位补 0
MOV　CL,4
SHL　AL,CL　　　　;将 AL 中的内容向左移动 4 位，空出位补 0

例如：

SHL　BL,1

指令执行前，(BL)=35D=00100011B，指令执行后，(BL)=01000110B=70D，CF=0，OF=0，
ZF=0，SF=0，PF=0，AF 不确定。

2. SHR 指令

SHR 的为逻辑右移指令。

指令格式：SHR　DST,CL/1

执行的操作:将 DST 中的二进制位向右移动一位或 CL
寄存器中指定的位数。右移一位时，操作数的最低位移出
送到 CF 中，最高位补 0。操作如图 6-5 所示。

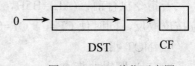

图 6-5　SHR 移位示意图

SHR 的寻址方式和指令书写格式规定同 SHL。

利用逻辑右移一位操作可以实现将无符号操作数除 2 的运算。

例如：

SHR　BL,1

若指令执行前，(BL)=78D=01001110B，则执行指令后，(BL)=00100111B=39D，CF=0，
OF=0，SF=0，ZF=0，PF=1，AF 不确定。

3. SAL 指令

SAL 为算术左移指令

指令格式：SAL　DST,CL/1

执行的操作：将 DST 中的二进制位向左移动一位或 CL 寄存器中指定的位数。左移一位
时，操作数的最高位移出送到 CF 中，最低位补 0。

SAL 指令的执行同 SHL。

4. SAR 指令

SAR 为算术右移指令。

指令格式：SAR　DST,CL/1

执行的操作：将 DST 中的二进制位向右移动一位或 CL 寄存器中指定的位数。右移一位时，操作数的最低位移出送到 CF 中，最高位补符号位。逻辑移位指令在执行时，实际上是把操作数看作无符号数来进行移位，所以 SHR 在执行时，最高位补 0；算术移位指令在执行时，则将操作数看作是带符号数来进行移位，所以 SAR 指令执行时，最高位移至次高位，并且空出的数位保持原有值，使操作数的正负保持不变。操作如图 6-6 所示。

SAR 的寻址方式和指令书写格式规定同 SHL。

利用算术右移一位操作可以实现将带符号操作数除 2 的运算。

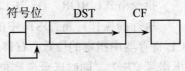

图 6-6　SAR 移位示意图

例如：

SAR　AH,1

若指令执行前，(AH)=5AH=01011010B，则指令执行后，(AH)=00101101B=2DH，CF=0，OF=0，SF=0，ZF=0，PF=1，AF 不确定。

例如：

SAR　AL,1

若指令执行前，(AL)=A5H=10100101B=-91D，则指令执行后，(AL)=11010010B=D2H=-46D，CF=1，OF=0，SF=1，ZF=0，PF=1，AF 不确定。

在上述的指令中它们对条件码的影响是相同的：CF 位根据各条指令的规定设置。OF 位只有移位次数为 1 时才有效，否则 OF 的值不确定。当移位次数为 1 时，在移位后最高有效位发生变化时（原来为 0，移位后为 1；或原来为 1，移位后为 0）OF 位置 1，否则置 0。移位指令根据移位后的结果设置 SF、ZF、PF 标志位，AF 无定义。

非循环移位指令常用来用作乘以 2 或除以 2 的操作。其中，算术移位指令适用于带符号数运算，SAL 用来乘以 2，SAR 用来除以 2；而逻辑移位指令用于无符号数运算，SHL 用来乘以 2，SHR 用来除以 2。

6.3.3 循环移位指令

1. ROL 指令

ROL 为循环左移指令。

指令格式：ROL　DST,CL/1

执行的操作：将 DST 中的二进制位向左移动一位或 CL 寄存器中指定的位数。左移一位时，操作数的最高位移出送到 CF 中，同时送至最低位。操作如图 6-7 所示。

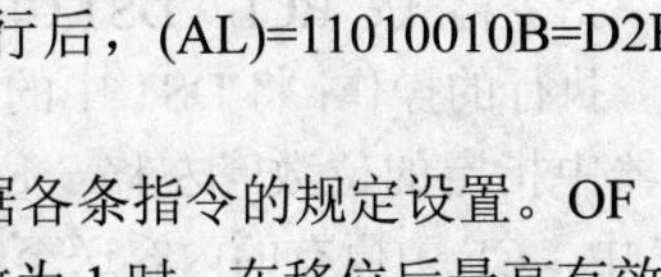

ROL 的寻址方式和指令书写格式规定同 SHL。

图 6-7　ROL 移位示意图

例如：

ROL　AL,1

若指令执行前，(AL)=5BH=01011011B，则指令执行后，(AL)=10110110B=B6H，CF=0，

OF=1，SF=1，ZF=0，PF=0，AF 不确定。

例如：

MOV　CL,4

ROL　AL,CL

该指令将 AL 的高 4 位和低 4 位互换。

2. ROR 指令

ROR 为循环右移指令。

指令格式：ROR　DST,CL/1

执行的操作：将 DST 中的二进制位向右移动一位或
CL 寄存器中指定的位数。右移一位时，操作数的最低位移
出送到 CF 中，同时送至最高位。操作如图 6-8 所示。

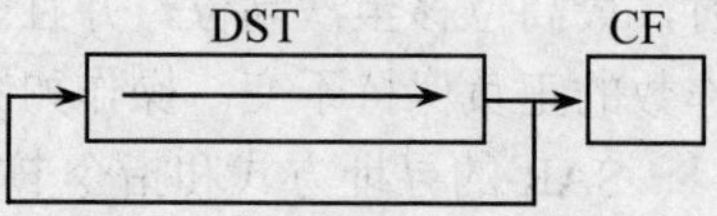

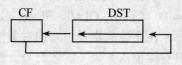

图 6-8　ROR 移位示意图

ROR 的寻址方式和指令书写格式规定同 SHL。

例如：

ROL　AL,1

若指令执行前，(AL)=6BH=01101011B，则指令执行后，(AL)=10110101B=B5H，CF=1，
OF=1，SF=1，PF=0，ZF=0，AF 不确定。

3. RCL 指令

RCL 为带进位的循环左移指令。

指令格式：RCL　DST,CL/1

执行的操作：将 DST 中的二进制位向左移动一位或 CL 寄
存器中指定的位数。左移一位时，操作数的最高位移出送到
CF 中，CF 中原有的内容送至最低位。操作如图 6-9 所示。

图 6-9　RCL 移位示意图

RCL 的寻址方式和指令书写格式规定同 SHL。

例如：

RCL　AL,1

若指令执行前，(AL)=4CH=01001100B，CF=1

则指令执行后，(AL)=10011001B=99H，CF=0，OF=1，SF=1，PF=1，ZF=0，AF 不确定。

4. RCR 指令

RCR 为循环右移指令。

指令格式：RCR　DST,CL/1

执行的操作：将 DST 中的二进制位向右移动一位或
CL 寄存器中指定的位数。右移一位时，操作数的最低位
移出送到 CF 中，CF 中原有的内容送至最高位。操作如图
6-10 所示。

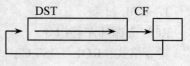

图 6-10　RCR 移位示意图

RCR 的寻址方式和指令书写格式规定同 SHL。

例如：

RCR　AL,1

若指令执行前，(AL)=5CH=01011100B，CF=1，则指令执行后，(AL)=10101110B=AEH，
CF=0，OF=1，SF=1，ZF=0，PF=0，AF 不确定。

在上述的指令中它们对条件码的影响是相同的：CF 位根据各条指令的规定设置。OF 位

只有移位次数为 1 时才有效，否则 OF 的值不确定。当移位次数为 1 时，在移位后最高有效位发生变化时（原来为 0，移位后为 1；或原来为 1，移位后为 0）OF 位置 1，否则置 0。不影响除 CF 和 OF 以外的其他条件指令。循环移位指令可以改变操作数中所有位的位置，在程序中很有用。

【例 6-9】　已知在 DX、AX 中存放有双精度带符号数据，DX 中为高位字。现要求用移位指令完成将这个 32 位数乘以 2 的运算，结果仍放回原位置。指令序列如下：

```
SAL  AX,1  ;低 16 位左移一位，移出的最高位送至 CF
RCL  DX,1  ;高 16 位带进位循环左移一位，AX 中移出的最高位送至 DX 的最低位
```

【例 6-10】　X 为数据段一带符号字数据，现要求计算表示 10×X，结果送回 X 单元。

在 8086 指令系统中有乘法指令，但执行乘法指令所用的时间比较长，而用移位指令实现乘法操作可大大缩短执行时间。

因为 10×X=2×X+8×X，X 乘以 2 即左移一位，X 乘以 8 即左移 3 位，预计乘积不会超过二字节数据范围。程序如下：

```
MOV  AX,X    ;将 X 取出送到 AX 中
SAL  AX,1    ;完成 X×2
MOV  BX,AX   ;将 X×2 送至 BX
SAL  AX,1    ;完成 X×4
SAL  AX,1    ;完成 X×8
ADD  AX,BX   ;X×8+X×2=10×X
MOV  X,AX    ;结果送回 X 单元
```

6.4　顺序程序的结构形式和程序设计

6.4.1　顺序程序的结构形式

顺序结构的程序从执行开始到最后一条指令为止，指令指针 IP 中的内容呈线性增加；从流程图上看，顺序结构的程序有一个起始框、一至多个执行框和一个终止框。

程序中的指令一条一条地顺序执行，无分支，无循环，无转移。

顺序程序是一种十分简单的程序，设计这种程序的方法也很简单，只要遵照算法步骤依次写出相应的指令即可。这种程序设计方法也称为线性方法。

在进行顺序结构程序设计时，主要考虑的是如何选择简单有效的算法，如何选择存储单元和工作单元。其实，这种程序的结构是各种其他程序结构中的局部程序段。分支程序就是在顺序程序基础上加上条件判断而构成分支流程，循环程序中的赋初值程序和循环体都是顺序程序结构。顺序程序的结构流程图如图 6-11 所示。

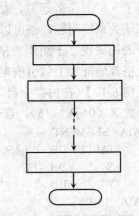

图 6-11　顺序结构程序的基本流程图

6.4.2 顺序结构的程序设计

顺序结构的程序一般为简单程序，例如表达式计算程序、查表程序就属于这种程序。

1. 表达式计算

【例 6-11】 在 DAW+2 和 DAW 字单元中存放着一个 32 位带符号数，DAW 中存放的是低 16 位。求这个数的相反数，并存入原单元中。

分析：在 8086 指令系统中有求相反数指令 NEG，执行的操作为用 0 减操作数并送回原位置，操作数为 8 位或 16 位。32 位数据求相反数，只能用减法指令实现，即用 0 减这个 32 位数，然后送回原位置。程序段如下：

```
DATA    SEGMENT
        DAW  DW   1234H,0A08CH
DATA  ENDS
CODE    SEGMENT
        ASSUME   CS:CODE,DS:DATA
START: MOV    AX,DATA
        MOV    DS,AX
        MOV    AX,DAW
        MOV    DX,DAW+2        ;32 位数送 DX 和 AX
        MOV    CX,0
        MOV    BX,0            ;BX 和 CX 清零
        SUB    CX,AX           ;用 0 减低 16 位
        SBB    BX,DX           ;用 0 减高 16 位和进位
        MOV    DAW,CX
        MOV    DAW+2,BX        ;送结果
        MOV    AH,4CH
        INT    21H             ;返回 DOS
CODE  ENDS
        END    START
```

2. 查表程序

对于一些复杂的运算，如计算平方值、立方值、方根、三角函数等一些输入和输出间无一定算法关系的问题，都可以用查表的方法解决。这样，使程序既简单，求解速度又快。

查表的关键在于组织表格。表格中应包括所有可能的值，且按顺序排列。查表操作就是利用表格首地址加上索引值得到结果所在单元的地址。索引值通常就是被查的数值。

【例 6-12】 在内存中自 TABLE 单元起连续 16 个字节单元中存放着 0～15 的平方值，任给一个数 X（0≤X≤15），查表求 X 的平方值并送入 Y 单元中。程序段如下：

```
DATA   SEGMENT
        TABLE  DB    0,1,4,9,16,25,36,49,64,81,100,121,144,169,196,225
        X      DB    13
        Y      DB    ?
DATA  ENDS
CODE    SEGMENT
        ASSUME   CS:CODE,DS:DATA
START: MOV   AX,DATA
```

```
            MOV   DS,AX
            LEA   BX,TABLE
            MOV   AL,X
            XLAT
            MOV   AL,Y
            MOV   AH,4CH
            INT   21H
CODE  ENDS
      END   START
```

本例的表格中的内容为一个字节，被查内容恰好为索引值。如果表格中的内容为一个字，被查内容需要作某种变换后才能成为索引值。

【例 6-13】 已知在内存中从 TAB 单元起存放 0～100 的平方值。在 X 单元中有一个待查数据，用查表的方法求出 X 的平方值送到 Y 单元中。程序段如下：

```
DATA    SEGMENT
        TABLE DW   0,1,2,4,9,16,25…
        X  DB  15
        RESU   DW  ?
DATA    ENDS
CODE    SEGMENT
        ASSUME   DS:DATA,CS:CODE
START:  MOV   AX,DATA
        MOV   DS,AX                  ;初始化 DS
        MOV   BX,OFFSET TABLE        ;BX 指向表格的首单元
        MOV   AL,X                   ;X 中的内容取出送至 AL 中
        MOV   AH,0                   ;X 中的值扩展成字
        SHL   AX,1                   ;计算 X×2
        ADD   BX,AX                  ;BX 指向要查找的位置
        MOV   DL,[BX]                ;取出要查找的内容的低位字节
        MOV   DH,[BX+1]              ;取出要查找的内容的高位字节
        MOV   RESU,DX                ;结果保存到内存中
        MOV   AH,4CH
        INT   21H                    ;返回 DOS
CODE    ENDS
        END   START                  ;汇编结束
```

3．其他程序

【例 6-14】 通过键盘输入一个 2 位的十进制数，存入 RESULT 单元，要求以二进制存放。

通过键盘输入指令接收的数据为十进制数的 ASCII 码，例如要输入十进制数 35，则先输入字符"3"，计算机中接收为 33H；输入 5，计算机中接收为 35H。程序中必须作相应的变换才能得到 35 的二进制值。方法如下：

（1）AL←键盘输入第一个十进制数字。

（2）BL←AL 中的内容。

（3）AL←从键盘输入第二个十进制数字。

（4）AL←AL×10。

（5）AL←(AL)+(BL)。

（6）RESULT←(AL)。

所编程序如下：

```
DATA    SEGMENT
        MESS        DB 'PLEASE INPUT SECOND NUMBER:',0AH,0DH,'$'
        RESULT    DB ?
DATA    ENDS
CODE    SEGMENT
        ASSUME    DS:DATA,CS:CODE
START:  MOV    AX,DATA
        MOV    DS,AX                           ;初始化 DS
        MOV    DX,OFFSET MESS                  ;DX 指向提示信息
        MOV    AH,09H
        INT    21H                             ;显示提示信息
        MOV    AH,01H
        INT    21H                             ;读入第一个十进制数字
        SUB    AL,30H                          ;转换成二进制数
        MOV    BL,AL                           ;保存到 BL 中
        MOV    AH,01H
        INT    21H                             ;读入第二个十进制数字
        SUB    AL,30H                          ;转换成二进制数
        XCHG   AL,BL                           ;第一个十进制数字与第二个交换
        MOV    CL,10
        MUL    CL                              ;第一个十进制数字乘以 10
        MOV    BH,0
        ADD    AX,BX                           ;AL×10+BL
        MOV    RESULT,AL                       ;保存结果
        MOV    AH,4CH
        INT    21H                             ;返回 DOS
CODE    ENDS
        END    START                          ;汇编结束
```

【例 6-15】 从键盘输入 0～9 之间的任一数字，将其转换为对应的字母 A～J 显示输出。

分析：从键盘输入任何字符都是将其 ASCII 码送入 AL 寄存器中。0～9 的 ASCII 码值为 30H～39H，字母 A～J 对应的 ASCII 码为 41H～4AH。所以需要在 0～9 的 ASCII 码的基础上加 11H 即为 A～J 的 ASCII 码。

程序如下：

```
DATA  SEGMENT
      INPUT   DB   ' Please input x(0-9):$'
DATA  ENDS
CODE  SEGMENT
      ASSUME   CS:CODE,DS:DATA
START:  MOV    AX,DATA
        MOV    DS,AX
        LEA    DX,INPUT
        MOV    AH,09H
        INT    21H
```

```
        MOV     AH,01H
        INT     21H
        ADD     AL,11H
        MOV     DL,AL
        MOV     AH,02H
        INT     21H
        MOV     AH,4CH
        INT     21H
CODE    ENDS
        END     START
```

本章小结

　　本章分别介绍了汇编语言程序设计的一般步骤，举例说明了 3 种基本的程序结构的设计方法。任何程序都是由 3 种基本程序结构组成的，即顺序结构、分支结构（条件选择结构）、循环结构；然后介绍了算术运算类指令和逻辑运算类指令的功能与应用，要求重点掌握指令的应用；最后介绍了简单的顺序结构程序的设计方法。

习题6

1. 选择题

（1）分析下面指令序列执行后的正确结果是（　　　）。

　　A. 3FFFH　　　　　B. 0FFFFH　　　　C. 0FFFCH　　　　D. 0FFF5H

（2）在顺序结构的流程图中，不包含有（　　　）。

　　A. 起始框　　　　　B. 终止框　　　　C. 判断框　　　　D. 处理框

（3）设 AL=0A8H，CX=2，CF=1，执行 RCL　AL,CL 指令后，AL=（　　　）。

　　A. 51H　　　　　　B. 46H　　　　　C. 47H　　　　　D. 0C5H

（4）下述指令的执行结果是（　　　）。

```
        MOV     AL,0FFH
        XOR     AL,3FH
```

　　A. AL=40H　　　　B. AL=20H　　　　C. AL=0C0H　　　　D. AL=0E0H

2. 在寄存器 AX 和 DX 中存有一个 32 位带符号数（DX 中存放高 16 位），请编写程序求出它的相反数。

3. 设 X、Y、R、S、Z 为 16 位有符号数，N 为一个立即数。编程完成表达式 Z←((X-(Y×R+S-N))/X) 的计算。

4. 编程实现求 S=(X^2+Y^2)/Z 的值，并将结果放入 RESULT 单元。

5. 试编程实现将键盘输入的小写字母用大写字母显示出来。

6. 编程序计算 S=(A+B)/2-2(A AND B)。

7. 将 DAT 字存储单元中的 16 位二进制数分成四组，每组四位，然后将这四组数分别放到 DA1、DA2、DA3 和 DA4 这 4 个字节单元中。

8. 若在数组字变量 SQTAB 平方表中有十进制数 0～100 的平方值，用查表法找出 86 这个数的平方值放入字变量 NUM 中，写出程序段和有关的伪指令。

第 7 章 分支结构程序设计

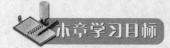

本章将详细介绍转移类指令的应用，并介绍分支结构程序的基本形式、设计方法与设计实例。主要知识点有：
- 转移类指令的分类与应用
- 分支程序的基本结构
- 分支结构程序的设计方法
- 分支结构程序的设计实例

7.1 转移类指令

一般情况下指令是顺序地逐条执行的，但实际上程序不可能总是顺序执行，经常需要改变程序的执行流程。控制转移类指令用来改变程序执行的方向，即修改指令指针寄存器 IP 和段地址寄存器 CS 的值。根据转移位置，将转移指令分为段内转移和段间转移。段内转移是在同一代码段的范围内进行转移，此时只需改变 IP 寄存器的内容，即用新的转移目标地址代替原有的 IP 的值即可达到目的。段间转移是要转移到另一个段去执行程序，此时不仅要修改 IP 寄存器的内容，还要修改 CS 寄存器的内容才能达到目的，因此，此时的转移目标地址应由新的段地址和偏移地址两部分组成。在寻址方式中已经介绍过，转移目标位置的地址如果是直接给出的，则称为直接寻址；转移位置的目标地址如果是通过访问内存单元或寄存器取得的，则称为间接寻址。

根据转移指令的功能，可以分为无条件转移指令、条件转移指令、循环控制指令、子程序调用和返回指令。本章只介绍无条件转移和条件转移指令，其他指令在后续章节中介绍。

7.1.1 JMP 无条件转移指令

无条件转移指令控制处理器转移到指定的位置去执行程序，因此指令中必须给出转移位置的地址，即目标地址，也称为转移地址。下面介绍不同寻址方式下无条件转移指令的格式。

1. 段内直接短转移

指令格式：JMP SHORT OPR

执行的操作：IP←(IP)+8 位偏移量

其中 OPR 为转移目标地址，可以直接使用符号地址，又称标号。SHORT 为属性运算符，表明指令代码中的操作数是 8 位偏移量，用补码表示。偏移量满足向前或向后转移的需要，因此它是一个带符号数，它只能是-128～+127 范围内的取值。指令执行时，转移的目标地址为当前的 IP 值（即转移指令的下一条指令的地址）与指令中给定的 8 位偏移量之和。注意在求和时 8 位补码会扩展成 16 位。

偏移地址紧跟在指令操作码之后，由汇编程序计算得出。计算方法是用目标地址减去当前 IP 的值，得出 8 位偏移量。例如：

　　　　JMP　SHORT　NEXT
　　　　　　⋮
NEXT：MOV　AL,'A'
　　　　　　⋮

假设 JMP 指令地址为 0100H，NEXT 的地址为 010AH，当前 IP 的值为 0102H，所以 JMP 指令中的偏移量为 08H，指令执行时完成(IP)+0008H=0102H+0008H=010AH。

2. 段内直接近转移

指令格式：JMP　NEAR　PTR　OPR

执行的操作：IP←(IP)+16 位偏移量

其中 OPR 为转移目标地址，可以直接使用符号地址，又称标号。NEAR　PTR 为属性运算符，指示汇编程序根据符号地址汇编出 16 位偏移量，以补码表示，因此转移范围可以是 64KB，即-32768～+32767 之间。指令执行时，转移的目标地址为当前的 IP 值（即转移指令的下一条指令的地址）与指令中给定的 16 位偏移量之和。偏移地址紧跟在指令操作码之后，由汇编程序计算得出。计算方法是用目标地址减去当前 IP 的值，得出 16 位的偏移量。

段内直接短转移和段内直接近转移的属性运算符在书写指令时往往不给出，而是直接写成 JMP　OPR。究竟是 8 位还是 16 位，可以由汇编程序在汇编过程中根据标号处的地址与 JMP 指令所在地址进行计算得到。上面给出目标地址的方法称为段内直接寻址。

3. 段内间接转移

指令格式：JMP　R 或 JMP　WORD　PTR　OPR

执行的操作：IP←(BX)或 IP←(OPR)

有效地址 EA 的值是由 OPR 的寻址方式决定的。OPR 为寄存器寻址或存储器寻址中的某一种。如果是寄存器寻址，指令中直接给出寄存器号，则寄存器中的内容送到 IP 中；如果是存储器寻址，按存储器寻址方式中所讲述的方法计算出有效地址和物理地址，用这个物理地址去读取内存中的字数据送到 IP 中。

例如：

JMP　BX

若指令执行前，(BX)=0120H，(IP)=0012H，则指令执行后，(IP)=0120H。

例如：

JMP　WORD　PTR[BX]

指令执行前，(IP)=0012H，(BX)=0100H，(DS)=2000H，(20100H)=80H，(20101H)=00H，目标地址为存储器寻址。

首先计算 EA=(BX)=0100H，PA=DS×10H+EA=20100H，所以指令执行后，(IP)=0080H。

4. 段间直接转移

指令格式：JMP　FAR　PTR　OPR

执行的操作：IP←OPR 的偏移地址

　　　　　　CS←OPR 所在段的段地址

OPR 同段内直接寻址方式一样，在书写时可以直接使用符号地址，在汇编时汇编程序将 OPR 所对应的偏移量和所在代码段的段地址放在操作码之后，需要 4 个字节的存储单元。这种寻址方式称为段间直接寻址。

【例 7-1】 已知在 CODE1 代码段有一条转移指令，目标地址的标号为 NEXT，位于另一个代码段 CODE2 中，如下所示：

```
CODE1    SEGMENT
         ⋮
    JMP    NEXT
         ⋮
CODE1    ENDS
CODE2    SEGMENT
         ⋮
NEXT: MOV    AL，8
         ⋮
CODE2    ENDS
```

若 NEXT 处的段地址为 2000H，偏移地址为 0250H，则指令执行完毕后，(IP)=0250H，(CS)=2000H。

5．段间间接转移

指令格式：JMP DWORD PTR OPR

执行的操作：IP←(EA)

CS←(EA+2)

同段内间接转移相同，有效地址 EA 的值是由 OPR 的寻址方式决定的。但 OPR 只能为存储器寻址中的某一种。按寻址方式中所讲述的方法计算出有效地址和物理地址，用这个物理地址去读取内存中连续的两个字数据，其中低位字送给 IP，高位字送给 CS。

例如：

JMP DWORD PTR[BX+20H]

如指令执行前，(CS)=3000H，(IP)=0012H，(BX)=0100H，(DS)=2000H，(20120H)=80H，(20121H)=00H，(20122H)=00H，(20123H)=50H。

首先计算 EA=(BX)+20H=0120H，PA=DS×10H+EA=20120H。

所以指令执行后，(IP)=0080H，(CS)=5000H。

7.1.2 条件转移指令

条件转移指令根据上一条指令所设置的条件码来测试条件，每一种条件转移指令有它的测试条件，被测试的内容是状态标志位。满足测试条件则转移到指令中指定的位置去执行，如果不满足条件则顺序执行下一条指令。所有的条件转移指令的格式相同，即 JCC OPR。指令的寻址方式同段内直接短转移，OPR 为指令标号，汇编时计算出 8 位偏移量放到指令操作码之后，因此目标地址和转移指令的下一条指令的地址的偏移范围应为-128～+127。转移地址的形成方法和段内直接短转移相同。条件转移指令不提供段间远转移格式，如果需要可采用转换为 JMP 指令的办法来解决。另外所有的条件转移指令都不影响状态标志位。经常用的条件码设置指令为 CMP 指令和 TEST 指令，下面首先介绍这两条指令

1．CMP 指令

CMP 指令为比较指令。

执行格式：CMP　OPR1,OPR2

执行的操作：(OPR1)-(OPR2)

该指令与 SUB 指令一样执行减法操作，但有一点不同，该指令不保存结果（差），即指令执行后，OPR1 和 OPR2 两个操作数的内容不会改变。执行这条指令的主要目的是根据操作的结果设置状态标志位。CMP 指令后通常都会紧跟一条条件转移指令，根据比较结果使程序产生分支。OPR1 和 OPR2 的寻址方式规定同加减指令中的 DST 和 SRC。

比较指令执行后影响所有的状态标志位，根据状态标志位便可判断两操作数的比较结果。

2．TEST 测试指令

指令格式：TEST　OPR1,OPR2

执行的操作：(OPR1)∧(OPR2)

两个操作数执行"与"操作后，结果不回送，只影响状态标志位 PF、SF、ZF，使 CF=0，OF=0，AF 无定义。利用该指令，可以在不改变原有操作数的情况下用来检测某一位或某几位是"0"还是"1"。编程时，作为条件转移指令的先行指令。

3．测试单个状态标志位的条件转移指令

这一组指令用来对五个状态标志位 ZF、SF、OF、PF 和 CF 进行测试，每个状态标志位有两种状态，所以产生十种测试指令。

（1）JZ（或 JE）：结果为 0（或相等）则转移指令。

指令格式：JZ　OPR

测试条件：若 ZF=1，则符合转移条件。

（2）JNZ（或 JNE）：结果不为 0（或不相等）则转移指令。

指令格式：JNZ　OPR

测试条件：若 ZF=0，则符合转移条件。

（3）JS：结果为负则转移指令。

指令格式：JS　OPR

测试条件：若 SF=1，则符合转移条件。

（4）JNS：结果不为负则转移指令。

指令格式：JNS　OPR

测试条件：若 SF=0，则符合转移条件。

（5）JO：结果溢出则转移指令。

指令格式：JO　OPR

测试条件：若 OF=1，则符合转移条件。

（6）JNO：结果不溢出则转移指令。

指令格式：JNO　OPR

测试条件：若 OF=0，则符合转移条件。

（7）JP：结果为偶则转移指令。

指令格式：JP　OPR

测试条件：若 PF=1，则符合转移条件。

（8）JNP：结果为奇则转移指令。

指令格式：JNP　OPR

测试条件：若 PF=0，则符合转移条件。

（9）JC：结果有进位或借位则转移指令。

指令格式：JC　OPR

测试条件：若 CF=1，则符合转移条件。

（10）JNC：结果没有进位或借位则转移指令。

指令格式：JNC　OPR

测试条件：若 CF=0，则符合转移条件。

【例 7-2】已知在内存中有一个单字节带符号数 X，求其绝对值并放到 RESULT 单元中。

程序思路：首先判断数的正负，若为正，不作任何操作，直接放到 RESULT 单元中；否则求补后放到 RESULT 单元中。

简单程序段如下：

```
        MOV   AL,X          ;将带符号数取出送至 AL 中
        TEST  AL,80H        ;判断最高位
        JZ    NEXT          ;若为 0，转到 NEXT 位置执行
        NEG   AL            ;否则，将 AL 中的内容求补
NEXT:   MOV   RESULT,1      ;将 AL 中的内容送 RESULT 单元
EXIT:
          ⋮
```

CMP 比较指令对各状态标志的影响给 8086 指令系统分别提供了判断无符号数大小的条件转移指令和判断带符号大小的条件转移指令。这两组条件转移指令的判断依据是有差别的。前者依据 CF 和 ZF 进行判断，后者则依据 ZF 和 OF、SF 的关系来判断。下面进行详细分析。

假设参加比较的两个数为A和B，首先执行了CMP　A,B指令，运算结果的状态特征反映到标志位上。无符号数根据CF和ZF即可，两个带符号比较有可能出现四种情况：

第一种情况，A<0，B>0（两正数比较）：两正数相减，结果不会溢出，即OF=0。这种情况下，若SF=0，则A>B；反之SF=1，则说明A-B结果为负，即A<B。

第二种情况，A<0，B<0（两负数比较）：两负数相减，结果不会溢出，即OF=0。这种情况下，若SF=0，则A>B，反之SF=1，则A<B。

第三种情况，A>0，B<0（两异号数比较）：显然应该是A>B，而且这种情况下运算结果应该为正，即SF=0。例如：若A=+50，B=-34，则A-B=+84<127，机器中的执行结果为：

$$
\begin{array}{r}
(+50)_\text{补}=\ 00110010 \\
-(-34)_\text{补}=\ 11011110 \\
\hline
01010100
\end{array}
$$

SF=0，不发生溢出，OF=0，说明结果为正数是正确的。但如果A=+84，B=-63，则A-B=+147>127，机器中的执行结果为：

$$
\begin{array}{r}
(+84)_\text{补}=\ 01010100 \\
-(-63)_\text{补}=\ 11000001 \\
\hline
10010011
\end{array}
$$

SF=1，OF=1，发生溢出，说明运算结果出现错误，应为正数。

因此，当结果发生溢出时，SF=1才反映A>B。

第四种情况，A<0，B>0（两异号数比较）：比较结果应该是A<B，相减结果应该为负数，即SF=1。

若A=-45，B=+56，则A-B=-101>-128，机器中的执行结果为：

$$
\begin{array}{r}
〔-45〕_{\text{补}}=\ 11010011 \\
-〔+56〕_{\text{补}}=\ 00111000 \\
\hline
10010011
\end{array}
$$

SF=1，OF=0，不发生溢出，说明结果为负数是正确的；若A=-65，B=+76，则A-B=-141<-128，机器中的执行结果为：

$$
\begin{array}{r}
〔-65〕_{\text{补}}=10111111 \\
-〔+76〕_{\text{补}}=01001101 \\
\hline
01110010
\end{array}
$$

SF=0，OF=1，发生溢出，说明结果为正数是错误的，应为负数。

因此，当结果发生溢出时，SF=0才反映 A<B。

结合以上四种情况，可以得出如下结论：两个同号数相比较时，相减的结果不会超出带符号数的表示范围，即不会产生溢出，OF=0，此时 SF=0，差值为正，被减数大于减数。两个不同号的带符号数进行比较，相减的结果有可能产生溢出，若 OF=0，则说明结果不溢出，SF=0，说明 A>B，否则 A<B；若 OF=1，则说明运算结果溢出，当 SF=1 时，说明得到溢出的负数，结果应该为正，即 A>B，当 SF=0 时，说明得到溢出的正数，结果应为负数，即 A<B。把四种情况概括起来，用表格归纳如表 7-1 所示。

表 7-1　两个带符号数比较情况概括

A、B同号，相减后的 SF 和 OF			A、B异号，相减后的 SF 和 OF		
SF	OF	A 与 B 的关系	SF	OF	A 与 B 的关系
0	0	A>B	0	0	A>B
0	1	—	0	1	A<B
1	0	A<B	1	0	A<B
1	1	A>B	1	1	A>B

可以得出如下结论：

● 当 OF ⊕ SF=0 时，A>B。

● 当 OF ⊕ SF=1 时，A<B，其中 ⊕ 为异或操作。

由上述可知，带符号数和无符号数比较大小需要用不同的指令。

下面先介绍无符号数比较大小的指令。

4. 无符号数比较大小

（1）JB：低于则转移指令。

指令格式：JB　OPR

测试条件：若 CF=1，则符合转移条件。

和 JB 指令等价的指令还有 JNAE（不高于或等于转移）和 JC（借位为 1 转移）。

（2）JBE：低于或等于则转移指令。

指令格式：JBE　OPR

测试条件：若 CF=1 或 ZF=1，则符合转移条件。

和 JBE 指令等价的指令还有 JNA（不高于转移）。

（3）JA：高于则转移指令。

指令格式：JA　OPR

测试条件：若 CF=0 且 ZF=0，则符合转移条件。

和 JA 指令等价的指令还有 JNBE（不低于或不等于转移）。

（4）JAE：高于或等于则转移指令。

指令格式：JAE　OPR

测试条件：若 CF=0 或 ZF=1，则符合转移条件。

和 JAE 指令等价的指令还有 JNB（不低于转移）。

5．带符号数比较大小

（1）JL（或 JNGE）（Jump if less, not greater or equal）：小于，或不大于或等于则转移指令。

指令格式：JL（或 JNGE）　　OPR

测试条件：若 SF $\oplus$ OF=1 且 ZF=0，则符合转移条件（$\oplus$ 为异或操作）。

（2）JLE（或 JNG）（Jump if less or equal, not greater）：小于或等于，或不大于则转移指令。

指令格式：JLE（或 JNG）OPR

测试条件：若 SF $\oplus$ OF=1 或 ZF=1，则符合转移条件。

和 JLE 指令等价的指令还有 JNG（不大于转移）。

（3）JG（或 JNLE）（Jump if greater,or not less or equal）：大于，或不小于或等于则转移指令。

指令格式：JG　（或 JNLE）　　OPR

测试条件：若 SF $\oplus$ OF=0 且 ZF=0，则符合转移条件。

（4）JGE（或 JNL）（Jump if greater or equal, or not less）：大于或等于，或不小于则转移指令。

指令格式：JGE（或 JNL）　　OPR

测试条件：若 SF $\oplus$ OF=0 或 ZF=1，则符合转移条件。

【例 7-3】　已知在内存中有两个无符号字节数据 NUM1 和 NUM2，找出其中的最大数送到 MAX 单元。程序段如下：

```
        MOV     AL,NUM1              ;将第一个数取出送到 AL 中
        CMP     AL,NUM2              ;和第二个数进行比较
        JA      NEXT                 ;第一个数大于第二个数则转到 NEXT 位置
        MOV     AL,NUM2              ;否则将第二个数取出送到 AL 中
NEXT:   MOV     MAX,AL               ;AL 中为最大数送到 MAX 单元
        ⋮
```

若将上述题目改为带符号数，则程序段应改为：

```
        MOV      AL,NUM1              ;将第一个数取出送到 AL 中
        CMP      AL,NUM2              ;和第二个数进行比较
        JG       NEXT                 ;第一个数大于第二个数则转到 NEXT 位置
        MOV      AL,NUM2              ;否则将第二个数取出送到 AL 中
NEXT:   MOV      MAX,AL               ;AL 中为最大数送到 MAX 单元
        ⋮
```

7.2　分支程序的结构形式和程序设计

7.2.1　分支程序的结构形式

8086/8088 指令系统有许多种条件转移指令，这就说明 8086/8088 计算机系统具有很强的逻辑判断能力，并且能够根据这种逻辑判断选择执行不同的程序段。也就是说，当条件满足时进行某种处理，当条件不满足时又进行另外一种处理。

分支程序的结构可以有两种形式：双分支结构和多分支结构。其中双分支又有两种情况，一种是两个分支都有语句要执行，相当于高级语言中的 IF…THEN…ELSE 语句，其流程图如图 7-1（a）所示；第二种情况是只有一个分支有语句执行，另一个分支没有任务执行，相当于高级语言中的 IF…THEN 语句，流程图如图 7-1（b）所示。

多分支程序适用于有多种条件的情况，根据不同的条件进行不同的处理，相当于嵌套 IF 语句或高级语言中的 CASE 语句，流程图如图 7-1（c）所示。

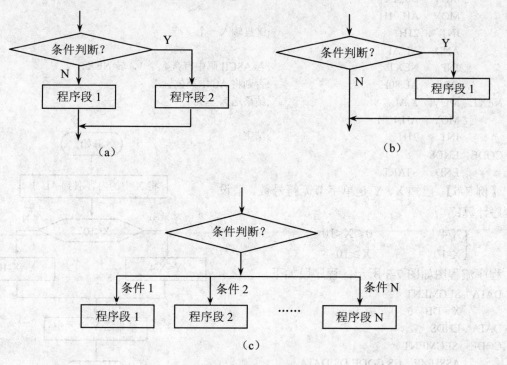

图 7-1　分支程序结构框图

7.2.2 分支结构的程序设计

1. 简单的双分支程序设计

简单的双分支程序段是组成其他复杂程序的基本内容。遇到这一类问题首先要明确需要判断的条件是什么；要用哪一个条件转移语句；条件成立的分支要完成什么任务，条件不成立的分支要完成哪些操作。然后画出程序流程图，细化已经确定的算法，最后根据流程图写出源程序。

【例 7-4】 从键盘输入一个字符，在其最高位加奇校验位后送入 X 单元中。

分析：键盘输入的是一个 ASCII 码，最高位为 0。通过某种指令判断该字符中 1 的个数的奇偶性，若为奇数个 1，高位不变，否则将高位置 1。流程图如图 7-2 所示，程序段如下：

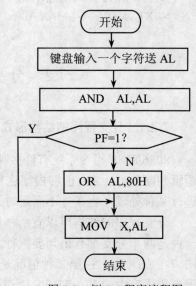

图 7-2　例 7-4 程序流程图

```
DATA  SEGMENT
      X  DB  ?
DATA  ENDS
CODE  SEGMENT
      ASSUME  CS:CODE,DS:DATA
START: MOV  AX,DATA
       MOV  DS,AX
       MOV  AH,01H
       INT  21H          ;键盘输入一个字符
       AND  AL,AL
       JNP  NEXT         ;若 ASCII 码中有奇数个 1，转 NEXT
       OR   AL,80H       ;否则将 AL 中高位置 1
NEXT:  MOV  X,AL         ;结果送 X 单元
       MOV  AH,4CH
       INT  21H          ;结束
CODE  ENDS
      END  START
```

【例 7-5】 已知 X、Y 是单字节无符号数，请设计程序计算：

$$Y=\begin{cases} X/4 & 0 \le X < 10 \\ X-10 & X \ge 10 \end{cases}$$

程序流程图如图 7-3 所示，程序段如下：

```
DATA  SEGMENT
      X  DB  6
DATA  ENDS
CODE  SEGMENT
      ASSUME  CS:CODE,DS:DATA
START: MOV  AX,DATA
       MOV  DS,AX
```

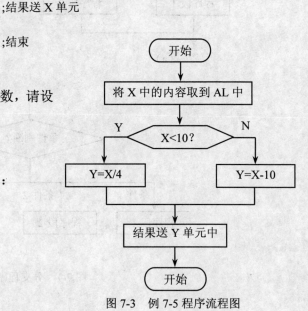

图 7-3　例 7-5 程序流程图

```
        MOV     AL,X
        CMP     AL,10
        JB      NEXT
        SUB     AL,10
        JMP     EXIT
NEXT:   SHR     AL,1
        SHR     AL,1
EXIT:   MOV     Y,AL
        MOV     AH,4CH
        INT     21H
CODE    ENDS
        END     START
```

【例 7-6】 假设有三个单字节带符号数 X、Y、Z，试编程实现将其中的最大数送 MAX 单元的功能。

分析：要实现在三个数中找出最大数，首先在 X、Y 中找出最大数送 AL 寄存器中，然后用 AL 中的内容再和 Z 中的内容进行比较，把两者中的最大数送 AL，这样 AL 中的内容即为三个数中的最大数。

流程图如图 7-4 所示，程序段如下：

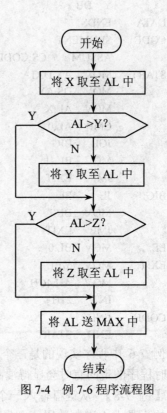

```
DATA    SEGMENT
        X    DB   19
        Y    DB   -25
        Z    DB   38
        MAX DB   ?
DATA    ENDS
CODE    SEGMENT
        ASSUME   CS:CODE,DS:DATA
START:  MOV     AX,DATA
        MOV     DS,AX
        MOV     AL,X
        CMP     AL,Y
        JG      NEXT1
        MOV     AL,Y
NEXT1:  CMP     AL,Z
        JG      NEXT2
        MOV     AL,Z
NEXT2:  MOV     MAX,AL
        MOV     AH,4CH
        INT     21H
CODE    ENDS
        END     START
```

图 7-4　例 7-6 程序流程图

2. 多分支程序设计

多分支结构有若干个条件，每一个条件对应一个基本操作。分支程序就是判断产生的条件，哪个条件成立，就执行哪个条件对应操作的程序段。也就是说，从若干分支中选择一个分支执行。

多分支结构实现的方法有：条件选择法、转移表法和地址表法。

（1）条件选择法：一个条件选择指令可以实现两路分支，多个条件选择指令即可实现多路分支。这种方法适用于分支数较少的情况。

【例 7-7】编写程序，完成下面分段函数的计算。

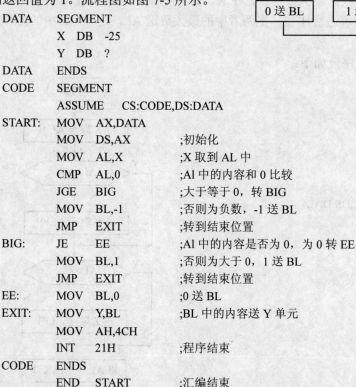

$$Y= \begin{cases} 1 & X>0 \\ 0 & X=0 \\ -1 & X<0 \end{cases}$$

（X 为单字节带符号数据）

分析：X 为内存中的一个带符号数，首先判断其正负，若为负，-1 作为函数值；若为正，再判断是否为 0，如果为 0，函数返回值为 0，否则返回值为 1。流程图如图 7-5 所示。

图 7-5　例 7-7 程序流程图

```
DATA      SEGMENT
          X   DB   -25
          Y   DB   ?
DATA      ENDS
CODE      SEGMENT
          ASSUME    CS:CODE,DS:DATA
START:    MOV   AX,DATA
          MOV   DS,AX      ;初始化
          MOV   AL,X       ;X 取到 AL 中
          CMP   AL,0       ;Al 中的内容和 0 比较
          JGE   BIG        ;大于等于 0，转 BIG
          MOV   BL,-1      ;否则为负数，-1 送 BL
          JMP   EXIT       ;转到结束位置
BIG:      JE    EE         ;Al 中的内容是否为 0，为 0 转 EE
          MOV   BL,1       ;否则为大于 0，1 送 BL
          JMP   EXIT       ;转到结束位置
EE:       MOV   BL,0       ;0 送 BL
EXIT:     MOV   Y,BL       ;BL 中的内容送 Y 单元
          MOV   AH,4CH
          INT   21H        ;程序结束
CODE      ENDS
          END   START      ;汇编结束
```

例 7-6 中程序实现的是三个分支的结构，用转移指令同样可以实现更多分支的程序结构，但这时程序的走向有时会显得混乱，要求编程前要设计好算法并画出规范的程序流程图。

【例 7-8】从键盘输入一个十六进制数码，将其转换成二进制数在内存中存储起来。若输入的不是十六进制数码，则显示"INPUT　ERROR！"。

分析：十六进制数码包括阿拉伯数字 0～9 和英文字母 A～F，通过 DOS 系统功能调用接收的按键为 ASCII 码。10 个阿拉伯数字 0～9 的 ASCII 码是 30H～39H，英文字母 A～F 的 ASCII 码是 41H～46H。程序中必须首先判断输入的内容是否为十六进制数码，是则完成 ASCII 码到

二进制的转换，否则显示出错信息。转换方法是：若接收的按键是阿拉伯数字，则将 ASCII 码减去 30H，若是 A～F 中的某一个英文字母，则将 ASCII 码减去 37H。流程图如图 7-6 所示。

程序段如下：

```
DATA    SEGMENT
        MESS DB    'PLEASE   INPUT:',0AH,0DH,'$'
        ERR  DB    'INPUT   ERROR!',0AH,0DH,'$'
        NUM  DB    ?
DATA    ENDS
CODE    SEGMENT
        ASSUME   DS:DATA,CS:CODE
START:  MOV  AX,DATA
        MOV  DS,AX
        MOV  DX,OFFSET   MESS
        MOV  AH,09H
        INT  21H
        MOV  AH,01H
        INT  21H
        CMP  AL,30H
        JB   ERR1
        CMP  AL,39H
        JA   NEXT
        SUB  AL,30H
        JMP  LL
NEXT:   CMP  AL,41H
        JB   ERR1
        CMP  AL,46H
        JA   ERR1
        SUB  AL,37H
LL:     MOV  NUM,AL
        JMP  EXIT
ERR1:   MOV  DX,OFFSET ERR
        MOV  AH,09H
        INT  21H
EXIT:   MOV  AH,4CH
        INT  21H
CODE    ENDS
        END  START
```

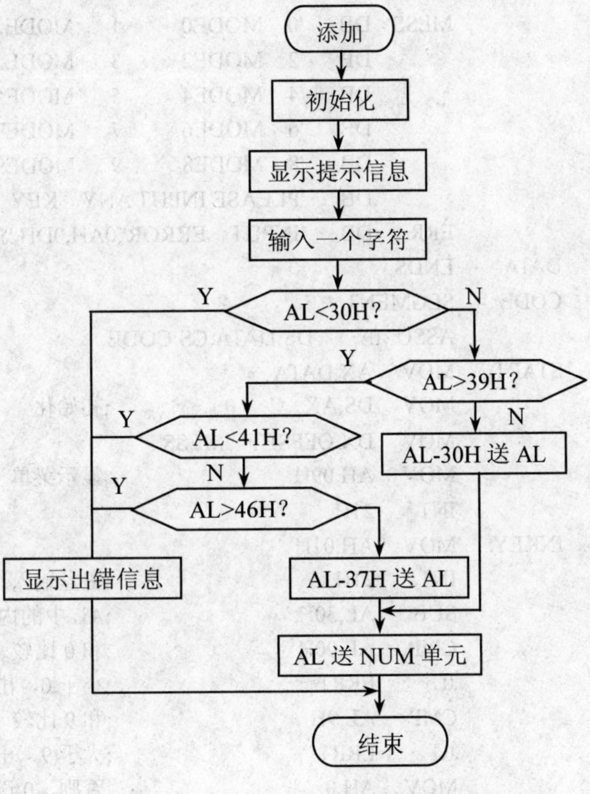

图 7-6 例 7-8 程序流程图

（2）转移表法：转移表法实现多分支的设计思想是：把转移到各分支程序段的转移指令依次放在一张表中，这张表称为转移表。把离表首单元的偏移量作为条件来判断各分支转移指令在表中的位置。当进行多分支条件判断时，把当前的条件——偏移量加上表首地址作为转移地址，转移到表中的相应位置，继续执行无条件转移指令，达到多分支的目的。

下面用实例说明具体的实现过程。

【例 7-9】假设某一系统共有 10 个功能，以菜单形式显示如下：

0 MODE0   1 MODE1
2 MODE2   3 MODE3

```
4   MODE4       5   MODE5
6   MODE6       7   MODE7
8   MODE8       9   MODE9
```

相应的程序段入口地址分别为 MODE0～MODE9，为使程序简单，10 个功能分别为显示数字 0～9，要求通过键盘输入数字 0～9 实现功能选择。

程序如下：

```
DATA    SEGMENT
        MESS DB  '0  MODE0      1    MODE1',0AH,0DH
             DB  '2  MODE2      3    MODE3',0AH,0DH
             DB  '4  MODE4      5    MODE5',0AH,0DH
             DB  '6  MODE6      7    MODE7',0AH,0DH
             DB  '8  MODE8      9    MODE9',0AH,0DH
             DB  'PLEASE INPUT ANY   KEY',0AH,0DH,'$'
        ERR  DB  'INPUT   ERROR',0AH,0DH,'$'
DATA    ENDS
CODE    SEGMENT
        ASSUME    DS:DATA,CS:CODE
START:  MOV   AX,DATA
        MOV   DS,AX                  ;初始化
        MOV   DX,OFFSET   MESS
        MOV   AH,09H                 ;显示菜单
        INT   21H
INKEY:  MOV   AH,01H
        INT   21H                    ;键盘输入选择，按键 ASCII 码送 AL
        SUB   AL,30H                 ;AL 中的内容减 30H
        CMP   AL,00H                 ;和 0 比较
        JL    ERR1                   ;小于 0，出错，显示提示信息
        CMP   AL,9H                  ;和 9 比较
        JG    ERR1                   ;大于 9，出错，显示提示信息
        MOV   AH,0                   ;否则，0 送 AH
        MOV   BX,OFFSET   TABLE      ;BX 指向转移表首单元
        ADD   AX,AX                  ;AX 中的内容乘以 2 送 AX
        ADD   BX,AX                  ;形成偏移地址
        MOV   DL,0AH
        MOV   AH,02H
        INT   21H
        MOV   DL,0DH
        INT   21H                    ;显示回车、换行
        JMP   BX                     ;转到转移表相应位置
ERR1:   MOV   DX,OFFSET   ERR
        MOV   AH,09H
        INT   21H                    ;显示出错提示
        JMP   INKEY                  ;转 INKEY，重新输入按键
TABLE:  JMP   SHORT   MODE0          ;形成转移表，转移指令为短转移
        JMP   SHORT   MODE1
        JMP   SHORT   MODE2
```

```
        JMP     SHORT   MODE3
        JMP     SHORT   MODE4
        JMP     SHORT   MODE5
        JMP     SHORT   MODE6
        JMP     SHORT   MODE7
        JMP     SHORT   MODE8
        JMP     SHORT   MODE9
MODE0:  MOV     AH,02H
        MOV     DL,'0'
        INT     21H                     ;模式 0，显示'0'
        JMP     EXIT                    ;转到结束位置
MODE1:  MOV     AH,02H
        MOV     DL,'1'
        INT     21H                     ;模式 1，显示'1'
        JMP     EXIT                    ;转到结束位置
MODE2:  MOV     AH,02H
        MOV     DL,'2'
        INT     21H                     ;模式 2，显示'2'
        JMP     EXIT                    ;转到结束位置
MODE3:  MOV     AH,02H
        MOV     DL,'3'
        INT     21H                     ;模式 3，显示'3'
        JMP     EXIT                    ;转到结束位置
MODE4:  MOV     AH,02H
        MOV     DL,'4'
        INT     21H                     ;模式 4，显示'4'
        JMP     EXIT                    ;转到结束位置
MODE5:  MOV     AH,02H
        MOV     DL,'5'
        INT     21H                     ;模式 5，显示'5'
        JMP     EXIT                    ;转到结束位置
MODE6:  MOV     AH,02H
        MOV     DL,'6'
        INT     21H                     ;模式 6，显示'6'
        JMP     EXIT                    ;转到结束位置
MODE7:  MOV     AH,02H
        MOV     DL,'7'
        INT     21H                     ;模式 7，显示'7'
        JMP     EXIT                    ;转到结束位置
MODE8:  MOV     AH,02H
        MOV     DL,'8'
        INT     21H                     ;模式 8，显示'8'
        JMP     EXIT                    ;转到结束位置
MODE9:  MOV     AH,02H
        MOV     DL,'9'
        INT     21H                     ;模式 9，显示'9'
```

```
EXIT:     MOV    AH,4CH
          INT    21H
CODE  ENDS
      END    START
```

在上述程序段中，TABLE 为转移表的首单元，每一条段内无条件短转移指令占用两个字节，所以 0 号功能的转移指令距转移表首单元的偏移地址为 0，1 号功能的转移指令距转移表首单元的偏移地址为 2，2 号功能的转移指令距转移表首单元的偏移地址为 4，依此类推。因此要将功能号乘以 2 再加上表首单元的地址才能形成转移到转移表的条件。试想，如果每一个功能程序段很长，和转移指令的距离超过 256 个字节，程序应如何修改。

（3）地址表法：控制多分支结构的另一种常用的方法是地址表法。它与转移表法不同，转移表法中的转移表位于代码段，存放的是转移指令；而地址表法中的表位于数据段，存放的是分支程序段的入口地址。如果是段内转移，则入口地址为段内偏移地址，占用一个字单元；如果是段间转移，则入口地址为 32 位地址指针，占用两个字单元。下面举例说明实现方法。

【例 7-10】 将例 7-9 中的功能用地址表方法实现，程序段如下：

```
DATA  SEGMENT
      TABLE DW    MODE0,MODE1,MODE2,MODE3,MODE4
            DW    MODE5,MODE6,MODE7,MODE8,MODE9     ;定义地址表
      MESS  DB    'PLEASE INPUT ANY   KEY',0AH,0DH,'$'
      ERR   DB    'INPUT   ERROR',0AH,0DH,'$'
DATA  ENDS
CODE  SEGMENT
      ASSUME    DS:DATA,CS:CODE
START:  MOV    AX,DATA
        MOV    DS,AX              ;初始化
        MOV    DX,OFFSET   MESS
        MOV    AH,09H
        INT    21H               ;显示菜单
INKEY:  MOV    AH,01H
        INT    21H               ;输入按键，ASCII 码送 AL
        SUB    AL,30H            ;AL 中的内容减 30H
        CMP    AL,00H            ;按键值和 0 比较
        JL     ERR1              ;小于 0，出错，转 ERR1
        CMP    AL,9H             ;按键值和 9 比较
        JG     ERR1              ;大于 9，出错，转 ERR1
        MOV    AH,0              ;0 送 AH，完成 AL 中内容的扩展
        MOV    BX,OFFSET   TABLE ;BX 指向地址表首单元
        ADD    AX,AX             ;AX 中的内容乘以 2
        ADD    BX,AX             ;BX 中的内容和 AX 中的内容相加
        MOV    DL,0AH
        MOV    AH,02H
        INT    21H
        MOV    DL,0DH
        INT    21H               ;显示回车、换行
        JMP    WORD  PTR  [BX]   ;BX 指示字单元内容作为转移地址
ERR1:   MOV    DX,OFFSET   ERR
```

```
        MOV    AH,09H
        INT    21H                ;显示出错提示信息
        JMP    INKEY              ;转 INKEY 位置
MODE0:  MOV    AH,02H
        MOV    DL,'0'
        INT    21H                ;模式 0，显示'0'
        JMP    EXIT               ;转到结束位置
MODE1:  MOV    AH,02H
        MOV    DL,'1'
        INT    21H                ;模式 1，显示'1'
        JMP    EXIT               ;转到结束位置
MODE2:  MOV    AH,02H
        MOV    DL,'2'
        INT    21H                ;模式 2，显示'2'
        JMP    EXIT               ;转到结束位置
MODE3:  MOV    AH,02H
        MOV    DL,'3'
        INT    21H                ;模式 3，显示'3'
        JMP    EXIT               ;转到结束位置
MODE4:  MOV    AH,02H
        MOV    DL,'4'
        INT    21H                ;模式 4，显示'4'
        JMP    EXIT               ;转到结束位置
MODE5:  MOV    AH,02H
        MOV    DL,'5'
        INT    21H                ;模式 5，显示'5'
        JMP    EXIT               ;转到结束位置
MODE6:  MOV    AH,02H
        MOV    DL,'6'
        INT    21H                ;模式 6，显示'6'
        JMP    EXIT               ;转到结束位置
MODE7:  MOV    AH,02H
        MOV    DL,'7'
        INT    21H                ;模式 7，显示'7'
        JMP    EXIT               ;转到结束位置
MODE8:  MOV    AH,02H
        MOV    DL,'8'
        INT    21H                ;模式 8，显示'8'
        JMP    EXIT               ;转到结束位置
MODE9:  MOV    AH,02H
        MOV    DL,'9'
        INT    21H                ;模式 9，显示'9'
EXIT:   MOV    AH,4CH
        INT    21H                ;程序结束
CODE    ENDS
        END    START              ;汇编结束
```

程序分析：在 TABLE 这个地址表中存储有 MODE0～MODE9 的入口地址，为段内转移，占用两个字节，即 0 号功能的入口地址距表首单元的偏移地址为 0，1 号功能的入口地址距表首单元的偏移地址为 2，依此类推。

3．程序设计举例

【例 7-11】 接收键盘输入的字母，判断该字符是否为字母、数字或非字母也非数字类字符。

分析：数字 0～9 与字母一样，在计算机内也是以 ASCII 码值来表示，其值范围为 30H～39H；字母分为大写和小写两类，ASCII 码均为连续的区域；这三个区域外的符号即为其他字符。通过 ASCII 码值的范围自然能够区别这三类符号。

流程图如图 7-7 所示。

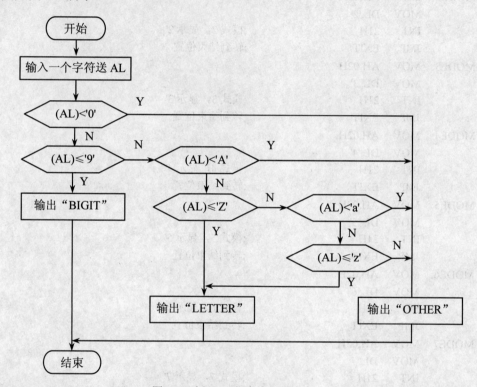

图 7-7　例 7-11 程序流程图

程序段如下：

```
DATA       SEGMENT
           MSG1   DB      0AH,0DH,'DIGIT',0AH,0DH,'$'
           MSG2   DB      0AH,0DH,'LETTER',0AH,0DH,'$'
           MSG3   DB      0AH,0DH,'OTHER',0AH,0DH,'$'
DATA       ENDS
CODE       SEGMENT
           ASSUME  CS:CODE,DS:DATA
START:     MOV     AX,DATA
           MOV     DS,AX                   ;初始化
           MOV     AH,1
```

```
        INT     21H                    ;读取一个字符送 AL
        CMP     AL,'0'
        JB      OTHER                  ;AL 中的内容小于'0'，转其他字符显示
        CMP     AL,'9'
        JBE     DIGIT                  ;AL 中的内容小于等于'9'，转数字显示
        CMP     AL,'A'
        JB      OTHER                  ;AL 中的内容小于'A'，转其他字符显示
        CMP     AL,'Z'
        JBE     LETTER                 ;AL 中的内容小于等于'Z'，转字母显示
        CMP     AL,'a'
        JB      OTHER                  ;AL 中的内容小于'a'，转其他字符显示
        CMP     AL,'z'
        JBE     LETTER                 ;AL 中的内容小于等于'z'，转字母显示
        JMP     OTHER
DIGIT:  MOV     DX,OFFSET MSG1
        MOV     AH,09H
        INT     21H                    ;显示"DIGIT"
        JMP     EXIT
LETTER: MOV     DX,OFFSET MSG2
        MOV     AH,09H
        INT     21H                    ;显示"LETTER"
        JMP     EXIT
OTHER:  MOV     DX,OFFSET MSG3
        MOV     AH,09H
        INT     21H                    ;显示"OTHER"
EXIT:   MOV     AH,4CH
        INT     21H                    ;返回 DOS
CODE    ENDS
        END     START
```

 本章小结

　　分支结构一般是由条件转移指令和无条件转移指令构成的。编写分支程序一般利用比较指令或其他影响状态标志的指令，如算术运算指令、移位指令或测试指令等，为转移指令提供测试条件。然后用条件转移指令测试状态标志位，判断某种条件是否成立，当条件成立时，改变程序走向。对于完全分支结构，当分支汇合时，还需要使用无条件转移指令。分支程序分为双分支结构程序和多分支结构程序，多分支结构实现的方法有：条件选择法、转移表法和地址表法。

习题 7

1. 指出下列无条件转移指令的转移地址中的偏移地址是什么？存放在何处？

（1）JMP　BX

（2）JMP　WORD　PTR[BX]

（3）JMP　NEAR　PTR　PROA

（4）JMP　FAR　PTR　FAR_PRO

（5）JMP　SHORT　AGAIN

（6）JMP　DWORD　PTR[BX][DI]

2．试分析下列程序段，如果 AX 和 BX 的内容分别给出如下 5 种情况，问程序分别转向何处？

```
ADD   AX,BX
JNO   L1
JNC   L2
SUB   AX,BX
JNC   L#
JNO   L4
JMP   L5
```

（1）AX=1478H，BX=80DCH

（2）AX=0B568H，BX=54B5H

（3）AX=42C8H，BX=608DH

（4）AX=0D023H，BX=9FD0H

（5）AX=94B7H，BX=0B568H

3．试编写程序，对 BUF 字节存储区中的 3 个数进行比较，并按比较结果显示如下信息：

（1）如果 3 个数都不相等则显示 0。

（2）如果 3 个数中有两个数相等则显示 1。

（3）如果 3 个数都相等则显示 2。

4．编写程序，计算下面函数的值。

$$s = \begin{cases} 2x & (x < 0) \\ 3x & (0 \leqslant x \leqslant 10) \\ 4x & (x > 10) \end{cases}$$

5．设内存中有三个互不相等的无符号字数据 X、Y 和 Z，存放在 X 开始的字单元中，编程实现将三个数据从小到大排序后放到 X、Y 和 Z 中。

第8章 循环结构程序设计

本章学习目标

　　本章主要讲解串指令及循环控制的基本格式与应用、循环程序的基本结构及程序设计实例。通过本章的学习，读者应掌握以下内容：
- 循环控制指令的格式与应用
- 串操作指令的格式与应用
- 循环程序的基本结构
- 循环程序设计实例

8.1 循环程序的基本结构

8.1.1 循环程序的组成

　　循环程序结构是三大基本程序结构之一，一个循环结构的程序主要由以下4个部分组成：

　　（1）循环初始化部分。在进入循环程序之前，要进行循环程序初始状态的设置，一般称为循环初始化。循环初始化基本上包括：循环计数器初始化、地址指针初始化、存放运算结果的寄存器或内存单元的初始化。

　　（2）循环体。循环体是完成循环工作的主要部分，使用循环程序的目的就是要重复执行这段操作。不同的程序要解决的问题不同，因此循环体的具体内容也有所不同。

　　（3）循环参数修改部分。为保证每次循环的正常执行，相关信息（如计数器的值、操作数的地址指针等）要发生有规律的变化，为下一次循环做准备。

　　（4）循环控制部分。循环控制是循环程序设计的关键。每个循环程序必须选择一个恰当的循环控制条件来控制循环的运行和结束。如果循环不能正常运行，则不能完成特定的功能；如果循环不能结束，则将陷入"死循环"。因此，合理地选择循环条件就成为循环程序设计的关键问题。有时循环次数是已知的，可以使用循环计数器来控制；有时循环次数是未知的，则应根据具体情况设置控制循环结束的条件。

8.1.2 循环程序的结构

　　在程序设计中，常见的循环结构有两种：一种是先执行循环体，然后判断循环是否继续进行；另一种是先判断是否符合循环条件，符合则执行循环体，否则退出循环。两种循环结构如图8-1和图8-2所示。

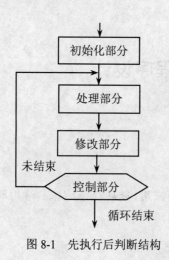

图 8-1　先执行后判断结构

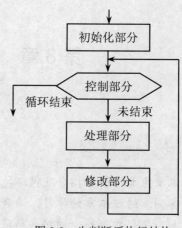

图 8-2　先判断后执行结构

8.2　循环控制指令及串指令

8.2.1　循环控制指令

高级程序设计语言属于结构化程序设计语言，像循环结构的程序有专门的循环控制语句。例如在 Pascal 程序设计语言中，有控制固定循环次数的 FOR 语句、有条件控制的 WHILE…DO（当型循环）和 REPEAT…UNTIL（直到型循环）语句。当型循环是先作条件判断，符合循环条件则执行循环体，否则退出循环；直到型循环是先执行循环体，然后判断是否符合退出循环的条件，符合退出条件则退出循环体，否则继续执行循环。汇编语言不是严格意义上的结构化程序设计语言，只是为了使程序结构清晰明了，尽量按结构化程序设计的思路去设计程序。8086/8088 汇编语言中的循环控制是用条件转移指令来实现的，下面分别介绍三种循环控制语句。

1.　LOOP 循环控制指令

指令格式：LOOP　OPR

执行的操作：CX←(CX)-1

若(CX)≠0，则转到指定位置去执行，否则顺序执行。

LOOP 语句用在循环次数固定的循环结构中，循环次数需要预先送入 CX 中，LOOP 为循环体的最后一个语句，OPR 语句标号为循环体的入口。寻址方式和条件转移指令相同。

2.　LOOPZ（LOOPE）循环控制指令

指令格式：LOOPZ　OPR

执行的操作：CX←(CX)-1

若(CX)≠0 且 ZF=1，则转到指定位置去执行，否则顺序执行。

LOOPZ 指令同 LOOP 指令的功能相似，只是继续循环的判断条件不同。LOOPZ 指令除了判断 CX 外还要判断 CF 是否为 1，即由它控制的循环退出条件有两个：(CX)=0 或 ZF=0。ZF 的值是由循环体内的某一条语句设置的。

3. LOOPNZ（LOOPNE）循环控制指令

指令格式：LOOPNZ OPR

执行的操作：CX←(CX)-1

若(CX)≠0 且 ZF=0，则转到指定位置去执行，否则顺序执行。

LOOPNZ 指令同 LOOPZ 指令的功能相似，只是继续循环的控制条件不同。LOOPNZ 指令控制循环继续执行的条件是：(CX)≠0 且 ZF=0。ZF 的值是由循环体内某一条语句设置的。

【例 8-1】 已知在内存中有一个具有 CN 个字节的字符串，首单元地址为 STR，找出字符串中第一个字母 "A" 的地址送到 ADDR 单元中。程序段如下：

```
        MOV     SI,OFFSET  D_BUF
        MOV     CX,CN
        MOV     AL,'A'
        DEC     SI              ;循环初始化
LP:     INC     SI              ;指针增 1
        CMP     AL,[SI]         ;内存中的数据和 AL 中的内容比较
        LOOPNZ  LP              ;为 0 且未比较到末尾转 LP 位置继续
        JNZ     EXIT            ;否则判断 ZF，若为 1，转 EXIT
        MOV     ADDR,SI         ;ZF 为 0，SI 中的内容送 ADDR
EXIT:
        :
```

在这个程序段中，导致循环结束的情况有两种：一种是找到了字母 "A"，一种是 CN 个数据比较结束也未找到，所以退出循环后要判断 ZF 是否为 0，ZF 等于 0 说明没有找到和字母 "A" 相等的字符，否则就是找到了，并且由 SI 指针指示。

8.2.2 串操作类指令

8086 指令系统中有一组十分有用的串操作指令，这些指令的操作对象不只是单个的字节或字数据，而是内存中地址连续的字节串或字串。在每次基本操作后，能够自动修改地址指针，为下一次操作做准备。串操作指令还可以加上重复前缀，此时指令规定的操作将一直重复下去，直到完成预定的重复次数或满足某一个条件。

串操作指令的基本操作各不相同，但都具有以下几个共同特点：

- 总是用 SI 寄存器指向源操作数，用 DI 寄存器指向目的操作数。源操作数常用在现行的数据段，隐含段寄存器 DS；目的操作数总是在现行的附加段，隐含段寄存器 ES。
- 每一次操作以后修改地址指针，是增量还是减量取决于方向标志位 DF：当 DF=0 时，地址指针增量，即字节操作时地址指针加 1，字操作时地址指针加 2；当 DF=1 时，地址指针减量，即字节操作时地址指针减 1，字操作时地址指针减 2。
- 有的串操作指令可加重复前缀 REP，则指令规定的操作重复进行，重复操作的次数由 CX 寄存器决定。
- 若串操作指令的基本操作影响标志 ZF（如 CMPS、SCAS），则可加重复前缀 REPE/REPZ 或 REPNE/REPNZ，此时操作重复进行的条件不仅要求(CX)≠0，且同时要求 ZF 的值满足重复前缀中的规定。
- 串操作指令格式可以写上操作数，也可以只在指令助记符后加上字母 "B"（字节操

作）或"W"（字操作）。加上字母"B"或"W"后，指令助记符后面不允许再写操作数。

1. REP 重复操作前缀

指令格式：REP　String　Primitive

其中：String　Primitive 可以为 MOVS、STOS 或 LODS 串操作。

执行的操作：REP 前缀使后面的串指令重复执行，执行的次数预先送入 CX 寄存器中，每执行一次串操作指令，CX 寄存器中的内容自动减 1，一直重复执行到(CX)=0 指令才执行结束。

2. REPE/REPZ 相等/为零时重复操作前缀

指令格式：REPE/REPZ　String　Primitive

其中：String　Primitive 可以为 CMPS、SCAS 串操作。

执行的操作：当(CX)≠0且比较相等的情况下，重复执行串指令，最大的比较次数送入CX寄存器中。

3. REPNE/REPNZ 不相等/不为零时重复操作前缀

指令格式：REPNE/REPNZ　String　Primitive

其中：String　Primitive 可以为 CMPS、SCAS 串操作。

执行的操作：当(CX)≠0 且比较不相等的情况下，重复执行串指令，最大的比较次数送入 CX 寄存器中。

4. MOVS 串传送指令

指令格式：MOVS　DST,SRC

　　　　　　MOVSB

　　　　　　MOVSW

执行的操作：（1）(DI)←((SI))：SI 所指示单元的内容传送到 DI 所指示的单元。

　　　　　　（2）修改地址指针。

字节操作：SI←(SI)±1，DI←(DI)±1

字操作：SI←(SI)±2，DI←(DI)±2

方向标志位 DF=0 时，用"+"，方向标志 DF=1 时，用"-"。

该指令的执行不影响标志位。

第一种格式给出源操作数和目的操作数，此时指令执行字节操作还是字操作决定于这两个操作数定义时的类型。第二种和第三种格式分别指出是字节操作还是字操作，后面不能加操作数。无论是哪一种格式，在指令执行前都必须把 SI 指向源操作数，DI 指向目的操作数，并要将 DF 置 1 或清零。后面的串操作指令需要做同样的准备工作。

【例 8-2】已知在数据段有一字符串从 STR1 单元起开始存放，现要求编程实现把字符串传送至数据段从 STR2 单元开始的数据区中。

利用 MOV 指令实现传送程序如下：

```
DATA    SEGMENT
        STR1    DB      '0123456789ABCDE'
        CN      EQU     $-STR1
        STR2    DB      CN DUP(?)
DATA    ENDS
CODE    SEGMENT
```

```
         ASSUME        CS:CODE,DS:DATA,ES:DATA
START:   MOV    AX,DATA
         MOV    DS,AX                       ;初始化 DS
         MOV    ES,AX                       ;初始化 ES
         MOV    CX,CN                       ;字符串长度送 CX
         LEA    SI,STR1                     ;SI 指向源串首单元
         LEA    DI,STR2                     ;DI 指向目的串首单元
LP:      MOV    AL,[SI]                     ;取出源串中的字符
         MOV    [DI],AL                     ;传送到目的位置
         INC    SI                          ;源串指针 SI 加 1 调整
         INC    DI                          ;目的串指针 DI 加 1 调整
         LOOP   LP                          ;(CX)-1≠0，转 LP
         MOV    AH,4CH
         INT    21H                         ;返回 DOS
CODE     ENDS
         END    START                       ;汇编结束
```

利用 REP MOVS 指令实现传送程序如下：

```
DATA     SEGMENT
         STR1   DB                          '0123456789ABCDE'
         CN     EQU                         $-STR1
         STR2   DB                          CN DUP(?)
DATA     ENDS
CODE     SEGMENT
         ASSUME   CS:CODE,DS:DATA,ES:DATA
START:   MOV    AX,DATA
         MOV    DS,AX                       ;初始化 DS
         MOV    ES,AX                       ;初始化 ES
         MOV    CX,CN                       ;字符串长度送 CX
         LEA    SI,STR1                     ;SI 指向源串首单元
         LEA    DI,STR2                     ;DI 指向目的串首单元
         CLD                                ;DF 清 0
         REP    MOVSB                       ;重复执行 MOVSB 指令
         MOV    AH,4CH
         INT    21H                         ;返回 DOS
CODE     ENDS
         END    START                       ;汇编结束
```

通过上面程序的比较可以发现 REP MOVS 指令实现传送比循环指令简洁明了。

5. STOS 串存储指令

指令格式：STOS DST

STOSB

STOSW

执行的操作：

字节操作：(DI)←(AL)　　　　　　;AL 中的内容送到 DI 所指示的字节单元

　　　　　DI←(DI)±1　　　　　　;DI 指针加 1 或减 1 调整

字操作：(DI)←(AX)　　　　　　　;AX 中的内容送到 DI 所指示的字单元

　　　　　DI←(DI)±2　　　　　　;DI 指针加 2 或减 2 调整

该指令把 AL 或 AX 中的内容存入由 DI 指示的附加段中的字节数据或字数据，并根据 DF 的值及数据类型来修改 DI 中的内容。在该指令执行前，必须把要存入的内容预先放到 AL 或 AX 中，并设置 DF 和 DI 的初始值。

STOS 指令的执行不影响标志位。这条指令和 REP 指令配合使用可用来将存储区中的某一连续区域放入相同的内容。

【例 8-3】 将内存中从 BUF 单元起的 100 个字节单元清零，要求使用串操作指令实现。程序段如下：

```
DATA   SEGMENT
    CN      EQU   100
    STR     DB    CN DUP(?)
DATA   ENDS
CODE   SEGMENT
    ASSUME   CS:CODE,DS:DATA,ES:DATA
START: MOV    AX,DATA
       MOV    DS,AX            ;初始化 DS
       MOV    ES,AX            ;初始化 ES
       MOV    CX,CN            ;循环次数送 CX
       LEA    DI,STR2          ;初始化 DI 指针
       CLD                     ;使 DF 清零
       MOV    AL,0
       REP    STOSB            ;重复存放 AL 中的内容
       MOV    AH,4CH
       INT    21H              ;返回 DOS
CODE   ENDS
       END    START
```

6. LODS 从串取字符指令

指令格式：LODS DST

              LODSB

              LODSW

执行的操作：

字节操作：AL←((SI))　　　　　　　;SI 所指示字节单元的内容送至 AL

        SI←(SI)±1　　　　　　　　;SI 指针加 1 或减 1 调整

字操作：AL←((SI))　　　　　　　　;SI 所指示字单元的内容送至 AX

       SI←(SI)±2　　　　　　　　;SI 指针加 2 或减 2 调整

该指令把 SI 指示的数据段中的字节数据或字数据传送至 AL 或 AX，并根据 DF 的值及数据类型来调整 SI 中的内容。该指令的执行不影响标志位。

LODS 指令用来从数据段取出一个字或字节，一般不和重复操作前缀指令配合使用。执行一次 LODSB 指令，相当于执行下面的两条指令：

```
MOV    AL,[SI]
INC    SI
```

7. CMPS 串比较指令

指令格式：CMPS   DST,SRC

<pre>
        CMPSB
        CMPSW
</pre>
执行的操作：

字节操作：((SI))-((DI))　　　　　　　　;SI 所指示单元的内容减去 DI 所指示单元的内容

　　　　SI←(SI)±1　　　　　　　　;SI 指针加 1 或减 1 调整

　　　　DI←(SI)±1　　　　　　　　;DI 指针加 1 或减 1 调整

字操作：((SI))-((DI))　　　　　　　　;DI 所指示单元的内容减去 SI 所指示单元的内容

　　　　SI←(SI)±2　　　　　　　　;SI 指针加 2 或减 2 调整

　　　　DI←(DI)±2　　　　　　　　;DI 指针加 2 或减 2 调整

该指令完成两个字节数据或字数据相减，结果不回送，只影响状态标志位，并根据 DF 的值及数据类型来修改 DI 的内容。设置 SI 指向被减数，DI 指向减数，并设置 DF 值。

CMPS 和 REPE/PEPZ 或 REPNE/REPNZ 指令配合使用可用来判断两个字符串是否相等。

【例 8-4】 已知在内存中有两个字符串 STR1 和 STR2，比较两个字符串是否相等，若相等，将 FLAG 单元置 1，否则送 0。程序段如下：

```
DATA    SEGMENT
        STR1  DB    'ASDFGHJK'
        CN    EQU   $-STR1
        STR2  DB    'ASDFGTYU'
        FLAG  DB    ?
DATA    ENDS
CODE    SEGMENT
        ASSUME  CS:CODE,DS;DATA,ES:DATA
START:  MOV   AX,DATA
        MOV   DS,AX              ;初始化 DS
        MOV   ES,AX              ;初始化 ES
        MOV   FLAG,1             ;标志单元首先置 1
        MOV   SI,OFFSET STR1     ;SI 指针指向源字符串首单元
        MOV   DI,OFFSET STR2     ;DI 指针指向目标字符串首单元
        MOV   CX,CN              ;字符串长度送 CX
        CLD                     ;DF 标志位清零
        REPZ  CMPSB             ;两个对应字符相等，继续比较
        JZ    NEXT              ;字符串相等，转至 NEXT 位置
        MOV   FLAG,0             ;否则将 FLAG 单元清零
NEXT:   MOV   AH,4CH
        INT   21H               ;返回 DOS
CODE    ENDS
        END   START             ;汇编结束
```

8. SCAS 串搜索指令

指令格式：SCAS　　　DST,SRC

　　　　　SCASB

　　　　　SCASW

执行的操作：

字节操作：AL-((DI))　　　　　　　　;AL 中的内容减去 DI 所指示字节单元的内容

$$DI \leftarrow (DI) \pm 1$$ 　　　　　　　　;DI 指针加 1 或减 1 调整

字操作：AX-((DI))　　　　　　　　;AL 中的内容减去 DI 所指示字单元的内容

$$DI \leftarrow (DI) \pm 2$$ 　　　　　　　　;DI 指针加 2 或减 2 调整

该指令完成 AL（AX）中内容减去字节数据（字数据）的操作，结果不回送，只影响状态标志位，并根据 DF 的值及数据类型来调整 DI 的内容。在该指令执行前，AL 或 AX 中设置被搜索的内容，DI 指向被搜索的字符串的首单元，并设置 DF 值。

SCAS 和 REPE/PEPZ 或 REPNE/REPNZ 指令配合使用可用来在字符串中搜索与某一个字符相等或不等的字符。

如果要在一个字符串中寻找与某一个字符不等的数据，例如要在 DATA_BUF 数据串中寻找第一个不等于 0 的字节数据，则要用 REPZ　SCASB，有两种情况可使这条指令退出循环：一种是整个数据串存储的都是 0，退出后(CX)=0 且 ZF=0；另一种就是找到了符合条件的数据，并且这时 DI 指向找到的字节数据的下一个单元(DF)=0，ZF=1。因此这条指令之后，用一条测试 ZF 值的指令 JZ 或 JNZ 来控制程序的方向。

9. CLD 清除方向标志指令

指令格式：CLD

执行的操作：该指令使 DF=0，在执行串操作指令时，可使地址自动增量。

10. STD 设置方向标志指令

指令格式：STD

执行的操作：该指令使 DF=1，在执行串操作指令时，可使地址自动减量。

8.3　循环结构程序的设计方法

8.3.1　循环控制的方法

1. 计数控制法

如果循环次数是已知的，则采用计数控制的方法。假设循环次数为 N，常用两种方法实现计数控制：一种是正计数法，即计数器从 1 计数到 N；另一种是倒计数法，即从 N 计数到 0。在汇编语言中若采用循环控制语句，计数器的初始值应设为最大值，减 1 变化到 0。

【例 8-5】 利用循环程序计算 1～100 的累加和，将结果送到字单元 SUM 中。

下面我们用常见的高级语言的程序段说明汇编语言的条件次数固定的循环设计方法。如C++程序段如下：

```
int i,s=0;
for(i=1;i<=100;i++)
    s=s+i;
```

在这个程序段中，S 为存放累加和的变量，i 为循环控制变量，从 1 变化到 100 累加到 S 中。在汇编语言中没有这种结构化的程序控制语句，但可以利用 LOOP 指令实现上述功能。设 CX 中初始值为 100（相当于 i，只是从 100 变化到 1），AX 初始值为 0（相当于 S），程序段如下：

```
DATA    SEGMENT
        SUM  DW ?
```

```
DATA      ENDS
CODE      SEGMENT
          ASSUME   CS:CODE,DS:DATA
START:  MOV   AX,DATA
        MOV   DS,AX                      ;数据段寄存器 DS 初始化
        MOV   AX,0                       ;累加器清零
        MOV   CX,100                     ;循环控制计数器 CX 赋初值 100
LP:     ADD   AX,CX                      ;求累加和
        LOOP  LP                         ;CX-1 送 CX，若 CX 不为 0，转 LP 继续循环
        MOV   SUM,AX                     ;循环结束送结果
        MOV   AH,4CH
        INT   21H                        ;返回 DOS
CODE    ENDS
        END   START                      ;汇编结束
```

2. 条件控制法

在循环程序中，某些问题的循环次数预先是不能确定的，只能按照循环过程中的某个特定条件是否满足来决定循环是否继续执行。对于这类问题，可以通过测试该条件是否成立来实现对循环的控制。这种方法就称为条件控制。

【例 8-6】 通过键盘输入一个字符串，送入数据段的存储区中，以回车结束，统计字符串中数字的个数。流程图如图 8-3 所示。

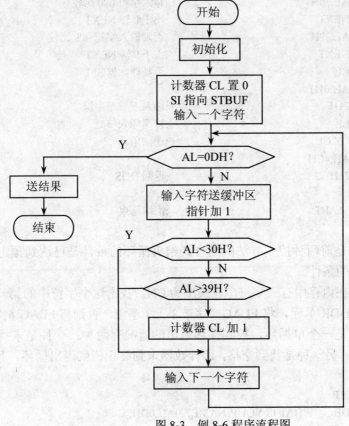

图 8-3 例 8-6 程序流程图

程序段如下：

```
DATA    SEGMENT
        MESS    DB 'PLEASE INPUT STRING:',0AH,0DH,'$'
        STBUF   DB 100 DUP(?)
        CN      DB ?
DATA    ENDS
CODE    SEGMENT
        ASSUME  DS:CODE,CS:CODE
START:  MOV AX,DATA
        MOV DS,AX                       ;初始化
        MOV DX,OFFSET MESS
        MOV AH,09H
        INT 21H                         ;显示提示信息
        MOV SI,OFFSET STBUF             ;SI 指向数据区首单元
        MOV AH,01H
        INT 21H                         ;输入第一个字符
        MOV CL,0                        ;计数器清零
LP:     CMP AL,0DH                      ;输入字符和回车符比较
        JZ  EXIT                        ;是回车符，转结束位置
        MOV [SI],AL                     ;否则，字符存入数据区
        INC SI                          ;指针加 1
        CMP AL,30H                      ;输入字符和'0'比较
        JB  NEXT                        ;小于'0'转 NEXT
        CMP AL,39H                      ;否则输入字符和'9'比较
        JA  NEXT                        ;大于'9'转 NEXT
        INC CL                          ;否则计数器加 1
NEXT:   MOV AH,01H
        INT 21H                         ;输入下一个字符
        JMP LP                          ;转循环入口处
EXIT:   MOV CN,CL                       ;送结果
        MOV AH,4CH
        INT 21H                         ;返回 DOS
CODE    ENDS
        END START                       ;汇编结束
```

3. 混合控制法

所谓混合控制法是前两种控制方法的结合。结束循环的条件是已达到预定的循环次数或出现了某种退出循环的条件。

【例 8-7】 已知在内存中有一字符串，长度为 CN。找出这个字符中的第一个空格，若找到，将其地址送到 ADDR 单元，将 FLAG（字节单元）置 1，否则将 FLAG 清零。

分析：这个题目是一个单循环，控制循环退出的情况有两种：一种是未找到空格，即循环计数器到达终止值；另一种是找到空格，即计数器未到终止值就退出循环。下面用串操作指令实现该功能。

```
DATA    SEGMENT
        STR DB  'WHAT IS YOUR NAME?',0AH,0DH,'$'
        CN  EQU $-STR
```

```
          ADDR   DW ?
          FLAG   DB ?
DATA      ENDS
CODE      SEGMENT
          ASSUME   CS:CODE,DS:DATA,ES:DATA
START:    MOV    AX,DATA
          MOV    DS,AX
          MOV    ES,AX              ;初始化
          MOV    CX,CN              ;计数器送初值
          MOV    DI,OFFSET STR      ;DI 指向字符串首单元
          MOV    AL,20H             ;空格 ASCII 码送 AL
          REPNZ  SCASB              ;在字符串中寻找空格
          JNZ    NEXT               ;未找到，转 NEXT
          DEC    DI                 ;找到，地址指针减 1
          MOV    ADDR,DI            ;空格位置值送 ADDR
          MOV    FLAG,1             ;1 送 FLAG 单元
          JMP    EXIT               ;转结束位置
NEXT:     MOV    FLAG,0             ;0 送 FLAG 单元
EXIT:     MOV    AH,4CH
          INT    21H                ;返回 DOS
CODE      ENDS
          END    START             ;汇编结束
```

4. 逻辑尺控制法

有些情况下，循环体中的处理部分为分支程序，这就构成分支循环结构。实际中常用逻辑尺来控制分支和循环。所谓逻辑尺就是一个存储单元（字节或字单元），在该存储单元中的每一位便是一个标志，它有两个状态"0"或"1"。根据标志位为"0"或为"1"即可实现两路分支，多个标志即可重复地实现分支。可见，重复的次数就是逻辑尺中设定的位数。

【例 8-8】 设有两个字数组 X 和 Y，各含有十个元素，分别为 $X_0 \sim X_9$ 和 $Y_0 \sim Y_9$，要求编程完成以下运算：

$$Z_0=X_0+Y_0 \quad Z_1=X_1+Y_1 \quad Z_2=X_2+Y_2 \quad Z_3=X_3-Y_3 \quad Z_4=X_4-Y_4$$
$$Z_5=X_5+Y_5 \quad Z_6=X_6+Y_6 \quad Z_7=X_7-Y_7 \quad Z_8=X_8-Y_8 \quad Z_9=X_9+Y_9$$

根据题目要求可知，两数组间的元素有两种运算：加或减。为了区别，可以设置标志位，用 0 表示加法，用 1 表示减法。共有十个元素，应设置十个标志位。把这十个标志位按从低位到高位的顺序放在一个存储单元中，则此单元即为逻辑尺。本题的逻辑尺为：

0000 0001 1001 1000

其长度为 10 位，位 i 表示每个标志在逻辑尺上的位置，高 6 位未定义设为 0。

程序段如下：

```
DATA  SEGMENT
      X  DW   112,342,-56,78,-990,-120,234,45,65,89
      Y  DW   -90,12,345,-89,33,-66,67,78,1234,450
      Z  DW   10 DUP(?)
      F  DW   0198H
DATA  ENDS
```

```
CODE    SEGMENT
        ASSUME   CS:CODE,DS:DATA
START:  MOV    AX,DATA
        MOV    DS,AX
        MOV    SI,OFFSET  X
        MOV    DI,OFFSET  Y
        MOV    BX,OFFSET  Z
        MOV    DX,F
        MOV    CX,10
LP:     ROR    BX,1
        JZ     NEXT
        MOV    AX,[SI]
        ADD    AX,[DI]
        MOV    [BX],AX
        JMP    EXIT
NEXT:   MOV    AX,[SI]
        SUB    AX,[DI]
        MOV    [BX],AX
EXIT:   ADD    SI,2
        ADD    DI,2
        ADD    BX,2
        LOOP   LP
        MOV    AH,4CH
        INT    21H
CODE    ENDS
        END    START
```

8.3.2　循环程序的控制结构

控制循环体是否再次被执行的控制语句若处于循环体之前，这种结构称为"当型循环"。即先进行条件判断，再决定是否执行循环体，相当于高级语言（如 C 语言）中的 while 循环；如果条件判断语句在循环体的后面，即先执行一次循环体，再进行条件判断以决定是否进行下一轮循环，相当于高级语言（如 C 语言）中的 do…while 循环。下面以例题形式讲述两种程序的设计方法。

1. 先执行后判断结构的循环程序设计

【例 8-9】　自内存 DAT 单元开始存放若干个无符号字节数据，编制程序分别计算其中奇数、偶数及被 4 整除的数的个数，并分别存入 ODDSUM、EVESUM 和 FORSUM 单元。设各类和不超过 16 位二进制数，可用一个字表示或存放。

分析：本例题的循环次数由无符号数的个数决定，在循环体中要判断每一个数的特征。奇数特征为最低位为 1，偶数特征为最低位为 0，被 4 整除的数的特征为最低两位为 0。在循环体外设置 3 个计数器，分别统计每一种类型数据的个数。每一轮循环结束后要判断循环是否结束，即判断循环控制计数器是否为 0。程序段如下：

```
DATA    SEGMENT
        DAT     DB     12,34,56,10,23,56,65,70,2,4,12,11
```

```
            CN       EQU    $-DAT
            ODDSUM   DW     ?
            EVESUM   DW     ?
            FORSUM   DW     ?
DATA    ENDS
CODE    SEGMENT
            ASSUME   CS:CODE,DS:DATA
START:  MOV    AX,DATA
            MOV    DS,AX
            LEA    SI,DAT
            MOV    CX,CN
            MOV    BX,0
            MOV    DX,0
            MOV    DI,0
LP:     MOV    AL,[SI]
            INC    SI
            TEST   AL,01H
            JNZ    NEXT
            INC    DX
            TEST   AL,03H
            JNZ    EXIT
            INC    DI
            JMP    EXIT
NEXT:   INC    BX
EXIT:   LOOP LP
            MOV    ODDSUM,BX
            MOV    EVESUM,DX
            MOV    FORSUM,DI
            MOV    AH,4CH
            INT    21H
CODE    ENDS
            END    START
```

2．先判断后执行结构的循环程序设计

【例 8-10】将从 STR 单元开始的一个字符串中的所有大写字母改为小写字母，该字符串以 00H 结尾。

分析：这是一个循环次数不定的循环程序结构，应用转移指令决定是否循环结束。循环体判断每个字符，如果是大写字母则转换为小写，否则不予处理；循环体中具有分支结构。大小写字母的 ASCII 码的不同之处是：大写字母 $D_5=0$，而小写字母 $D_5=1$。

```
DATA    SEGMENT
            STR    DB   'ABcdeFgHUJkl',0
DATA    ENDS
CODE    SEGMENT
            ASSUME   CS:CODE,DS:DATA
START:  MOV    AX,DATA
            MOV    DS,AX                              ;初始化
```

```
        MOV   SI,OFFSET STR
        MOV   AL,[SI]                    ;取第一个字符送 AL 中
LP:     CMP   AL,0                       ;AL 中的内容为 0 吗
        JZ    EXIT                       ;为 0 转 EXIT 结束
        CMP   AL,'A'                     ;AL 中的 ASCII 码值小于'A'吗
        JB    NEXT                       ;小于'A'转 NEXT
        CMP   AL,'Z'                     ;AL 中的 ASCII 码值大于'Z'吗
        JA    NEXT                       ;大于'Z'转 NEXT
        OR    AL,20H                     ;否则为小写字母，将 D₅ 置 1
        MOV   [SI],AL                    ;送回原位置
NEXT:   INC   SI
        MOV   AL,[SI]                    ;取下一个字符
        JMP   LP
EXIT:   MOV   AH,4CH
        INT   21H                        ;程序结束
CODE    ENDS
        END   START                      ;汇编结束
```

8.4　单循环程序设计

在前面的几节中，陆续介绍了循环指令的应用、循环的概念、循环程序结构和循环控制方法，后面将重点讨论循环程序的两种基本模式：单循环程序和多循环程序。本节中讨论简单的循环程序——单循环程序。所谓的单循环程序即循环体中不再包含循环结构。

下面通过例题进一步说明单循环程序的设计方法。

【例 8-11】　编写程序完成求 1+2+3+⋯+N 的累加和，直到累加和超过 1000 为止。统计被累加的自然数的个数送 CN 单元，累加和送 SUM。

流程图如图 8-4 所示。程序段如下：

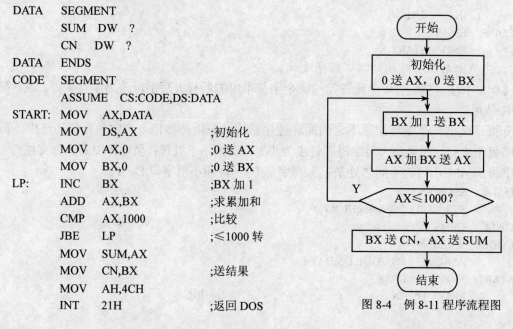

```
DATA    SEGMENT
        SUM   DW    ?
        CN    DW    ?
DATA    ENDS
CODE    SEGMENT
        ASSUME   CS:CODE,DS:DATA
START:  MOV   AX,DATA
        MOV   DS,AX              ;初始化
        MOV   AX,0               ;0 送 AX
        MOV   BX,0               ;0 送 BX
LP:     INC   BX                 ;BX 加 1
        ADD   AX,BX              ;求累加和
        CMP   AX,1000            ;比较
        JBE   LP                 ;≤1000 转
        MOV   SUM,AX
        MOV   CN,BX              ;送结果
        MOV   AH,4CH
        INT   21H                ;返回 DOS
```

图 8-4　例 8-11 程序流程图

```
CODE    ENDS
        END    START                ;汇编结束
```

【例 8-12】 在一个数据块中查找是否有字母"A"，若有将其位置显示出来，若没有，则将 DI 送 0，不做任何显示。

分析：在一个数据块中查找某一个数据，可以使用串指令 SCAN。程序段如下：

```
DATA    SEGMENT
        DAT1    DB    'THIS IS A PROGRAM'      ;字符串
        CN      EQU   $-DAT1
        DAT2    DB    'A'                      ;被查找的字符
DATA    ENDS
CODE    SEGMENT
        ASSUME  CS:CODE,DS:DATA,ES:DATA
START:  MOV     AX,DATA
        MOV     DS,AX                          ;数据段初始化
        MOV     ES,AX                          ;附加段初始化
        MOV     CX,CN                          ;循环次数送 CX
        CLD                                    ;DF 清零
        MOV     AL,DAT2                        ;被查数据送 AL
        LEA     DI,DAT1                        ;DI 指向字符串首单元
        REPNZ   SCASB                          ;重复查找 AL 中的内容
        JZ      FIND                           ;找到转 FIND
        MOV     DI,0                           ;否则将 0 送 DI
        JMP     EXIT
FIND:   DEC     DI
        MOV     BX,4
LP:     MOV     CL,4
        ROL     DI,CL
        MOV     DX,DI
        AND     DL,0FH
        CMP     DL,9
        JBE     NEXT
        ADD     DL,07H
NEXT:   ADD     DL,30H
        MOV     AH,02H
        INT     21H
        DEC     BX
        JNZ     LP                             ;以十六进制显示 DI 中的内容
        MOV     DL,'H'
        MOV     AH,02H
        INT     21H
EXIT:   MOV     AH,4CH
        INT     21H
CODE    ENDS
        END    START
```

【例 8-13】 从 BUFFER 为首地址的单元开始存放了 N 个单字节的有符号数，编写一个程序，用以统计数据块中负数元素的个数。

分析：在计算机中单字节带符号数的最高位（符号位）为 1，要统计负数个数就是检测每一个数的符号位，若为 1 则计数器加 1。程序段如下：

```
DATA      SEGMENT
          BUFFER  DB   -1,-3,5,6,-7,9,10,12,-13,34,-1
          CN      EQU $-BUFFER
          RESULT  DW  ?
DATA      ENDS
CODE      SEGMENT
          ASSUME  CS:CODE,DS:DATA
START:    MOV     AX,DATA
          MOV     DS,AX
          MOV     BX,OFFSET BUFFER      ;数据指针送 BX
          MOV     CX,CN                 ;循环次数送 CX
          MOV     DX,0                  ;计数寄存器清零
LOP1:     MOV     AL,[BX]               ;取一数据送 AL
          TEST    AL,80H                ;测试最高位
          JZ      PLUS                  ;最高位为 0 转 PLUS
          INC     DX                    ;否则计数寄存器加 1
PLUS:     INC     BX                    ;修改地址指针
          LOOP    LOP1
          MOV     RESULT,DX             ;送结果
          MOV     AH,4CH
          INT     21H
CODE      ENDS
          END     START
```

8.5 多重循环

循环体内还包含循环结构称为循环嵌套，又称为多重循环。有些问题比较复杂，单循环难以解决，必须用多重循环。在使用多重循环时要特别注意以下几点：

（1）内循环必须完整地包含在外循环内，内外循环不能相互交叉。

（2）内循环在外循环中的位置可以根据需要任意设置，在分析程序流程时要避免出现混乱。

（3）内循环既可以嵌套在外循环中，也可以几个循环并列存在。可以从内循环直接跳到外循环，但不能从外循环直接跳到内循环。

（4）防止出现死循环。无论是内循环，还是外循环，千万不要使循环回到初始化部分，否则将出现死循环。

（5）每次完成外循环再次进入内循环时，初始条件必须重新设置。

【例 8-14】 数据段中有一组带符号数据，存放在从 NUM 单元开始的区域中，试编程实现将它们按从小到大的顺序排序。要求排序后依然放在原来的存储区中。

分析：此例要求按升序排序，可以有多种方法。

方法一：将第一个数与后面的 N-1 个数逐一比较，在比较过程中，如果后面的数小于第一个数，则将它们互换位置，否则第一个数继续与下一个数进行比较。这样经过 N-1 次比较后，最小数就放到了第一个存储单元。然后从第二个数开始，将它与其后的 N-2 个数逐一比

较，经过 N-2 次比较后，第二个最小值将被放到第二个存储单元……依此类推，即可实现对存储单元中的一组数据按升序排列。排序算法可以用双重循环结构实现，内循环执行一次，完成一次比较；外循环执行一次，得到一个最小数。外循环执行 N-1 次，即可完成对数据的升序排列。

算法流程图如图 8-5 所示。程序段如下：

```
DATA     SEGMENT
         A      DB    23,-15,34,67,-19
                DB    0,-12,89,120,55
         CN     EQU   $-A
DATA     ENDS
CODE     SEGMENT
         ASSUME  CS:CODE,DS:DATA
START:   MOV    AX,DATA
         MOV    DS,AX          ;初始化
         MOV    SI,0           ;指针 SI 初始化
         MOV    CX,CN-1        ;循环次数送 CX
LP1:     MOV    DI,SI
         INC    DI             ;SI+1 送 DI
         PUSH   CX             ;CX 入栈
         MOV    AL,A[SI]
LP2:     CMP    AL,A[DI]       ;Ai 同 Aj 比较
         JLE    NEXT           ;小于或等于转 NEXT
         XCHG   AL,A[DI]       ;否则互换
         MOV    A[SI],AL
NEXT:    INC    DI             ;DI 指针调整
         LOOP   LP2            ;CX-1 不为 0 转 LP2
         INC    SI             ;SI 指针调整
         POP    CX             ;CX 出栈
         LOOP   LP1            ;CX-1 不为 0 转 LP1
         MOV    AH,4CH
         INT    21H            ;返回 DOS
CODE     ENDS
         END    START         ;汇编结束
```

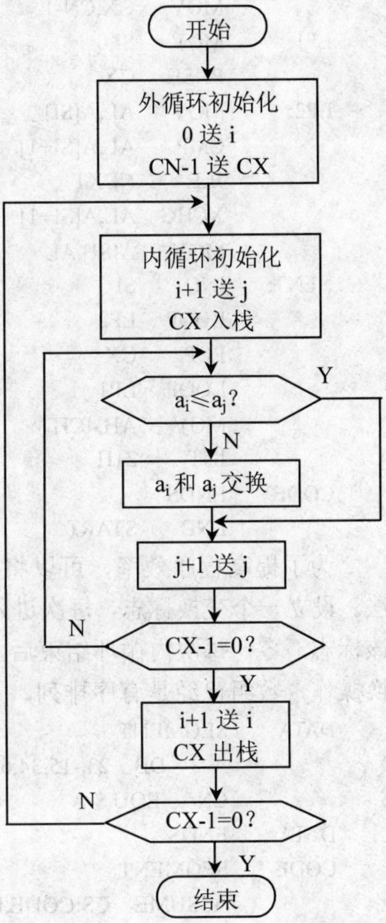

图 8-5 例 8-14 程序流程图

方法二：冒泡法。从第一个数开始依次对两两相邻的两个数进行比较，如果次序符合要求（即第 i 个数小于第 i+1 个数），不做任何操作；否则两数交换位置。这样经过第一轮的两两比较（N-1 次），最大数则放到了最后。第二轮对前 N-1 个数做上面的工作，则把次大数放到了倒数第二个单元……依此类推，做 N-1 轮同样的操作就完成了排序操作。

通过上述分析可以得到，该算法要用双重循环实现。外循环次数为 N-1 次，内循环次数分别为 N-1 次、N-2 次、N-3 次……2 次、1 次，所以内循环的循环次数和外循环的计数器值有关，即等于外循环计数器的值。程序段如下：

```
DATA     SEGMENT
         A      DB    23,-15,34,67,-19
                DB    0,-12,89,120,55
         CN     EQU   $-A
```

```
DATA    ENDS
CODE    SEGMENT
        ASSUME  CS:CODE,DS:DATA
START:  MOV    AX,DATA
        MOV    DS,AX                   ;初始化
        MOV    CX,CN-1                  ;外循环次数送计数器 CX
LP1:    MOV    SI,0                     ;数组起始下标 0 送 SI
        PUSH   CX                       ;外循环计数器入栈
LP2:    MOV    AL,A[SI]                 ;A[SI]取出送 AL
        CMP    AL,A[SI+1]               ;A[SI]和 A[SI+1]比较
        JLE    NEXT                     ;小于或等于转 NEXT
        XCHG   AL,A[SI+1]               ;否则 A[SI]和 A[SI+1]交换
        MOV    A[SI],AL
NEXT:   INC    SI                       ;数组下标加 1
        LOOP   LP2                      ;CX-1 不为 0 转 LP2
        POP    CX                       ;否则退出内循环，将 CX 出栈
        LOOP   LP1                      ;CX-1 不为 0 转 LP1
        MOV    AH,4CH
        INT    21H                      ;返回 DOS
CODE    ENDS
        END    START                    ;汇编结束
```

为了提高程序效率，可以将上述冒泡排序算法做一个改进，采用另外一种结束循环的方法。设立一个交换标志，每次进入外循环就将该标志置1；在内循环中每做一次交换操作就将该标志清零。每次内循环结束后，测试交换标志的值，若为 1，说明上一轮两两比较未发生交换操作，数组已经是有序排列，否则进入下一轮外循环。改进后的程序段如下：

```
DATA    SEGMENT
        A    DB   23,-15,34,67,-19,0,-12,89,120,55
        CN   EQU $-A
DATA    ENDS
CODE    SEGMENT
        ASSUME  CS:CODE,DS:DATA
START:  MOV    AX,DATA
        MOV    DS,AX                   ;初始化
        MOV    CX,CN-1                  ;外循环次数送计数器 CX
LP1:    MOV    SI,0                     ;数组起始下标 0 送 SI
        PUSH   CX                       ;外循环计数器入栈
        MOV    DL,1                     ;交换标志送 1
LP2:    MOV    AL, A[SI]                ;A[SI]取出送 AL
        CMP    AL,A[SI+1]               ;A[SI]和 A[SI+1]比较
        JLE    NEXT                     ;小于或等于转 NEXT
        XCHG   AL,A[SI+1]               ;否则 A[SI]和 A[SI+1]交换
        MOV    A[SI],AL
        MOV    DL,0                     ;并将交换标志清零
NEXT:   INC    SI                       ;数组下标加 1
        LOOP   LP2                      ;CX-1 不为 0 转 LP2
        POP    CX                       ;否则退出内循环，将 CX 出栈
```

```
        DEC     CX                      ;计数器减 1 调整
        CMP     DL,0
        JZ      LP1
        MOV     AH,4CH
        INT     21H
CODE    ENDS
        END     START
```

本章小结

　　本章主要讲述了循环程序的组成、基本结构、控制方法以及设计方法。循环程序主要包括循环初始化部分、循环体、循环参数修改部分、循环控制部分。循环控制是循环程序设计的关键。根据循环控制设置的位置可以将循环程序分为两种结构：先判断条件再执行循环体，称为当型循环；先执行循环体，再判断循环是否继续执行，称为直到型循环。循环控制方法主要有计数法、条件法、混合法和逻辑尺法。根据循环体中所包含的内容可以将循环分为单循环和多重循环。

习题 8

1．循环程序由几部分组成，各部分的功能是什么？

2．分析下列程序，指出运行结果：

（1）

```
DATA    SEGMENT
        SUM   DW  ?
DATA    ENDS
CODE    SEGMENT
        ASSUME  CS：CODE,DS：DATA
START: MOV    AX,DATA
        MOV    DS,AX
        XOR    AX,AX
        MOV    BX,2
        MOV    CX,10
LOP1:  ADD    AX,BX
        INC    BX
        INC    BX
        DEC    CX
        JNZ    LOP1
        MOV    AH,4CH
        INT    21H
CODE    ENDS
        END    START
```

问：①该程序完成了什么功能？

②程序执行完毕后，SUM 单元的内容是什么？

（2）

```
        DAT1  DB   0,1,2,3,4,5,6,7,8,9
        DAT2  DB   5  DUP(?)
                ⋮
        MOV   CX,5
        MOV   BX,5
        MOV   SI,0
        MOV   DI,0
NEXT:   MOV   AL,DAT1[BX+SI]
        MOV   DAT2[DI],AL
        INC   SI
        INC   DI
        LOOP  NEXT
```

问：①该程序完成了什么功能？

②程序执行完毕后，DAT2 数据区中的内容是什么？

3．编写程序求出首地址为 DAT 的 100 个有符号字数据中的最小偶数，并将这个数存放到 DAT1 字单元中。

4．设数据区以 ADR 为起始地址存放着 128 个字单元的数据，编写一个程序要求删除数据串中所有为零的项，然后将后边的数向前移动，数组末尾剩余部分用零填充。

5．试编写一个程序段，要求比较两个字符串 STR1 和 STR2 是否完全相等。若完全相等，则置 AL=1；若不完全相等，则置 AL=-1。

6．已知在以 BUF1 为首地址的数据区中存放了 N 个字节数据，编制程序完成将数据块搬家至 BUF2 为首地址的存储区中，要求：

（1）用一般数据传送指令 MOV 实现。

（2）用数据串传送指令 MOVSB 实现。

（3）用数据串指令 LODSB/STOSB 实现。

7．试用汇编语言编写一个程序，把存放在 BX 寄存器内的值（二进制数）用十六进制数的形式在屏幕上显示出来。

8．试编制一个程序：从键盘输入一行字符，要求第一个键入的字符必须是空格，如不是则退出程序，如是则开始接收键入的字符并顺序存放在首地址为 BUFFER 的缓冲区中（空格符不存入），直到接收到第二个空格符时才退出程序。

第 9 章　子程序设计

本章讲述子程序的设计，介绍了中断调用程序设计。其中，详细阐述子程序的定义、子程序设计的基本过程和设计方法以及中断的相关知识。通过本章学习，应主要掌握：

- 子程序的定义
- 子程序设计的基本过程和设计方法
- 子程序的嵌套与递归
- 中断的相关概念
- DOS 功能调用和 BIOS 调用

9.1　子程序的基本概念

在程序设计中，常把多处用到的同一个程序段或者具有一定功能的程序段抽取出来存放在某一存储区域中，当需要执行的时候，使用调用指令转到这段程序来执行，执行完再返回原来的程序，这个程序段就称为子程序。子程序的设计与使用非常重要。子程序又称为过程，它相当于高级语言中的过程或函数。在执行中需要反复执行的程序段或具有通用性的程序段都可以编成子程序。其中，调用子程序的程序段称为主程序。主程序中调用指令的下一条指令的地址称为返回地址，有时也称为断点。

子程序是模块化程序设计的重要手段。采用子程序结构具有以下优点：

（1）简化程序设计过程，大量节省程序设计时间。

（2）缩短了程序的长度，节省了计算机汇编源程序的时间和程序的存储空间。

（3）增加了程序的可读性，便于对程序进行修改和调试。

（4）方便了程序的模块化、结构化和自顶向下的程序。

下面通过一段程序实例来说明子程序的基本结构和主程序与子程序之间的调用关系。

【例 9-1】　设计一个子程序，完成统计一组字数据中的正数和 0 的个数。

```
DATA    SEGMENT
        ARR  DW   -123,456,67,0,-34,-90,89,67,0,256
        CN   EQU ($-ARR)/2
        ZER  DW   ?
        PLUS DW   ?
DATA    ENDS
CODE    SEGMENT
        ASSUME   DS:DATA,CS:CODE
```

```
START:    MOV    AX,DATA
          MOV    DS,AX                ;初始化
          MOV    SI,OFFSET ARR        ;数组首地址送 SI
          MOV    CX,CN                ;数组元素个数送 CX
          CALL   PZN                  ;调用近过程 PZN
          MOV    ZER,BX               ;0 的个数送 BX
          MOV    PLUS,AX              ;正数的个数送 PLUS
          MOV    AH,4CH
          INT    21H                  ;返回 DOS
          ;子程序名：PZN
          ;子程序功能：统计一组字数据中的正数和 0 的个数
          ;入口参数：数组首地址在 SI 中，数组个数在 CX 中
          ;出口参数：正数个数在 AX 中，0 的个数在 BX 中
          ;使用寄存器：AX、BX、CX、DX、SI 及 PSW
PZN       PROC   NEAR
          PUSH   SI
          PUSH   DX
          PUSH   CX                   ;保护现场
          XOR    AX,AX
          XOR    BX,BX                ;计数单元清零
PZN0:     MOV    DX,[SI]              ;取一个数组元素送 DX
          CMP    DX,0                 ;DX 中的内容和 0 比较
          JL     PZN1                 ;小于 0 转 PZN1
          JZ     ZN                   ;等于 0 转 ZN
          INC    AX                   ;否则为正数，AX 中的内容加 1
          JMP    PZN1                 ;转 PZN1
ZN:       INC    BX                   ;为 0，BX 中的内容加 1
PZN1:     ADD    SI,2                 ;数组指针加 2 调整
          LOOP   PZN0                 ;循环控制
          POP    CX
          POP    DX
          POP    SI                   ;恢复现场
          RET                         ;返回主程序
PZN       ENDP                        ;子程序定义结束
CODE      ENDS                        ;代码段结束
          END    START                ;汇编结束
```

上述主程序中调用语句和子程序位于同一个代码段，因此属于近调用。源程序中的 18～42 行语句为子程序的内容。对这一子程序分析，可以看出子程序的基本结构包括以下几个部分：

（1）子程序说明。这一部分主要用来说明子程序的名称、功能、入口参数、出口参数、占用工作单元的情况，使用此说明就能清楚该子程序的功能和调用方法。例 9-1 中的 18～22 行语句为子程序的说明部分。

（2）保护现场和恢复现场。由于汇编语言所处理的对象主要是 CPU 寄存器或内存单元，而主程序在调用子程序时已经占用了一定的寄存器，子程序执行时又要用到这些寄存器，子程序执行完毕返回主程序后，为了保证主程序按原有的状态继续正常执行，需要对这些寄存器的内容加以保护，这就是保护现场；子程序执行完毕后再恢复这些被保护的寄存器的内容，称为

恢复现场。例 9-1 子程序中的 3 个 PUSH 语句为保护现场，3 个 POP 语句为恢复现场，注意入栈指令与出栈指令要成对出现，并且出栈顺序应与入栈顺序相反。

（3）子程序体。这一部分内容根据具体要求，用来实现相应的功能。

（4）子程序返回。子程序的返回语句和主程序中的调用语句相互对应，才能正确实现子程序的调用和返回。调用指令用来保护返回地址，而返回指令用来恢复被中断位置的地址，保护和恢复都是对堆栈的操作。

9.1.1　子程序定义伪指令

在汇编语言中，子程序要用过程定义伪指令进行定义，定义的一般格式如下：

```
Procedure   name   proc   Attribute
                    ⋮
              （子程序体）
                    ⋮

Procedure   name   endp
```

Procedure　name 为子程序名，用以标识不同的子程序，是符合语法的标识符，它是子程序入口的符号地址；属性（Attribute）是指类型属性，有两种选择：NEAR 或 FAR，默认时为 NEAR。若调用程序和子程序在同一个代码段，则子程序属性使用 NEAR，若调用程序和子程序不在同一个代码段，则选择 FAR。

【例 9-2】　调用程序和子程序在同一个代码段，子程序为 NEAR 属性，程序形式如下：

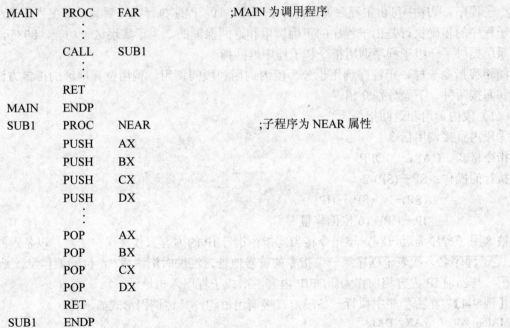

```
MAIN      PROC    FAR                    ;MAIN 为调用程序
                  ⋮
          CALL    SUB1
                  ⋮
          RET
MAIN      ENDP
SUB1      PROC    NEAR                   ;子程序为 NEAR 属性
          PUSH    AX
          PUSH    BX
          PUSH    CX
          PUSH    DX
                  ⋮
          POP     AX
          POP     BX
          POP     CX
          POP     DX
          RET
SUB1      ENDP
```

这里的 MAIN 和 SUB1 分别为调用程序和子程序的名字。因调用程序和子程序在同一个代码段，所以 SUB1 选择 NEAR 属性。这样，当 MAIN 调用 SUB1 保护返回地址时，只需保护 IP 指针即可。

【例 9-3】　调用程序和子程序不在同一个代码段，子程序为 FAR 属性，程序形式如下：

```
CODE1     SEGMENT
```

```
              ⋮
        CALL    SUB2
              ⋮
SUB2    PROC    FAR
              ⋮
        RET
SUB2    ENDP
              
CODE1   ENDS
CODE2   SEGMENT
              ⋮
        CALL    SUB2
              ⋮
CODE2   ENDS
```

这里的 SUB2 被调用两次，一次在代码 CODE1 中，属于近调用，另一次位于代码段 CODE2 中，属于远调用。因此，SUB2 的属性应定义成 FAR，这样 CODE2 中调用 SUB2 时才不会出现错误。

9.1.2 调用与返回指令

在大型软件设计过程中，都要把功能分解为若干个小的模块。每一个小的功能模块就对应一个子程序。程序中可由主程序调用这些子程序，而子程序执行完毕后又返回主程序继续执行。子程序的正确执行是由子程序的正确调用和返回保证的。为了实现这一功能，8086/8088 指令系统提供了一组子程序调用指令和子程序返回指令。

同转移指令一样，子程序调用也分为段内调用和段间调用，调用位置地址的指定方法有直接和间接两种，下面分别介绍。

（1）段内调用和返回指令。

①段内直接调用指令。

指令格式：CALL   OPR

执行的操作：SP←(SP)-2

     (SP)+1，(SP)←(IP)

     IP←(IP)+16 位偏移量

被调用子程序为近过程，该指令将当前指令指针 IP 的内容入栈（保护断点，以备返回）。OPR 是子程序名，代表子程序第一条指令的符号地址，汇编时汇编成 16 位的偏移量，是 16 位补码，与当前 IP 内容相加作为新的 IP 内容，形成子程序入口地址。

【例 9-4】 在主程序中执行一条段内直接调用语句，具体调用形式如下：

```
MAIN:   MOV    AX, DATA
        MOV    DS, AX
              ⋮
        CALL   DISPLAY
              ⋮
DISPLAY PROC   NEAR
```

```
        PUSH   AX
        PUSH   BX
          ⋮
        RET
```

若 CALL 指令地址为 2100H:0100H，子程序 DISPLAY 入口地址为 2100H:0300H，则程序汇编后操作码后的偏移地址为 01FDH，指令执行完毕后，(IP)=0103H+01FDH=0300H，CS 的值保持不变。

②段内间接调用指令。

指令格式：CALL   OPR

执行的操作：SP←(SP)-2

(SP)+1，(SP)←(IP)

IP←(EA)

该指令的执行步骤与段内直接调用指令大致相同，主要区别是子程序入口地址的寻址方式不同。在段内间接寻址方式下，OPR 为存储器操作数或寄存器，不能是立即数或段寄存器。指令执行后，把 16 位通用寄存器或字存储单元中的内容送入 IP 中，CS 的值保持不变。

例如：

```
CALL   WORD   PTR[SI]
CALL   SI
CALL   WORD   PTR[SI+BX]
```

上述三条指令中第二条指令为寄存器寻址，子程序的入口地址是 SI 中的内容。其他两条指令为存储器寻址，将相应的有效地址所指示字存储单元中的内容取出送入 IP 中。

③段内返回指令。

指令格式：RET

执行的操作：IP←(SP+1)，(SP)

SP←(SP)+2

RET 指令执行的是与调用时保护返回地址相反的操作，所以子程序内如果有堆栈操作，PUSH 指令和 POP 指令应该成对出现，这样才能保证 RET 指令执行时 SP 正好指向存储返回地址的单元。

在例 9-4 中，子程序执行到 RET 指令之前，(SP)=4000H，(SP)=00FEH，(400FEH)=0103H。执行 RET 指令时，将堆栈栈顶单元的内容 0103H 送入 IP 寄存器中，继续执行主程序中 CALL 指令的下一条指令。RET 指令执行完毕后，(SP)=0100H。

（2）段间调用和返回指令。

①段间直接调用指令。

指令格式：CALL   OPR

执行的操作：SP←(SP)-2

(SP)+1，(SP)←(CS)

SP←(SP)-2

(SP)+1，(SP)←(IP)

IP←偏移地址

CS←段地址

　　OPR 同无条件转移指令的段间直接寻址方式相似，在书写时可以直接使用子程序的名字，在汇编时汇编程序将子程序第一条指令的偏移量和所在代码段的段地址放在操作码之后，需要4 个字节的存储单元，这种寻址方式属于段间直接寻址。执行过程和段内调用相似，也分为两大步骤：第一步保护返回地址，先将 CS 送入堆栈，然后保护 IP 的值；第二步取得子程序的入口地址，将操作码后连续的两个字依次取出，低地址字送 IP，高地址字送 CS。

　　【例9-5】以下程序段中，代码段CODE1 中有一条调用指令CALL　FAR　PTR　PROC2，而 PROC2 为代码段 CODE2 中的子程序，程序框架结构如下：

```
              CODE1     SEGMENT
                          ⋮
1000H: 0200H  CALL    FAR    PTR    PROC2
                          ⋮
              CODE1     ENDS
              CODE2     SEGMENT
                          ⋮
3000H: 0000H  PROC2    PROC    FAR
                          ⋮
              PROC2    ENDP
                          ⋮
              CODE2     ENDS
```

　　若段间调用指令的地址为 1000H:0200H，则该指令的下一条指令的地址为 1000H:0205H，子程序 PROC2 的入口地址为 3000H:0000H，所以指令执行完毕后，(IP)=0000H，(CS)=3000H。

　　②段间间接调用指令。

　　指令格式：CALL　DWORD　PTR　OPR

　　执行的操作：SP←(SP)-2

$$(SP)+1，(SP)←(CS)$$
$$SP←(SP)-2$$
$$(SP)+1，(SP)←(IP)$$
$$IP←(EA)$$
$$CS←(EA+2)$$

　　该指令的寻址方式同段间间接转移指令，OPR 只能为存储器寻址。执行过程与段间直接寻址指令相似，只是新 IP 和新 CS 的值是从有效地址所指示的位置取得的。

　　例如：现有一个调用指令 CALL　DWORD　PTR [BX]，其中(BX)=0100H，(DS)=2000H，(20100H)=0100H，(20102H)=4000H。CALL 指令的逻辑地址为 3000H:0020H，该指令占两个字节，所以返回地址为 3000H:0022H。指令执行完成后，(IP)=0100H，(CS)=4000H。

　　③段间返回指令。

　　指令格式：RET

　　执行的操作：IP←(SP+1)，(SP)

$$SP←(SP)+2$$
$$CS←(SP+1)，(SP)$$
$$SP←(SP)+2$$

段内返回指令和段间返回指令虽然是相同的，都是 RET，但执行的过程是不同的。用于段间返回的 RET 连续执行两次出栈操作，首先弹出的送入 IP 中，第二次弹出的送入 CS 中。CALL 指令和 RET 指令执行时不影响状态标志位。

在子程序中还可以使用带立即数的返回指令：RET n，其功能是弹出返回地址后将 SP 再增加 n，以去掉堆栈中 n 个字节的无用数据，n 一般为偶数。

事实上，只从返回指令无法区分是段内返回还是段间返回，供段内调用的子程序中的 RET 是段内返回，相应地，供段间调用的子程序中的 RET 是段间返回。

9.2　子程序设计

子程序也是一段程序，其编写方法与主程序一样，可以采用顺序、分支、循环结构，但其作为相对独立和通用的程序段，它具有一定的特殊性，如要利用过程定义伪指令声明、需要用 CALL 指令进行调用并以 RET 指令返回主程序、为正确返回需要进行现场保护、为正确使用应具有说明信息、要解决主程序与子程序间的参数传递问题等。

9.2.1　子程序说明信息

为了使子程序便于阅读、维护、使用，明确主程序与子程序之间的联系和子程序功能，而使使用者完全不必关心所用子程序的算法和处理过程，一般在给出子程序代码的同时还要给出子程序的说明信息。子程序的说明信息一般由以下几部分组成，每一部分内容应简明确切：

（1）子程序名。用过程定义伪指令定义子程序时所使用的名称，是子程序的入口地址。

（2）功能描述。用自然语言或数学语言等形式简单清楚地描述子程序完成的任务。

（3）入口和出口参数。用子程序体实现相应的功能时，往往需要由主程序提供相应的数据或其地址，称为入口参数；子程序返回到主程序，需要带回一定的结果或其地址给主程序，称为出口参数。

（4）受影响的寄存器。要说明子程序运行后，哪些寄存器的内容被破坏了，以便使用者在调用子程序之前注意保护现场。

子程序的说明信息一般放在子程序定义前，以注释行的形式出现，例如例 9-1 中子程序的说明信息：

```
;子程序名：PZN
;子程序功能：统计一组字数据中的正数和 0 的个数
;入口参数：数组首地址在 SI 中，数组个数在 CX 中
;出口参数：正数个数在 AX 中，0 的个数在 BX 中
;使用寄存器：AX、BX、CX、DX、SI 及 PSW
```

9.2.2　保护现场与恢复现场

由于主程序和子程序经常是分别编制的，双方所使用的寄存器往往会发生冲突。子程序在完成功能的过程中，经常需要用到一些寄存器，而这些寄存器可能在主程序中保存某种中间结果，从子程序返回后还需要继续使用，这些寄存器的原有内容或所涉及的标志位的值等称为现场。为正确实现主程序和子程序功能，子程序执行前需要保护现场，返回时要对现场进行恢复。

保护和恢复现场可以采用两种方法：

（1）把需要保护的寄存器内容在主程序中压入堆栈和弹出堆栈。采用这种方法，在每次调用子程序时只要把主程序所关心的寄存器压入堆栈即可,但频繁的入栈和出栈操作也会使主程序的可读性变差，且多次调用子程序则需要写多组入栈和出栈指令。

（2）把需要保护的寄存器内容在子程序中压入堆栈和弹出堆栈。采用这种方法，在主程序中可以方便地调用子程序，每次调用时都不必考虑要把哪些寄存器压入堆栈，只需要在子程序中写一次入栈和出栈指令，较第一种方法常用。例如下列子程序：

```
;子程序名:DISP
;功能:显示字符串
;入口参数:CX 中存放被显示字符的个数，DI 中存放字符串的首地址
;使用寄存器:AX、CX、DX、DI
DISP    PROC   NEAR
        PUSH   AX
        PUSH   DX
        PUSH   CX
        PUSH   DI
LP:     MOV    DL,ES:[DI]
        MOV    AH,02H
        INT    21H
        INC    DI
        LOOP   LP
        POP    DI
        POP    CX
        POP    DX
POP     AX
RET
DISP    ENDP
```

不管采用哪种方法进行现场保护和恢复，都应考虑好哪些寄存器是必须保护的，哪些寄存器是不必要保护或不应该保护的。一般说来，子程序中用到的寄存器都应该保护，但若某寄存器是用来在主程序和子程序之间传递参数的，该寄存器就不一定需要保护，尤其是用于向主程序返回结果的寄存器往往不进行保护,以免由于保护和恢复现场而破坏了主程序应得的正确结果。

9.2.3　子程序参数传递方法

主程序在调用子程序之前，必须把需要加工处理的数据或数据的地址——入口参数传递给子程序；当子程序执行完毕返回主程序时，应把本次加工处理的结果——出口参数传递给主程序。我们把主程序向子程序传递入口参数或子程序向主程序传递出口参数称为主程序和子程序间的参数传递。汇编语言中实现参数传递的方法主要有 3 种：寄存器传递、堆栈传递和存储器传递，下面分别加以说明。

1．寄存器传递

具体方法是在调用子程序之前，把各个参数放到某些寄存器中，由这些寄存器将参数带入子程序中，执行子程序结束后的结果也放到规定的寄存器中带回主程序。由于寄存器个数有

限，所以这种方式适合于需要传递的参数较少的情况，需要合理分配寄存器。

【例 9-6】 在内存中有一字单元 ADR，存有 4 位 BCD 码（即组合 BCD 码），要求编写一个程序，完成将其转换成 4 个字节的非组合 BCD 码并放到以 BUF 为首单元的存储区中的功能。

分析：根据题意，可将被分离的字数据放入 AX 中，用寄存器 DI 指向存放结果的首单元。实现 BCD 码的分离可以用截取低 4 位右移 4 位的方法连续进行 4 次完成。子程序流程图如图 9-1 所示。程序段如下：

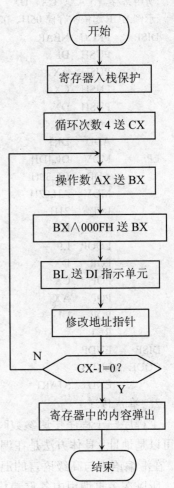

```
DATA    SEGMENT
        ADR  DW  3425H
        BUF  DB  4 DUP(?)
DATA    ENDS
CODE    SEGMENT
        ASSUME  CS:CODE,DS:DATA
START:  MOV  AX,DATA
        MOV  DS,AX
        MOV  AX,ADR
        MOV  DI,OFFSET BUF
        CALL APART
        MOV  CX,4
        CALL DISP
        MOV  AH,4CH
        INT  21H
;子程序名：APART
;功能：2 字节的组合 BCD 码分离成 4 字节的非组合 BCD 码
;入口参数：AX 中为被分离的字，DI 指向存放结果的首单元
;出口参数：DI 指向存放结果的首单元
;所用寄存器：AX、BX、CX、DI
APART   PROC NEAR
        PUSH BX
        PUSH CX
        PUSH AX
        PUSH DI
        MOV  CX,4
STA:    MOV  BX,AX
        AND  BX,000FH
        MOV  [DI],BL
        INC  DI
        SHR  AX,1
        SHR  AX,1
        SHR  AX,1
        SHR  AX,1
        LOOP STA
        POP  DI
        POP  AX
        POP  CX
```

图 9-1　例 9-6 子程序流程图

（流程图内文字：）
开始
寄存器入栈保护
循环次数 4 送 CX
操作数 AX 送 BX
BX∧000FH 送 BX
BL 送 DI 指示单元
修改地址指针
CX-1=0?　N / Y
寄存器中的内容弹出
结束

```
            POP    BX
            RET
APART    ENDP
;子程序名：DISP
;功能：显示连续 4 个字节的非组合 BCD 码
;入口参数：DI 指向被显示数据的首单元
;出口参数：DI 指向被显示数据的首单元
;所用寄存器：AX、CX、DX、DI
;示例:BUF 起依次存储 05H、02H、04H、03H，则显示 3425
DISP     PROC   NEAR
            PUSH   DI
            PUSH   AX
            PUSH   CX
            PUSH   DX
            MOV    CX,4
            ADD    DI,3
LP:         MOV    DL,[DI]
            ADD    DL,30H
            MOV    AH,02H
            INT    21H
            DEC    DI
            LOOP   LP
            POP    DX
            POP    CX
            POP    AX
            POP    DI
            RET
DISP     ENDP
CODE     ENDS
            END    START
```

2. 堆栈传递

主程序与子程序传递参数时，可以把要传递的参数放在堆栈中，这些参数既可以是数据，也可以是地址。具体方法是在调用子程序前将参数送入堆栈，在子程序中通过出栈方式取得参数。在汇编语言与高级语言的混合编程中经常使用堆栈传递参数。由于堆栈具有后进先出的特性，所以在多重调用中各重参数的层次很分明。

堆栈的优点是不用寄存器，也不需要另外使用内存单元，但在应用的过程中存取参数时一定要清楚参数在堆栈中的具体位置。

【例 9-7】已知在内存中有两个字节数组，分别求两个数组的累加和，要求用子程序实现。

分析：完成求累加和的子程序可以通过堆栈传递参数。将数组首单元的地址和数组长度送入堆栈，调用子程序完成求和功能。程序段如下：

```
DATA     SEGMENT
            ARRA   DB    13,24,45,36,34,90,87,-63
            CNA    EQU $-ARRA
            SUMA   DW   ?
```

```
            ARRB   DB    -21,23,-34,56,65,67,78,81,69,0
            CNB    EQU $-ARRB
            SUMB   DW   ?
DATA     ENDS
STACK    SEGMENT
            STA   DB   100 DUP(?)
            TOP   EQU 100
STACK    ENDS
CODE     SEGMENT
            ASSUME   DS:DATA,CS:CODE,SS:STACK
START:   MOV   AX,DATA
            MOV   DS,AX                      ;初始化 DS
            MOV   AX,STACK
            MOV   SS,AX                      ;初始化 SS
            MOV   SP,TOP                     ;初始化 SP
            MOV   SI,OFFSET ARRA
            PUSH  SI                         ;数组 ARRA 的首单元地址送入堆栈
            MOV   AX,CNA
            PUSH  AX                         ;数组 ARRA 的长度送入堆栈
            CALL  SUM                        ;调用子程序
            MOV   SI,OFFSET ARRB
            PUSH  SI                         ;数组 ARRB 的首单元地址送入堆栈
            MOV   AX,CNB
            PUSH  AX                         ;数组 ARRB 的长度送入堆栈
            CALL  SUM                        ;调用子程序
            MOV   AH,4CH
            INT   21H                        ;返回 DOS
;子程序名：SUM
;子程序功能：完成一组数据求累加和
;入口参数：保存在主程序中所定义的堆栈中
;出口参数：求得的和保存在主程序所定义的数据存储单元中
SUM      PROC  NEAR
            PUSH  AX
            PUSH  BX
            PUSH  CX
            PUSH  BP
            PUSHF                            ;保护现场
            MOV   BP,SP                      ;堆栈指针送 BP
            MOV   BX,[BP+14]                 ;取数组首地址
            MOV   CX,[BP+12]                 ;取数组长度
            MOV   AX,0                       ;累加器清零
LP1:       ADD   AL,[BX]
            ADC   AH,0                       ;求累加和
            INC   BX                         ;调整指针
            LOOP  LP1                        ;循环控制
```

```
         MOV    [BX],AX                    ;保存结果
         POPF
         POP    BP                         ;恢复现场
         POP    CX
         POP    BX
         POP    AX
         RET    4                          ;返回并清理参数
SUM      ENDP
CODE     ENDS
         END    START
```

在执行 RET 4 前，SP 指向返回地址，一旦执行 RET 4，将从堆栈中弹出返回地址，并且 SP 指针增加 4，即将堆栈中返回地址以下的两个字（数组首地址和数组长度）废弃。

3. 存储器传递

把入口参数或出口参数都放在约定好的内存单元中。主程序和子程序之间可以利用指定的内存变量来交换信息。主程序在调用前将所有参数按约定好的次序存入该存储区中，进入子程序后按约定从存储区中取出入口参数进行处理，所得出口参数也按约定好的次序存入指定存储区。

【例 9-8】 从键盘向缓冲区 BUF 中输入若干位十进制的 ASCII 码，并转换为二进制数，存于 BIN 开始的字单元中。BUF 中的数字以 0DH 结束。

分析：从 BUF 中每取出一个字符，先判断是否为 0DH，若不是，将其转换为 BCD 数，高位字符先取出。设整个 BCD 数为 $D_0D_1D_2D_3D_4$（该数范围为不超过 65535），其可表示为：

$$D_0D_1D_2D_3D_4 =(((D_0 \times 10+D_1)+D_2) \times 10+D_3) \times 10+D_4$$

将各个位乘 10 再加下一位数字设计成子程序，BUF 的首地址放在 SI 中，BIN 的首地址放在 DI 中。程序段如下：

```
DATA     SEGMENT
         BUF DB 5 DUP(?)
         BIN DW ?
DATA     ENDS
CODE     SEGMENT
         ASSUME    CS:CODE,DS:DATA
START:   MOV    AX,DATA
         MOV    DS,AX
         LEA    SI,BUF
         MOV    AH,1
         MOV    CX,0
AGAIN:   INT    21H
         CMP    AL,0DH
         JE     CALPRO
         SUB    AL,30H
         MOV    [SI],AL
         INC    SI
         INC    CX
```

```
            JMP     AGAIN
CALPRO: LEA     SI,BUF
            LEA     DI,BIN
            CALL    CHANGE
            MOV     AH,4CH
            INT     21H
```
;子程序名：CHANGE
;子程序功能：完成将 BCD 码转换为二进制数
;入口参数：保存在主程序所定义的 BUF 存储区中，该存储区的首地址在 SI 中
;   CX 中存放从键盘输入的数字的位数
;出口参数：求得的二进制数放在主程序所定义的 BIN 字单元中
```
CHANGE PROC    NEAR
            PUSH    DX
            PUSH    BX
            MOV     AX,0
            MOV     DX,10
NEXT:   PUSH    DX
            MUL     DX
            POP     DX
            MOV     BL,[SI]
            MOV     BH,0
            ADD     AX,BX
            INC     SI
            LOOP    NEXT
            MOV     [DI],AX
            POP     BX
            POP     DX
            RET
CHANGE ENDP
CODE    ENDS
            END     START
```

9.3   子程序的嵌套与递归

9.3.1   子程序的嵌套

　　一个程序可以调用一个或多个子程序，一个子程序也可以调用另外一个子程序。编制子程序时，如果用到已有的某种功能的子程序可以对其直接调用。这种一个子程序调用另一个子程序的情况，称为子程序的嵌套，即在子程序中可以镶嵌着另一个子程序。子程序可以多次嵌套，嵌套子程序的层数称为嵌套深度，嵌套深度只受堆栈容量大小的限制，不受其他因素影响。嵌套深度为 3 的子程序嵌套结构如图 9-2 所示。

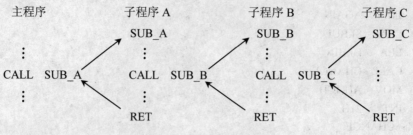

图 9-2　子程序的嵌套

子程序嵌套调用时，要注意正确使用 CALL 和 RET 指令。注意保护和恢复寄存器，避免各层子程序之间因寄存器使用冲突而发生错误。要正确使用堆栈，保证各层子程序正确返回，正常实现子程序的嵌套调用。

下面用具体例子来说明子程序的嵌套。

【例 9-9】　假设有一子程序 HTOA，将一位十六进制数转换为 ASCII 码，利用其可实现两位十六进制数转换为 ASCII 码的子程序 BHTOA 和四位十六进制数转换为 ASCII 码的子程序 QHTOA。

子程序 BHTOA 和子程序 QHTOA 都是嵌套子程序，分别两次调用 HTOA 和 BHTOA。各子程序的说明信息和程序清单如下：

;子程序名：HTOA

;子程序功能：将一位十六进制数转换为 ASCII 码

;入口参数：要转换的数据在 AL 的低四位

;出口参数：十六进制数的 ASCH 码在 AL 中

;受影响的寄存器：AL 和标志寄存器

```
HTOA    PROC    NEAR
        AND     AL,0FH
        CMP     AL,0AH
        JC      DONE
        ADD     AL,7
DONE:   ADD     AL,30H
        RET
HTOA    ENDP
```

利用上述子程序可以编制将 AL 中的两位十六进制数转换为 ASCII 码的子程序 BHTOA：

;子程序名：BHTOA

;子程序功能：将两位十六进制数转换为 ASCII 码

;入口参数：两位十六进制数在 AL 中

;出口参数：转换的高位 ASCII 码在 AH 中，低位 ASCII 码在 AL 中

;受影响的寄存器：AX、CX 和标志寄存器

```
BHTOA   PROC
        PUSH    CX
        MOV     CH,AL
        MOV     CL,4
        SHR     A L,CL
        CALL    HTOA
```

```
                MOV     AH,AL
                MOV     AL,CH
                CALL    HTOA
                POP     CX
                RET
BHTOA    ENDP
```

下面利用 BHTOA 子程序编制将 AX 中的四位十六进制数转换为 ASCII 码的子程序 QHTOA：

```
;子程序名：QHTOA
;子程序功能：将四位十六进制数转换为 ASCII 码
;入口参数：四位十六进制数在 AL 中
;出口参数：转换的最高位 ASCII 码在 BH 中，次高位 ASCII 码在 BH 中，次低位
;              ASCII 码在 AH 中，最低位 ASCII 码在 AL 中
;受影响的寄存器：AX、BX 和标志寄存器
QHTOA    PROC
                PUSH    AX
                MOV     AL,AH
                CALL    BHTOA
                MOV     BX,AX
                POP     AX
                CALL    BHTOA
                RET
QHTOA    ENDP
```

9.3.2 子程序的递归

若子程序直接或间接调用自身，则称为递归调用，这样的子程序称为递归子程序。递归子程序对应于数学上对函数的递归定义，可以用于解决具有递归特点的数学运算或操作，往往可以设计出简洁易读、效率较高的程序。注意，递归子程序需要采用堆栈保护现场和传递参数，所以递归深度受堆栈空间的限制。

递归子程序设计的关键是：每次递归调用时，将入口参数、出口参数、寄存器内容和所有的中间结果保存在堆栈中，必须保证每次调用都不破坏以前调用时所用到的参数和中间结果。所以，递归子程序的参数传递最好使用堆栈，其次也可使用寄存器，但通常不用内存区（如变量）。递归子程序也必须存在一个终止条件，当达到递归终止条件时，再一层层从堆栈中弹出递归调用时保存的参数与中间结果，完成递推计算和操作。

下面以例子说明递归子程序的设计方法。

【例 9-10】 用递归的方法将一个字符数组中的字符串反序输出，字符串以 '$' 结束。

```
DATA      SEGMENT
STRING    DB   'HELLO ,WORLD!','$'
DATA      ENDS
STACK     SEGMENT   STACK 'STACK'
                DW   100   DUP (?)
STACK     ENDS
```

```
CODE        SEGMENT
            ASSUME    CS:CODE,DS:DATA,SS:STACK
START:      MOV    AX,DATA
            MOV    DS,AX
            LEA    BX,STRING
            PUSH   BX
            CALL   DISPLAY
            POP    BX
            MOV    DL,[BX]
            MOV    AH,2
            INT    21H
            MOV    AH,4CH
            INT    21H
DISPLAY     PROC
            PUSH   AX
            PUSH   BX
            PUSH   DX
            PUSH   BP
            MOV    BP,SP
            MOV    BX,[BP+10]
            MOV    AL,BYTE PTR [BX]
            CMP    AL,'$'
            JNZ    RE_CALL
            JMP    RETURN
RE_CALL:    INC    BX
            PUSH   BX
            CALL   DISPLAY
            POP    BX
            MOV    DL,[BX]
            MOV    AH,2
            INT    21H
RETURN:     POP    BP
            POP    DX
            POP    BX
            POP    AX
            RET
DISPLAY     ENDP
CODE        ENDS
            END    START
```

在本例中，采用堆栈传递参数，每次递归调用时，正向依次将存放每个字符的单元的地址存入堆栈。递归调用结束后逐层返回时，再依次反向弹出各字符单元地址并输出其中的字符，由此得到反序输出的字符串。本例中，涉及到的指令 MOV AH,2 和 INT 21H 为 DOS 系统功能调用，将在下节介绍。

阶乘函数的计算程序也是典型的递归子程序。

【例 9-11】　要求编写计算 N!（0≤N≤8）的程序。

分析：对于任何一个大于等于 0 的正整数 N，其函数值定义为：

$$\begin{cases} 0! = 1 & (N=0) \\ N! = N\times(N-1)! & (N>0) \end{cases}$$

为了求 N!，必须先求(N-1)!；同样，要求(N-1)!，必须先求出(N-2)!，依此类推，直到求出非递归终值 0!，结束递归。显然，计算阶乘的递归算法归结为：

（1）测试 N=0 吗？是，则令 FACT(N-1)=1，返回。

（2）否则，保存 N，并令 N=N-1，调用自身求出 FACT(N-1)，直到 N=0。

（3）按先进后出的顺序取出 N 值。

（4）计算 FACT(N)=N×FACT(N-1)，并返回。

可见，可以将问题"求 N!"设计成入口参数为 N 的递归子程序。若 N! =0，则返回 1；否则以 N-1 为入口参数进行递归调用，然后将返回值(N-1)! 乘以当前的 N，即可得到本层的返回值。

按分析编写程序如下：

```
DATA      SEGMENT
          VALUE  DW   8
          RESULT DW   ?
DATA      ENDS
STACK     SEGMENT   STACK 'STACK'
          DW   100   DUP (?)
STACK     ENDS
CODE      SEGMENT
          ASSUME   CS:CODE,DS:DATA,SS:STACK
START:    MOV   AX,DATA
          MOV   DS,AX
          MOV   BX,VALUE
          CALL  FACT
          MOV   RESULT，AX
          MOV   AH,4CH
          INT   21H
;子程序名：FACT
;子程序功能：计算阶乘函数 N!（0≤N≤8）
;入口参数：N 值在 BX 中
;出口参数：N!值在 AX 中
;受影响的寄存器：AX、BX 和标志寄存器
FACT      PROC
          AND   BX,BX
          JE    FACT0
          PUSH  BX
          DEC   BX
          CALL  FACT
          POP   BX
```

```
        MUL    BX
        RET
FACT0:  MOV    AX,1
        RET
FACT    ENDP
CODE    ENDS
        END    START
```

在本例中用寄存器传递参数，也可以采用堆栈传递参数，读者可自行考虑。

在递归子程序设计中，对堆栈的使用很频繁，因此阶乘的递归算法程序虽然简短，但执行速度低，程序可读性差。另外，递归子程序调用会占用大量堆栈空间，需要注意堆栈的分配，避免溢出。

9.4 中断调用程序设计

9.4.1 中断的基本概念

中断的概念是在 20 世纪 50 年代中期提出的，中断的产生主要解决了两个问题：一是在输入或输出过程中解决了快速 CPU 和慢速外设之间的矛盾，提高了 CPU 的利用率，使 CPU 与 I/O 设备的速度匹配；二是要求 CPU 应具有一种实时响应和处理随机事件的能力。中断技术的应用随着计算机的发展不断扩展到多道程序、分时操作、实时处理、程序监控和跟踪等领域。

1. 中断的基本概念

（1）中断。所谓中断就是计算机暂时停止当前正在执行的程序，转而执行完成更紧急任务的子程序，并能在子程序执行结束后恢复原先执行的程序。其中，被中断了的程序是主程序，在中断过程中执行的事件处理程序称为中断服务程序。中断服务程序是一段事先编制好的处理程序，执行完成后，再返回主程序停止的地方——断点继续执行主程序。

（2）中断请求与中断源。I/O 设备或事件需要 CPU 中断处理时必须向 CPU 发出中断请求信号。该信号作为 CPU 的输入，当 CPU 收到该信号时，可引起中断。

向 CPU 提出中断请求的源称为中断源。8086/8088CPU 的中断源有两大类：外部中断源和内部中断源。能引起中断的处理机的外部设备称为外部中断源，如键盘、打印机、卡片读入机等外设和磁盘、磁带机等 DMA 操作；在处理机内部引起中断的事件称为内部中断源，通常是 CPU 的标志位 TF 为 1 或执行一条软件中断指令引起中断，如电源掉电、运算结果溢出、存储出错等内部故障和软中断指令等，相应引发的此类中断为内部中断。外部中断源引发的中断为外部中断，也称为硬件中断。外部中断源分为可屏蔽中断源 INTR 和不可屏蔽中断源 NMI。INTR 称为可屏蔽中断请求，是因为该中断请求是否能得到响应受 IF 标志位的影响。当 IF=1 时，CPU 可响应 INTR 中断请求，否则不予响应。NMI 则不受 IF 标志位影响。中断源形式如图 9-3 所示。

（3）中断类型号和中断向量表。8086/8088 的中断系统能够处理 256 个不同的中断源，并为每一个中断安排一个编号，范围为 00H～FFH，对应十进制数为 0～255，称为中断类型号。一种中断类型号对应一个中断服务程序，每一个中断服务程序放在内存中一个特定的区域内，其起始地址称为程序的入口地址，该地址称为中断向量。把系统中所有的中断向量集中起来，按相应中断类型号从小到大的顺序放到存储器的某一个区域，这个存放中断向量的存储区称为中断向量表。中断类型号和中断向量的存储情况如图 9-4 所示。

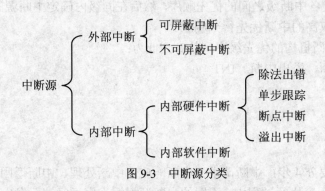

图 9-3　中断源分类

类型号	内容	地址	中断名称
0	类型 0 的 IP 值	00000H	除法出错
	类型 0 的 CS 值		
1	类型 1 的 IP 值	00004H	单步陷阱
	类型 1 的 CS 值		
2	类型 2 的 IP 值	00008H	不可屏蔽中断
	类型 2 的 CS 值		
3	类型 3 的 IP 值	0000CH	断点
	类型 3 的 CS 值		
4	类型 4 的 IP 值	00010H	溢出中断　INTO
	类型 4 的 CS 值		
5	类型 5 的 IP 值	00014H	
	类型 5 的 CS 值		
	⋮		
N	类型 N 的 IP 值	4×NH	
	类型 N 的 CS 值		
	⋮		保留给 INT 指令和可屏蔽中断用
255	类型 255 的 IP 值	003FCH	
	类型 255 的 CS 值		

图 9-4　8086 中断向量表

8086/8088CPU 把存储器的 00000H～003FFH 共 1024 个存储单元作为中断向量的存储区，每个中断向量占用 4 个字节。4 个字节中的低地址字存放中断服务程序所在段的偏移地址，高地址字存放中断服务程序所在段的段地址。CPU 响应中断后通过将中断类型号×4 得到中断向量在中断向量表中的首地址。

（4）中断优先级。在中断源数量很多的情况下，有可能出现多个中断同时发生的情况，为保证系统的运行效率，方便软件控制，一般将所有的中断源根据不同的类别划分为若干级别，称为中断优先级。确定各中断级之间的优先顺序，然后在同级内确定中断源的优先权。多个中断同时发生时，优先权高的中断优先得到响应。

8086/8088CPU 中断机构的优先级序列从高到低为：

- 除法出错中断、溢出中断、INT　n
- NMI
- INTR
- 单步中断

2. 中断过程

中断的实现一般要分 4 步：中断请求、中断响应、中断处理、中断返回。

（1）中断请求。程序执行过程中，不同的中断源根据程序运行情况发出不同的中断请求，例如当除数为 0 或商值超过所能表示的范围时产生一个除法出错中断请求，外设需要和 CPU 传输数据，可以通过 8259 向 CPU 的 INTR 端发出可屏蔽中断请求。

（2）中断响应。CPU 每执行完一条指令都要查询是否有中断请求。若有，则根据中断优先级的高低顺序确定对某个中断请求是否响应。对于非屏蔽中断请求，只要有中断请求，CPU 就响应；对于可屏蔽中断请求，CPU 还要看标志寄存器的 IF 位的状态是否为 1，若为 1，则响应该中断请求，否则忽略该中断请求。当 CPU 对某一中断请求予以响应后，将完成如下工作：

1）取中断类型号 N。

2）标志寄存器的内容入栈。

3）当前代码段寄存器 CS 的内容入栈。

4）当前指令指针 IP 的内容入栈。

5）禁止外部中断和单步中断，IF 和 TF 清零。

6）从中断向量表中取中断服务程序入口地址：(4×N)送 IP，(4×N+2)送 CS。

7）转中断服务程序。

中断发生的过程很像子程序调用，但在保护中断现场时，除了保存 CS 和 IP 的内容外，还需要保存标志寄存器的内容。因为标志寄存器中记录了中断发生时程序运行的结果特征，当中断结束返回主程序时，主程序的原有结果特征也应该恢复。另外，进入中断服务程序前，CPU 自动将 TF 和 IF 位清零，使得 CPU 在执行中断服务程序的过程中不允许有新的中断发生，若在这一过程中允许有中断发生，则可以通过指令 STI 把 IF 置 1。

（3）中断处理。中断处理是由中断服务程序来完成的。中断服务程序根据不同的中断请求，其内容各不相同，但其开始部分往往都是保护现场，即把 CPU 中寄存器的内容压入堆栈，结束时又把堆栈中的内容恢复到寄存器中。

（4）中断返回。编写中断服务程序和编写子程序一样，所使用的汇编语言指令没有特殊限制，只是中断程序返回时使用 IRET 指令。IRET 指令将执行与中断发生时相反的工作步骤，即首先恢复 IP、CS 和标志寄存器中的内容，再返回被中断的主程序继续执行。

9.4.2　DOS 中断和系统功能调用

在应用程序设计中总要涉及到输入输出设备，如何启动这些设备以实现信息的输入与输出是非常烦琐的。微型机的操作系统专门提供了一些功能模块供设计汇编语言源程序时使用。这些功能模块可以直接在源程序中用相关的指令进行调用，以完成相关的功能。DOS 系统中有两层内部子程序可供用户使用：BIOS 层功能模块和 DOS 层功能模块。对用户来说，这些功能模块就是几十个独立的中断服务程序，这些程序的入口地址已由系统置入到中断向量表中，在汇编语言程序中可以用软中断指令直接调用。通常，把调用它们的过程称为系统功能调用。

DOS 使用的中断类型号是 20H～3FH，为用户程序和系统程序提供磁盘读写、程序退出、系统功能调用等功能。常用的软中断功能及参数如表 9-1 所示。

表 9-1　常用软中断功能及参数

中断		功能	入口参数	出口参数
INT	20H	程序正常退出		
INT	21H	系统功能调用	AH=功能号，见附录	见附录
INT	22H	结束退出		
INT	23H	Ctrl+Break 退出		
INT	24H	出错退出		
INT	25H	读盘	AL=驱动器号 CX=读入扇区数 DX=起始逻辑扇区号 DS:BX=内存缓冲区地址	CF=1 读盘出错 CF=0 读盘正常
INT	26H	写盘	AL=驱动器号 CX=写入扇区数 DX=起始逻辑扇区号 DS:BX=内存缓冲区地址	CF=1 写盘出错 CF=0 写盘正常
INT	27H	驻留退出		
INT	28H～2EH	DOS 保留		
INT	2FH	打印机		
INT	30H～3FH	DOS 保留		

从表中可以看出，这些软中断完全隐含了设备的物理特性和接口方式，调用它们时只需要先设置好入口参数，随后安排一条软中断指令"INT　n"（n=20～3FH）即可转去执行相应的子程序。

DOS 系统功能调用对硬件的依赖性少，使 DOS 功能调用更方便、更简单。DOS 功能调用可以完成对文件、设备、内存的管理。这样，用户就不必深入了解有关设备的电路和接口，只须遵照 DOS 规定的调用原则即可使用。

系统功能调用给程序设计带来了极大的方便，程序员不必了解计算机硬件的相关细节，只要在程序中安排一些系统功能调用指令即可实现数据读写、设备启动、停止等操作。

DOS 的所有系统功能调用都是利用 INT 21H 中断指令实现的，每个功能调用对应一个子程序，并有一个编号，其编号就是功能号。DOS 拥有的功能子程序因版本不同而不同。

1. 系统功能调用的方法

要完成系统功能调用，则按如下基本步骤进行：

● 将入口参数送到指定寄存器中。

● 子程序功能号送入 AH 寄存器中。

● 使用 INT 21H 指令。

2. 常用的几种系统功能调用

（1）1 号系统功能调用——键盘输入并回显。此调用的功能是系统扫描键盘并等待键盘输入一个字符，有键按下时，先检查是否是 Ctrl+Break 键，若是则将字符的键值（ASCII 码）送入 AL 寄存器中，并在屏幕上显示该字符。此调用没有入口参数。

【例 9-12】 下列语句可实现键盘输入。

```
MOV    AH,01H                      ;01H 为功能号
INT    21H
```

（2）2 号系统功能调用——显示输出。此调用的功能是向输出设备输出一个字符。

入口参数：被显示字符的 ASCII 码送 DL。

【例 9-13】 要在屏幕上显示"$"符号，可用以下指令序列：

```
MOV    DL,'$'
MOV    AH,02H
INT    21H
```

【例 9-14】 要在屏幕上实现回车、换行功能，可用以下几条指令：

```
MOV    DL,0DH                      ;回车的 ASCII 码 0DH 送 DL
MOV    AH,02H
INT    21H
MOV    DL,0AH                      ;换行的 ASCII 码 0AH 送 DL
INT    21H
```

（3）3 号系统功能调用——异步通信输入（从串口输入字符）。3 号系统功能调用的功能是从异步串行通信口（默认为 COM1）输入一个字符（或 ASCII 码）。

出口参数：输入的 ACSII 码送 AL 寄存器中。

DOS 系统初始化时此端口的标准是字长 8 位、2400 波特、一个停止位、没有奇偶校验位。

（4）4 号系统功能调用——异步通信输出（从串口输出字符）。此调用的功能是从异步通信口（默认为 COM1）输出一个字符（或 ASCII 码）。

入口参数：被输出的字符的 ASCII 码送入 DL 寄存器中。

【例 9-15】 现要将"$"符号通过异步串行通信口输出，指令序列如下：

```
MOV    DL,'$'
MOV    AH,04H
INT    21H
```

（5）5 号系统功能调用——打印机输出（从串口输出字符）。此调用的功能是将一个字符输出到打印机（默认 1 号并行口）。

入口参数：要打印的字符的 ASCII 码送入 DL 寄存器中。

【例 9-16】 下列语句可以实现字符打印。

```
MOV   DL,'*'                ;将输出字符的 ASCII 码送入 DL 寄存器中
MOV   AH,05H
INT   21H
```

（6）6 号系统功能调用——直接控制台输入输出字符。此调用的功能是从键盘输入一个字符或输出一个字符到屏幕。

如果(DL)=0FFH，表示从键盘输入字符。

当标志 ZF=0 时，表示有键按下，将字符的 ASCII 码送入 AL 寄存器中。

当标志 ZF=1 时，表示没有键按下，寄存器 AL 中不是键入字符的 ASCII 码。

如果(DL)≠0FFH，表示输出一个字符到屏幕，将被输出字符的 ASCII 码送到 DL 寄存器中。此调用与 1 号、2 号调用的区别在于不检查 Ctrl+Break。

【例 9-17】 现要从键盘输入一个字符，并在屏幕上显示字符‘？’，程序序列如下：

```
MOV   DL,0FFH
MOV   AH,06H
INT   21H
MOV   DL,'? '
MOV   AH,06H
INT   21H
```

（7）7 号系统功能调用——直接控制台输入无回显。此调用同 1 号功能调用相似，不同的是不回显且不检查 Ctrl+Break。

（8）8 号系统功能调用——键盘输入无回显。此调用同 1 号功能调用相似，不同的是输入的字符不回显。

（9）9 号系统功能调用——显示字符串。此调用的功能是将指定字符缓冲区的字符串送屏幕显示，要求字符串必须以‘$’结束。

入口参数：DS:DX 指向缓冲区中字符串的首单元。

（10）0AH 号系统功能调用——字符串输入到缓冲区。此调用的功能是将键盘输入的字符串写入内存缓冲区中。为了接收字符，首先在内存区中定义一个缓冲区，其中第一个字节为缓冲区的字节个数，第二个字节用作系统填写实际键入的字符总数，从第三个字节开始存放字符串。输入的字符以回车键结束，如果实际键入的字符不足以填满缓冲区，则其余字节补 0；若输入的字符个数大于定义长度，则超出的字符将丢失，并响铃警告。

【例 9-18】 利用 09H 和 0AH 号系统功能调用实现人－机对话，程序段如下：

```
DATA   SEGMENT
       MESS    DB   'WHAT IS   YOUR NAME?',0AH,0DH,'$'
       IN_BUF  DB   81
               DB   ?
               DB   81  DUP(?)
DATA   ENDS
STACK  SEGMENT
STA    DB    100  DUP(?)
TOP    EQU   $-STA
STACK  ENDS
CODE   SEGMENT
```

```
        ASSUME   CS:CODE,DS:DATA,SS:STACK
START:  MOV      AX,DATA
        MOV      DS,AX
        MOV      AX,STACK
        MOV      SS,AX
        MOV      SP,TOP
DISP:   MOV      DX,OFFSET MESS
        MOV      AH,09H
        INT      21H
KEYI:   MOV      DX,OFFSET IN_BUF
        MOV      AH,0AH
        INT      21H
        MOV      DL,0AH
        MOV      AH,02H
        INT      21H
        MOV      DL,0DH
        MOV      AH,02H
        INT      21H
DISPO:  LEA      SI,IN_BUF
        INC      SI
        MOV      AL,[SI]
        CBW
        INC      SI
        ADD      SI,AX
        MOV      BYTE   PTR [SI],'$'
        MOV      DX,OFFSET IN_BUF+2
        MOV      AH,09H
        INT      21H
        MOV      AH,4CH
        INT      21H
CODE    ENDS
        END      START
```

9.4.3 BIOS 中断调用

IBM PC 系列机在只读存储器中提供了 BIOS（基本输入输出系统），它占用系统板上 8KB 的 ROM 区，又称为 ROM BIOS，它为用户程序和系统程序提供主要外设的控制功能，即系统加电自检、引导装入及对键盘、磁盘、磁带、显示器、打印机、异步串行通信口等的控制。计算机系统软件就是利用这些基本的设备驱动程序来完成各种功能操作的。每个功能模块的入口地址都在中断矢量表中，通过软中断指令 INT   n 可以直接调用。n=8-1FH 是中断类型号，每个类型号 n 对应一种 I/O 设备的中断调用，每个中断调用又以功能号区分控制功能。

因为 DOS 模块提供了更多更必要的测试，使 DOS 操作比使用相应功能的 BIOS 操作更简单，DOS 对硬件的依赖性也更少。有些功能用 DOS 中断和 BIOS 中断都可以实现，在这种情况下，由于 BIOS 比 DOS 更接近硬件，应尽可能地使用 DOS 功能调用；但少数情况下，必须使用 BIOS 功能，因为没有等效的 DOS 功能可以使用。

关于 BIOS 中断调用的中断类型号、功能、入口参数和出口参数等将在附录中给出。

本章小结

本章分别介绍了汇编语言中子程序的设计和中断调用程序设计。汇编语言的子程序类似于高级语言的过程和函数。子程序定义使用过程定义伪指令 PROC 和 ENDP，过程的调用和返回通过 CALL 和 RET 指令实现。由于过程的功能相对独立，一般都需要传递参数，因此，在子程序定义时应加上适当的注释，对子程序的功能、入口参数和出口参数等进行说明；子程序的参数传递主要通过寄存器、堆栈和存储器等进行，这些方法也可以结合使用。子程序的特点是可定义一次、调用多次。对子程序进行合理运用，不仅可以缩短源程序的长度，更重要的是可以显著改善程序的结构。子程序可以多次嵌套，嵌套深度只受堆栈容量大小的限制。子程序嵌套要注意正确使用 CALL 和 RET 指令，注意保护和恢复寄存器，并且要正确使用堆栈。递归子程序与普通过程没有什么区别，其设计的关键是：除了出口参数外，每层调用都不能破坏上一层调用所用的参数和中间结果。通常，递归子程序使用堆栈传递参数，读者可以跟踪堆栈的变化加深对递归子程序的理解。

中断就是计算机暂时停止当前正在执行的程序，转而执行完成更紧急任务的子程序，并能在子程序执行结束后恢复原先执行的程序。向 CPU 提出中断请求的源称为中断源。8086/8088 的中断系统能够处理 256 个不同的中断源，并为每一个中断安排一个编号，称为中断类型号。一种中断类型号对应一个中断服务程序，其起始地址称为中断向量。中断向量集中起来，按相应中断类型号从小到大的顺序放到存储器的称为中断向量表的存储区。DOS 系统中有两层内部子程序可供用户使用：BIOS 层功能模块和 DOS 层功能模块。对用户来说，这些功能模块就是几十个独立的中断服务程序，这些程序的入口地址已由系统置入中断向量表中，在汇编语言程序中可以用软中断指令直接调用。通常，把调用它们的过程称为系统功能调用。系统功能调用给程序设计带来了极大的方便，程序员不必了解计算机硬件的相关细节，只要在程序中安排一些系统功能调用指令即可实现数据读写、设备启动、停止等操作。有些功能用 DOS 中断和 BIOS 中断都可以实现，由于 BIOS 更接近硬件，应尽可能地使用 DOS 功能；但在没有等效的 DOS 功能可用的情况下，必须使用 BIOS 功能。

1. 主程序和子程序之间的参数传递有哪些主要方式？分别适用于哪些情况？

2. 在子程序设计中，为什么要进行现场保护和恢复？怎样进行现场保护和恢复？

3. 在内存中一数据区 DATA1 中存储一字符串，试设计子程序实现将其中的小写字母转换为大写字母的功能。

4. 设有 10 个学生的成绩分别是 70、75、89、68、63、88、78、74、81 和 90。编制一个子程序统计 60~69、70~79、80~89、90~99 及 100 分的人数并分别存放到 S6、S7、S8、S9 和 S10 单元中。

5. 下列程序有错误吗？若有，请指出并改正。

```
PRGR    PROC
        PUSH  BX
        ADD   BX,AX
```

```
                RET
        ENDP    PRGR
```

6．按下列子程序说明信息编制子程序：

;子程序名：CMPA

;子程序功能：比较两个长度相同的无符号数 x 和 y

;入口参数：x、y 的首地址分别放在 SI 和 DI 中，数据长度（字节数）在 CL 中

;出口参数：x>y 时，CF=0；x<y 时，CF=1；x=y 时，ZF=1

;受影响的寄存器：标志寄存器

7．给定一个正数 N≥1 放在 VALU 单元中，编写一段递归子程序计算 FIB(N)，并将结果存入 RESULT
单元中。

该函数定义如下：

$$\begin{cases} \text{FIB}(1)=1 \\ \text{FIB}(2)=1 \\ \text{FIB}(n)=\text{FIB}(n-2)+\text{FIB}(n-1) \qquad n>2 \end{cases}$$

8．在 8086/8088 的中断系统中，响应中断过程是如何进入中断服务程序的？

9．什么是中断类型？什么是中断向量表？简述中断类型与中断向量表的联系。

10．利用 DOS 系统功能调用完成将键盘输入的大写字母转换成小写字母并显示，直到输入 '!' 字符时
停止输出。

11．利用 DOS 系统功能调用将一个文件的内容复制到另一个文件中，文件名由用户从键盘输入。

12．利用 BIOS 的功能从键盘上接收若干个十进制数，以二进制形式存入 BIN 开始的数据区。假定输入
的数据为 0~65535 之间的整数。

第 10 章　高级汇编技术

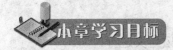 本章学习目标

　　本章主要讲解宏汇编、重复汇编、条件汇编等高级汇编技术。通过本章的学习，读者应掌握以下内容：
- 掌握宏汇编的基本概念
- 理解宏定义、宏调用、宏展开的特点和使用过程
- 了解重复汇编的基本概念和使用
- 了解条件汇编的基本概念和使用

10.1　宏汇编

　　在编制汇编语言程序的过程中，有些功能程序段需要多次重复使用，所不同的只是参与操作的操作数。

　　为了减少编程的工作量，通常采用两种方法。

　　一种方法是将多次使用的程序段编写为独立的子程序。使用时，用 CALL 语句对子程序进行调用。子程序执行完后，通过 RET 指令返回到主调用程序。使用子程序结构有很多优点，比如可以节省存储空间及程序设计所花费的时间、提供模块化程序设计的条件、便于程序的调试与修改等。但这种方法需要付出额外的开销：转子及返回、保存与恢复寄存器内容、传递参数等都需要花费一定的机器时间和占用部分存储空间。

　　另一种方法是将需要多次使用的功能程序段定义为一条宏指令。需要时，直接在程序中将宏指令（实际上是一段功能程序）当作一条指令一样引用。在对源程序进行汇编时，汇编程序将宏指令对应的程序段目标代码嵌入到该宏指令处。

　　所以，宏指令并没有简化目标程序，并未缩短目标程序所占用的空间。但由于宏指令具有接收参量的能力，功能更灵活，对于那些较短的且要传送的参量较多的功能段，采用宏汇编更合理。

10.1.1　宏定义、宏调用和宏展开

　　宏（或宏指令）是源程序中一段有独立功能的程序代码。宏在源程序中只需定义一次，可以多次调用。调用时只要一个宏指令语句即可，所以使用宏可以节省编程和查错时间。

1. 宏定义

宏定义是用伪指令 MACRO/ENDM 实现的，其语句格式如下：

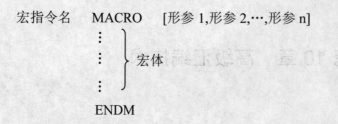

```
宏指令名    MACRO   [形参 1,形参 2,…,形参 n]
        ┊
        ┊   ⎫
            ⎬ 宏体
        ┊   ⎭
        ┊
        ENDM
```

说明：

（1）宏指令名是该宏定义的名称。调用时使用宏指令名对该宏定义进行调用。

（2）要求宏指令符合标识符规定。宏指令名不能重复，但可以和源程序中的其他变量、标号、指令、伪指令名相同，在这种情况下宏指令的优先级最高。

（3）MACRO 必须与 ENDM 成对出现。MACRO 标识宏定义的开始，ENDM 标识宏定义的结束。MACRO 与 ENDM 之间的语句组成了宏体，即一组有独立功能的程序代码。宏体除包含指令语句、伪指令语句外，还可以包含另一个宏定义或已定义的宏指令名，即可以宏嵌套。

（4）形式参数（简称形参，也称哑元、虚参）是可选项，所以宏可以不带参数；带参数时，多个形参间用逗号分隔。对形参的规定与对标识符的规定是一致的，形参的个数没有限制，但一行要在 132 个字符以内。

例如，在实现 BCD 码和 ASCII 码之间的转换时，若要多次使用，为方便起见，可以将 AL 中的内容左移或右移定义成宏指令。假设左移 4 位：

```
SHIFT       MACRO
    MOV     CL,4
    SAL     AL,CL
ENDM
```

其中，SHIFT 是宏指令名，它是调用时的依据，也是各个宏定义间区分的标志。在这个宏定义中没有形式参数。

2. 宏调用

经定义的宏指令可以在源程序中调用，称为宏调用。宏调用的格式为：

宏指令名　[实参 1,实参 2,…,实参 n]

宏指令名必须先定义后调用。实参表中的多个实际参数（简称实参，也称实元）用逗号分隔，汇编时实参将替换宏定义中相应位置的形参。实参和形参的个数可以不相等，若实参多于形参，多余的实参将被忽略；若实参少于形参，多余的形参将作"空"处理。实参可以是常数、寄存器名、变量名、地址表达式及指令助记符的部分字符等。宏展开得到的实参代替形参形成的语句应该是有效的，否则汇编时将出错。

例如，对于前面列举的宏定义，编程时需要 AL 中的内容左移 4 位时，只要一条宏调用语句即可完成。

```
    ┊
SHIFT
    ┊
```

3. 宏展开

宏展开就是将宏指令语句用宏定义中宏体的程序段目标代码替换。在汇编源程序时，宏汇编程序将对每条宏指令语句进行宏展开，取调用提供的实参替代相应的形参，对原有宏体目标代码作相应改变。

下面举例说明宏指令使用的全过程：宏定义、宏调用和宏展开。

【例 10-1】将两个用压缩 BCD 码表示的 4 位十进制数相加，结果存入 RESULT 单元中，将此功能定义为宏，并进行调用。程序如下：

```
;对两数相加的功能进行宏定义
BCDADD     MACRO    VARX,VARY,RESULT
           MOV      AL,VARX
           ADD      AL,VARY
           DAA      ;低位相加、调整
           MOV      RESULT,AL
           MOV      AL,VARX+1
           ADC      AL,VARY+1
           DAA                                  ;高位相加、调整
           MOV      RESULT+1,AL
           ENDM
DATA       SEGMENT
           A1      DB    30H,11H
           A2      DB    79H,47H
           A3      DB    2 DUP(?)
           B1      DB    32H,23H
           B2      DB    71H,62H
           B3      DB    2 DUP(?)
DATA       ENDS
CODE       SEGMENT
           ASSUME   CS:CODE,DS:DATA
START:     PUSH     DS
           MOV      AX,0
           PUSH     AX
           MOV      AX,DATA
           MOV      DS,AX
           BCDADD   A1,A2,A3                     ;宏调用
           BCDADD   B1,B2,B3                     ;再次宏调用
           RET
CODE       ENDS
           END    START
```

源程序有两次宏调用，经宏展开后：

```
       PUSH        DS
       MOV         AX,0
       PUSH        AX
       MOV         AX,DATA
       MOV         DS,AX
+      ;对两数相加的功能进行宏定义
+      MOV         AL,A1
+      ADD         AL,A2
+      DAA                                       ;低位相加、调整
```

```
+       MOV        A3,AL
+       MOV        AL,A1+1
+       ADC        AL,A2+1
+       DAA                                    ;高位相加、调整
+       MOV        A3+1,AL
+       ;对两数相加的功能进行宏定义
+       MOV        AL,B1
+       ADD        AL,B2
+       DAA                                    ;低位相加、调整
+       MOV        B3,AL
+       MOV        AL,B1+1
+       ADC        AL,B2+1
+       DAA                                    ;高位相加、调整
+       MOV        B3+1,AL
```

宏汇编程序在所展开的指令前标识以'+'号以示区别。由于宏指令可以带形参，调用时可以用实参取代，灵活地传递数据，避免了子程序中变量传送的麻烦。

宏定义允许嵌套。在宏定义中可以使用宏调用，但必须先定义这个宏调用。

【例 10-2】 宏定义如下：

```
DIF        MACRO      N1,N2
           MOV        AX,N1
           SUB        AX,N2
           ENDM
DIFCAL     MACRO      OPR1,OPR2,RESULT
           PUSH       DX
           PUSH       AX
           DIF        OPR1,OPR2
           MOV        RESULT,AX
           POP        AX
           POP        DX
           ENDM
```

宏调用：

```
DIFCAL     VAL1,VAL2,VAL3
```

经汇编展开：

```
+       PUSH       DX
+       PUSH       AX
+       MOV        AX,VAL1
+       SUB        AX,VAL2
+       IMUL       AX
+       MOV        VAL3,AX
+       POP        AX
+       POP        DX
```

在宏展开的结果中，第三行和第四行为宏定义 DIFCAL 调用宏定义 DIF 的宏展开，若要成功调用 DIF，则 DIF 必须先定义。

宏定义中还可以进行宏定义，当然要想实现对内层宏定义的调用，必须先调用外层宏定义。

【例 10-3】 有宏定义如下：

```
DIFML      MACRO   OPRAND,OPRAT
OPRAND     MACRO   X,Y,Z
           PUSH    AX
           MOV     AX,X
           OPRAT   AX,Y
           MOV     Z,AX
           POP     AX
           ENDM
           ENDM
```

可以看出，OPRAND 是内层宏定义的名称，也是外层宏定义的形参，若对宏定义 DIFML 进行宏调用：

```
DIFML   ADDITION,ADD
```

经宏展开：

```
+ADDITION   MACRO  X,Y,Z
            PUSH   AX
            MOV    AX,X
            ADD    AX,Y
            MOV    Z,AX
            POP    AX
            ENDM
```

形成了加法宏定义 ADDITION。为实现对 ADDITION 的调用，需要连续两条宏调用语句：

```
DIFML        ADDITION,ADD
ADDITION     N1,N2,N3
```

10.1.2 形参和实参

关于宏定义和宏调用中的参数问题，应该注意以下几点：

（1）宏定义中可以不带任何形参，宏调用时不需要提供实参（即使有实参，也会不予处理），宏展开后宏体中的所有指令不作修改原样插入到宏调用的宏指令处。例如，对于完成移位操作的宏指令，允许像前面那样不带形参，也可以灵活地设置一个或多个参数。下面举例简单说明。

【例 10-4】 将寄存器内容移位的操作定义为宏指令，并进行宏调用。

设一个参数时，移位次数为参数 CN：

```
SHIFT     MACRO   CN
          MOV     CL,CN
          SHL     AX,CL
          ENDM
```

宏调用时，根据需要提供相应的实参数值实现移位：

```
SHIFT     CONST
```

设两个参数时，参数为寄存器和移位次数：

```
SHIFT     MACRO   CN,R
          MOV     CL,CN
          SHL     R,CL
          ENDM
```

宏调用时，提供移位次数和某一寄存器名：

```
SHIFT      CONST,REGISTER
```

（2）在宏定义中，形参可以出现在宏体的任何位置，可以是操作码或操作数。形参作为操作数的情况是最常见的，这里不再举例；形参出现在操作码的位置可以参见例 8-3 中的 OPRAT，宏展开后由加法指令 ADD 取代。

【例 10-5】 有宏定义：

```
NEWDEF     MACRO  OPRAT1
           OPRAT1  AX
           ENDM
```

当宏调用时：

```
NEWDEF     INC
```

则宏展开为：

```
+          INC    AX
```

（3）形参可以是操作码或操作数的一部分，但在宏定义体中必须使用分隔符&，即&是操作符，它在宏定义中可以作为形参的前缀，展开时可以把&前后的两个符号连接起来，形成操作码、操作数或字符串。&只能出现在宏定义中。

【例 10-6】 宏定义：

```
SHIFT      MARCO  X,Y,Z
           MOV    CL,X
           S&Z    Y,CL
           ENDM
```

形参 Z 代替操作码的一部分。在宏汇编中规定，若在宏定义体中的形参没有适当的分隔符，则不被当作形参，调用时也不会被实参代替。上例被调用时：

```
SHIFT      4,AL,CL
SHIFT      6,BX,AR
```

则宏展开时分别产生下列指令的目标代码：

```
+    MOV    CL,4
+    SAL    AL,CL
+    MOV    CL,6
+    SAR    BX,CL
```

【例 10-7】 宏定义：

```
MSGGEN     MACRO  LAB,NUM,XYZ
           LAB&NUM  DB  'MORNING MR.&XYZ'
```

宏调用：

```
MSGGEN     MSG,1,GREEN
```

宏展开为：

```
+          MSG1   DB  'MORNING MR. GREEN'
```

（4）伪操作%不能出现在形参的前面，通常用在宏调用中，将跟在它后面的表达式的值转换成当前基数所对应的值，在宏展开时，用转换后的值代替形参。

【例 10-8】 宏定义：

```
MAKER  MACRO   COUNT,STR
       MAKER&COUNT  DB  STR
       ENDM
```

```
ERRMA    MACRO    TEXT
         CNTR=CNTR+1
         MAKER    %CNTR,TEXT
         ENDM
```

经宏调用：

```
CNTR=0
ERRMA    'SYNTAX ERROR'
  ⁝
ERRMA    'INVALID OPERAND'
  ⁝
```

宏展开：

```
  ⁝
+        MAKER1   DB    'SYNTAX ERROR'
  ⁝
+        MAKER2   DB    'INVALID OPERAND'
  ⁝
```

（5）宏调用中的实参如果自身带有间隔符（如逗号、空格），则必须使用文本操作符<>将其括起来，作为单一的完整的实参。

【例 10-9】　在程序设计中，对堆栈段的定义语句基本相同，只是堆栈段的长度和初值不同，所以可以先定义一个宏（放在宏库中），供随时取用，为编程带来很大方便。宏定义如下：

```
MSTACK MACRO   XYZ
         STACK    SEGMENT    STACK
             DB    XYZ
         STACK    ENDS
         ENDM
```

宏调用时：

```
MSTACK  <100 DUP(?)>
```

宏展开为：

```
+        STACK    SEGMENT    STACK
+            DB    100 DUP(?)
+        STACK    ENDS
```

10.1.3　伪指令 PURGE

宏指令名可以和源程序中的其他变量名、标号、指令助记符、伪操作名相同，此时宏指令的优先级别最高，使其他同名的指令或伪操作无效。为了使这些指令或伪指令恢复功能，服从机器指令的定义，宏汇编程序提供了伪操作 PURGE，用来在适当的时候取消宏定义。PURGE 伪指令的一般格式是：

```
PURGE    宏定义名[,…]
```

方括号表示 PURGE 可以取消多个宏定义，宏名之间用逗号隔开。以下例子说明了 PURGE 的用法。

宏定义：

```
SUB      MACRO   VARX,VARY,RESULT
             ⁝
         ENDM
```

宏调用：

```
        SUB     X,Y,Z
        PURGE   SUB
```

执行 PURGE 伪指令后 SUB 宏指令失效，不能再被宏调用，PURGE　SUB 语句后的 SUB 恢复减法功能。

10.1.4　伪指令 LOCAL

宏定义体内可以使用标号。对于使用了标号的宏定义，如果在源程序中多次调用，宏展开后势必产生相同标号的多重定义，汇编时就会出错，因为在汇编语言源程序中标号必须是唯一的。解决这一问题可以使用伪指令 LOCAL，其一般格式为：

LOCAL　　局部标号 1,局部标号 2,…

LOCAL 是局部符号伪指令，将宏体中的标号定义为局部标号（标号间用逗号隔开）。在宏展开时，宏汇编程序将为这些标号分别生成格式为"？？XXXX"的唯一的符号以代替各局部标号。XXXX 代表 4 位十六进制数 0000～FFFF。这样，在汇编源程序中避免了多次宏调用时生成的标号重复。注意，LOCAL 伪操作只能用在宏定义体内，而且必须是 MACRO 伪操作后的第一个语句，在 MACRO 和 LOCAL 中不能出现注释和分号标志。

【例 10-10】　定义取绝对值的宏指令如下：

```
ABS     MACRO   OPS
        LOCAL   PLUS
        CMP     OPS,0
        JGE     PLUS
        NEG     OPS
PLUS:   MOV     AX,OPS
        ENDM
```

宏调用：

```
        ABS     CX
        MOV     BX,AX
        ABS     DX
```

宏展开后的指令为：

```
+       CMP     CX,0
+       JGE     ??0000
+       NEG     CX
+??0000: MOV    AX,CX
        MOV     BX,AX
+       CMP     DX,0
+       JGE     ??0001
+       NEG     DX
+??0001: MOV    AX,DX
```

10.2　重复汇编

在编写汇编程序的过程中，有时需要重复编写相同或几乎完全相同的一组代码，为避免重复编写的麻烦，可以使用重复汇编。重复汇编伪指令用来实现重复汇编，它可以出现在宏定义中，也可以出现在源程序的任何位置上。重复汇编伪指令有 3 种：定重复伪指令 REPT、不定重复伪指令 IRP、不定重复字符伪指令 IRPC。

10.2.1 定重复伪指令 REPT

其一般格式为：

```
REPT    表达式
    ⋮
    ⋮ } 重复块
    ⋮
ENDM
```

其中，REPT 和 ENDM 必须成对出现，两者间的重复块是要重复汇编的部分。表达式的值用来表示重复块的重复汇编次数。定重复伪操作不一定要用在宏定义体内。

【例 10-11】 有下列语句：

```
NUM=0
REPT    10
NUM=NUM+1
DB      NUM
ENDM
```

汇编后，将数据 1，2，3，…，10 分配给 10 个连续的字节单元：

```
+    DB    1
+    DB    2
+    DB    3
+    DB    4
    ⋮
+    DB    10
```

【例 10-12】 将 A、B、C、D、E 五个大写字母的 ASCII 码值顺序放入到以符号名 ARRAY 为起始地址的字节表中。

```
CHAR=41H
TABLE    EQU    THIS    BYTE
REPT     5
         DB    CHAR
         CHAR=CHAR+1
ENDM
```

10.2.2 不定重复伪指令 IRP

其一般格式为：

```
IRP      形参,<参数 1,参数 2,…>
    ⋮    （重复块）
ENDM
```

此伪指令重复执行重复块中所包含的语句，重复的次数由参数表中的参数个数决定。重复汇编时，依次用参数表中的参数取代形参，直到表中的参数用完为止。参数表中的参数必须用两个三角号括起来，参数可以是常数、符号、字符串等，各参数间用逗号隔开。

【例 10-13】 多次将 AX、BX、CX、DX 寄存器的内容压栈，宏定义如下：

```
PUSHR   MACRO
        IRP     REG,<AX,BX,CX,DX>
        PUSH    REG
        ENDM
        ENDM
```

汇编后：

```
+       PUSH    AX
+       PUSH    BX
+       PUSH    CX
+       PUSH    DX
```

【例 10-14】 利用宏定义对存储单元赋初值：

```
ASSIGN  MACRO
IRP   X,<2,4,6,8,10>
        DB  X
        ENDM
        ENDM
```

参数表中有 5 个参数，所以重复块重复执行 5 次。重复块中只有一条伪指令 DB X，第一次执行用 2 取代 X，第二次用 4 取代 X，依次执行，直到 X 被 10 代替后，5 个数字分配给连续的 5 个存储单元，展开如下：

```
+       DB  2
+       DB  4
            ⋮
+       DB  10
```

10.2.3   不定重复字符伪指令 IRPC

其语句格式为：

```
IRPC    形参,字符串(或<字符串>)
     ⋮（重复块）
ENDM
```

此伪指令重复执行重复块中的语句，重复汇编的次数等于字符串中字符的个数。每次重复执行时，依次用字符串中的一个字符取代形参，直到字符串结束。可见 IRPC 伪指令与 IRP 伪指令类似，只是 IRPC 用字符串（其三角括号可以有也可以没有）代替了 IRP 伪指令中的参数表。

【例 10-15】 如例 10-13 可用 IRPC 实现：

```
PUSHR   MACRO
        IRPC    REG,ABCD
        PUSH    REG&X
        ENDM
        ENDM
```

同样，汇编后也可以得到：

```
+       PUSH    AX
+       PUSH    BX
```

```
+      PUSH   CX
+      PUSH   DX
```

【例 10-16】　例 10-14 对存储单元赋初值也可以用 IRPC 实现：

```
ASSIGN    MACRO
          IRP  X,02468
          DB   X+2
          ENDM
          ENDM
```

10.3　条件汇编

8086/8088MASM 宏汇编具有条件汇编的功能，使宏汇编程序有选择地汇编源程序段。条件汇编与宏指令技术结合可使宏指令的功能更强。

条件汇编伪操作允许在编制汇编语言源程序时规定某种条件，汇编程序在汇编过程中根据条件把一段源程序包括在汇编语言源程序内或者把它排除在外：当条件成立时，将某段汇编源程序汇编为目标程序；否则，跳过该段源程序往下执行。

MASM 宏汇编提供了十种条件汇编伪操作，其一般格式为：

IFXX　　<表达式>
　　┊（条件块 1）
[ELSE]
　　┊（条件块 2）

ENDIF

IFXX 为条件汇编伪操作命令，其中 XX 表示指定条件，条件的具体内容如表 10-1 所示。表达式是条件测试的对象，有的并不出现而是隐含在命令中。条件块为若干条语句组成；ELSE 是可选项，而且对于一个给定的 IFXX 命令至多允许有一个 ELSE；ENDIF 是条件汇编结束命令。

表 10-1　条件汇编伪指令

伪指令	汇编条件
IF 1	宏汇编程序在第一遍扫描时扫视条件块语句序列
IF 2	宏汇编程序在第二遍扫描时扫视条件块语句序列
IF 表达式	表达式≠0，则满足条件
IFE 表达式	表达式=0，则满足条件
IFDEF 符号	符号已定义或被说明为 EXTRN，则满足条件
IFNDEF 符号	符号未定义或未被说明为 EXTRN，则满足条件
IFB <变量>	变量是空格，则满足条件
IFNB <变量>	变量不是空格，则满足条件
IFIDN <变量 1>,<变量 2>	变量 1 和变量 2 的字符串相同，则满足条件
IFNIDN <变量 1>,<变量 2>	变量 1 和变量 2 的字符串不相同，则满足条件

注意：其中带有尖括号的变量的尖括号不能省略。

　　汇编程序在汇编源程序的过程中，遇到条件汇编伪操作命令时先对条件表达式求值，并测试条件是否成立。如果表达式满足指定的条件，汇编程序汇编条件块 1 的语句序列；否则，当有 ELSE 语句时，将条件块 2 的语句序列汇编为目标程序，如果没有 ELSE 语句，则执行下面的其他语句。

　　条件伪操作可以用在宏定义体内，也可以用在宏定义体外，也允许嵌套任意次使用。下面举例说明条件伪操作的使用方法。

　　【例 10-17】宏指令 MAX 把三个变量中的最大值放在 AX 中，而且使变量数不同时产生不同的程序段。宏定义如下：

```
MAX     MACRO   K,A,B,C
        LOCAL   NEXT,OUT
        MOV     AX,A
        IF      K-1
        IF      K-2
        CMP     C,AX
        JLE     NEXT
        MOV     AX,C
        ENDIF
NEXT:   CMP     B,AX
        JLE     OUT
        MOV     AX,B
        ENDIF
OUT:    ENDM
```

宏调用：

```
MAX     1,M
MAX     2,M,N
MAX     3,M,N,L
```

宏展开：

```
        MAX     1,M
+       MOV     AX,M
+??0001:
        MAX     2,M,N
+       MOV     AX,M
+??0002: CMP    N,AX
+       JLE     ??0003
+       MOV     AX,N
+??0003:
        MAX     3,M,N,L
+       MOV     AX,M
+       CMP     L,AX
+       JLE     ??0004
+       MOV     AX,R
+??0004: CMP    N,AX
+       JLE     ??0005
+       MOV     AX,Q
+??0005:
```

【例10-18】宏指令DIVB使汇编程序根据符号SIGN的值产生不同的指令：如果SIGN=0，则用字节变量DIVD中的无符号数除以字节变量SCAL；如果SIGN=1，则用字节变量DIVD中的带符号数除以字节变量SCAL，结果都存放在RESU字节变量中。宏定义如下：

```
DIVB     MACRO     SIGN,DIVD,SCAL,RESU
         IFE       SIGN
         MOV       AH,0
         MOV       AL,DIVD
         DIV       SCAL
         MOV       RESU,AL
         ENDIF
         IFE       SIGN-1
         MOV       AL,DIVD
         CBW
         IDIV      SCAL
         MOV       RESU,AL
         ENDIF
         ENDM
```

宏调用：

```
DATA     SEGMENT
         DA1       DB      -86,42
         DA2       DB      40,50
         DA3       DB      ?,?
DATA     ENDS
         ⋮
DIVB     1,DA1,DA2,DA3
DIVB     0,DA1+1,DA2+1,DA3+1
         ⋮
```

宏展开：

```
         DIVB      1,DA1,DA2,DA3
+        MOV       AL,DA1
+        CBW
+        IDIV      DA2
+        MOV       DA3,AL
         DIVB      0,DA1+1,DA2+1,DA3+1
+        MOV       AH,0
+        MOV       AL,DA1+1
+        DIV       DA2+1
+        MOV       DA3+1,AL
```

本章小结

本章主要介绍了高级汇编技术中的宏汇编。在编写源程序的过程中，使用宏汇编和使用子程序一样，都能减少程序员的工作量，因而也能减少程序出错的可能性。本章阐述了宏汇编和子程序两者间的区别。宏定义是用伪指令 MACRO/ENDM 实现的，要给出符合命名规则的宏指令名，以便调用时使用宏指令名对该宏定义进行调用。宏定义可以带形参，相应地，宏调用时可以提供实参。宏展开就是将宏指令语句用宏定义中宏体的程序段目标代码替换。在汇编源程序时，宏汇编程序将对每条宏指令语句进行宏展开，取调用提供的实参替代相应的形参，对原有宏体目标代码作相应改变。另外，本章还介绍了一些常见的伪指令和常用的宏操作符及其使用。

在编写汇编程序的过程中，有时需要重复编写相同或几乎完全相同的一组代码，为避免重复编写的麻烦，可以使用重复汇编。重复汇编伪指令有 3 种：定重复伪指令 REPT、不定重复伪指令 IRP 和不定重复字符伪指令 IRPC，都有相应的形式。汇编程序在汇编过程中根据条件把一段源程序包括在汇编语言源程序内或者把它排除在外，就用到了条件汇编伪操作：当条件成立时，将某段汇编源程序汇编为目标程序；否则，跳过该段源程序往下执行。使用条件汇编可以在不同操作环境下生成不同的目标代码，然而太多或太复杂的条件汇编语句会降低程序的可读性。

 习题10

1. 比较宏与子程序，它们有何异同？它们的本质区别是什么？

2. 宏指令中的参数有什么用途，宏调用如何传递参数？

3. 试定义将一位十六进制数转换为 ASCII 码的宏指令。

4. 试编写一通用多字节数相加的宏定义（3 个字节以上）。

5. 定义一个宏 DISPLAY MACRO CHAR1，用来显示变量 CHAREC 中以$结尾的字符串，并利用该宏编写程序，用来显示变量 CHAR2 中存放的字符串（变量自行定义）。

6. 试定义一个字符串搜索宏指令，要求文本首地址和字符串首地址用形式参数。

7. 编写一个定义堆栈段的宏。

8. 宏指令 STOREM 定义如下：

```
STOREM   MACRO   X,N
         MOV     X+I,I
         I=I+1
         IF      I-N
         STOREM  X,N
         ENDIF
         ENDM
```

试展开下列调用：

```
         I=0
         STOREM   TAB,7
```

9. 编写一段程序完成以下功能：如给定名为 STRING 的字符串长度大于 5 时，下列指令将汇编 10 次。

```
    ADD   AX,AX
```

10. 宏指令 BRANCH 产生一条转向 X 的转移指令。当它相对于 X 的距离小于 128 字节时，产生 JMP SHORT X；否则，产生 JMP NEAR PTR X（X 必须位于该转移指令之后，即低地址区）。

第 11 章 模块化程序设计

本章主要讲解模块化程序设计的知识、汇编语言与 C/C++语言的混合编程等内容。通过本章的学习，读者应掌握以下内容：

- 了解模块化程序设计
- 掌握多个模块的组合情况
- 掌握多个模块之间的变量传送
- 掌握汇编语言与 C/C++语言的混合编程

在实际应用中，一个较大的程序往往由若干个相对独立又相互联系的源文件组成，对每个源文件分别编制、调试后，再由 LINK 程序把它们连接在一起，形成一个统一完整的程序，这样的程序设计方法称为模块化程序设计。每个独立的源文件称为模块。

模块化程序设计有如下优点：（1）单个的程序模块易于编写、调试和修改。（2）若干程序员可以并行工作，工作进度可加快。（3）若干反复使用和验证过的程序模块可以被多个任务使用。（4）程序的可读性好。（5）程序的修改可以局部化。

模块化程序设计的一般步骤如下：

（1）正确描述整体目标。（2）把完整的任务划分成多个功能明确的程序模块，并画出模块层次图。（3）确切定义每个模块的功能，与其他模块如何通信，写出模块说明。（4）将每个模块写成汇编语言或高级语言模块，并进行调试。（5）将各个模块连接在一起，经过调试形成一个完整的程序。（6）将整个程序与其说明放在一起形成程序文档。

本章只介绍如何用汇编语言编制符合要求的程序模块以及模块间如何进行通信。

11.1 段的定义

11.1.1 段的完整定义

汇编程序将每一个模块作为一个汇编单位，对于多个模块汇编后，将产生多个目标模块，连接程序在连接这些目标模块时需要进行段间组合以简化程序结构。连接程序如何把若干模块的多个段恰当地组合到一起以及如何沟通有关段之间的联系呢？实际上，汇编语言中的段定义伪指令等指示汇编程序把合适的连接信息写入到目标模块中，连接程序再根据目标模块中的连接信息进行连接操作。

完整的段定义伪指令的一般格式为：

段名　SEGMENT　[定位类型]　[组合类型]　['类别']

...

段名　ENDS

SEGMENT 后的可选项"定位类型"、"组合类型"、"'类别'"通知汇编程序和连接程序如何建立和组合段。若在段的定义中没有给出某可选项，则使用其隐含值。下面介绍各可选项的取值及含义。

11.1.2　定位类型

定位类型用于该段对起始边界的要求。连接程序连接目标文件时，根据定位类型决定段的相对起始地址。可取的类型名有 PAGE、PARA、DWORD、WORD 和 BYTE。

PAGE 表示该段要从能被 256 整除的地址开始，即该地址的最低 8 位二进制必须为 0，称为页地址边界。

PARA 表示该段要从能被 16 整除的地址开始，即该地址的最低 4 位二进制必须为 0。

DWORD 表示段的起始地址的最低两位二进制必须为 0，以双字为地址边界。

WORD 表示该段要从一个偶地址开始存放，即段的起始地址的最低一位必须为 0，以标准字地址为地址边界。

BYTE 表示对该段的起始地址可以从任何地址开始，它以字节为地址边界。

段的定位类型一般采用 PARA，它是隐含类型，可以省略不写。其他类型使用较少。

11.1.3　组合类型

组合类型将告诉连接程序在向存储器装入各个逻辑段时不同模块的同名段是怎样组合的。组合类型主要有 PUBLIC、COMMON、STACK、MEMORY、NONE 和 AT。

PUBLIC：该组合类型告诉连接程序把本段与其他模块中的组合类型为 PUBLIC 的同名段组合在一起，构成一个段。组合的顺序按照用户在调用 LINK 程序时指定的次序排列，公用一个段基址，后续段的起始地址进行相应调整。各段都从小段（节）的边界开始，因此各模块原有的段之间可能存在小于 16 个字节的间隔。

COMMON：表示将本段与其他同类别的同名段相覆盖，重叠部分的内容取决于参与覆盖的最后一个段的内容，复合段的长度等于参与覆盖的最长段的长度。

STACK：表示将本段与其他同名的堆栈段连接在一起，组合后的物理段的长度等于参与组合的各个堆栈段的长度之和，栈顶可以自动指向连接后形成的大堆栈段的栈顶。

另外，当某个段的组合类型定为 STACK 时，也能指明当前段是堆栈段。LINK 程序会把这样的段的有关信息写入.EXE 文件中。在程序执行时，操作系统的装入程序就能根据这些信息自动设置 SS 和 SP，从而构成物理堆栈。另一方面，如果在说明堆栈段时不指明组合类型为 STACK，则必须在代码段中使用指令设置 SS 和 SP。

MEMORY：表示本段将位于被连接的其他段之上（即高地址），如果连接时出现多个段有 MEMORY 组合类型，将对第一个 MEMORY 的段赋予该属性，其他段作为 COMMON 段处理。

NONE：表示本段是独立的，不与其他段组合，是默认组合类型。

AT：表示本段将安装在表达式的值所指出的段地址上，明确指定段在存储器中的地址，但其不能用来指定代码段。

11.1.4 类别

'类别'将告诉连接程序在向存储器装入各个逻辑段时不同模块的同名段是怎样存放的。它将类别名相同的所有段相邻存放。类别名可以是任何合法的名称,需要用单引号括起,如'CODE', 'DATA'等。[定位类型]和[组合类型]只能决定各段按怎样的基准进行加载,但只有与'类别'组合起来才能决定各段按怎样的顺序加载。也就是说,具有相同'类别'的段按程序中出现的顺序组装到同一个地方,对同一模块先按该模块的同名'类别'的段组装到同一个地方,然后再将不同模块的同名'类别'的段顺序接着组装。凡是同名的'类别'都装到一处。

对于没有'类别'名的段,则该段的类别为空。类别为空的段也组装到一处。

汇编程序汇编每个模块时,将不同模块中同名、同为 PUBLIC 类型、同类别的段合并。段以其在源文件中的出现次序写入目标文件,同名段以第一次出现的为准。连接程序首先读第一个目标文件中的第一个段,且在所有目标文件中搜索同名、同组合类型和同类别的段,合并后写入.EXE 文件。然后,在所有目标文件中搜索同类别的非同名段,这种段紧接着写入.EXE 文件。

11.2 模块间的通信

在模块化程序设计中,由于每个模块都和其他模块相关联,允许相互访问,可能 A 模块的变量或标号被 B 模块使用,这样必须在编程时加以说明,否则在汇编时就会产生错误。当某一个模块被单独汇编时,必须用伪指令说明该模块中使用了哪些全局符号及其类型属性,同时也要说明本模块中定义的变量和标号哪些可以作为一个标识符被其他模块使用,这就涉及到了模块间的通信。模块间的通信有多种方法,最常用的就是使用模块通信伪指令。

从连接的角度看,在源程序中用户定义的符号可以分为局部符号和全局符号两种。我们已经熟悉的在本模块中定义又在本模块中引用的符号称为局部符号。另一种在某一个模块中定义而又在另一个模块中引用的符号称为全局符号。有两个伪指令与全局符号有关。

11.2.1 伪指令 PUBLIC 和 EXTRN

1. PUBLIC 伪指令

PUBLIC 伪指令的一般格式为:

PUBLIC   符号表

指明符号表中的符号为全局符号,将被其他模块所引用。符号表中的各项用逗号隔开,符号可以是符号常量、变量、标号或子程序名。一个源程序模块中可以使用多条 PUBLIC 语句。

2. EXTRN 伪指令

EXTRN   符号:类型[,符号:类型,…]

指明当前模块中用到的符号哪些是在其他模块内定义的,同时指出这些符号的类型。符号可以是符号常量、变量、标号或子程序名,多个符号说明用逗号隔开。对于变量,常用的类型是 BYTE、WORD 或 DWORD;对于标号或子程序名,常用的类型是 NEAR 或 FAR。

如果当前模块引用其他模块中的符号,包括符号常量、变量、标号或子程序名,则必须在引用前用 EXTRN(在 C 语言中使用 extern)进行说明,否则汇编程序会认为这些符号未被定义。一个源程序模块中可以使用多条 EXTRN 语句。

　　有了 PUBLIC 和 EXTRN 这两个伪指令就提供了模块间相互访问的可能性。这两个伪操作的使用必须相匹配，连接程序的任务之一就是要检查每个模块中的 EXTRN 语句中的每个符号是否能和与其相连接的其他模块中的 PUBLIC 语句中的一个符号相匹配。如果不匹配则应给出出错信息，如果匹配则应给予确定值。下面的例子说明各模块中 PUBLIC 和 EXTRN 伪操作的匹配情况。

　　【例 11-1】三个源模块中的全局符号定义如下所示。连接程序能检查出 var4 是模块 2 需要使用的符号，但没有其他模块用 PUBLIC 来宣布其定义，因而连接将显示出错。在这个例子中，模块 3 用 PUBLIC 宣布了 lab3 的全局定义，但其他模块均未使用该符号，这种不匹配的情况由于不影响装入模块的建立，所以并不显示出错。此外，模块 1 和模块 2 都定义了局部符号 var3，由于局部符号是在汇编时就确定了其二进制值，所以并不影响模块的连接，因而不同模块中的局部符号是允许重名的，但要连接模块的全局符号却不允许重名，如有重名，连接将显示出错。

```
;模块 1
extrn      var2:word,lab2:far
public     var1,lab1
data1      segment
           var1  db   ?
           var3  dw   ?
           var4  dw   ?
data1      ends
code1      segment
             ⋮
lab1:
             ⋮
code1   ends
             ⋮

;模块 2
extrn      var1:byte,var4:word
public     var2
data2      segment
           var2  dw   0
           var3  db   5 dup(?)
data2      ends
             ⋮

;模块 3
extrn      lab1:far
public     iab2,lab3
             ⋮
lab2:
             ⋮
lab3:
             ⋮
```

连接程序需要对目标模块进行两遍扫视，第一遍扫视应对所有段分配段地址，并建立一张全局符号表（全局符号在汇编时是不可能确定其值的，LST 清单中对全局符号记以 E）；第二遍扫视才能把与这些全局符号有关指令的机器语言值确定下来。连接完成后建立了装入模块，再由装入程序把该模块装入内存等待执行。

11.2.2 多个模块之间的变量传送

多模块程序设计要保证模块间信息的正确传送，除了正确建立模块间的通信关系外，还要合理安排数据段的定义以及利用附加段引用全局变量等。我们可以使用前面已经说明过的几种伪指令及其参数来解决变量传送问题。

【例 11-2】 主程序和子程序不在同一程序模块中时变量的传送方法之一。本例说明当主程序和子程序不在同一模块时的变量传送方法。

```
; 模块 1
extrn    proadd : far
;* * * * * * * * * * * * * * * * * * * * * *
data     segment  common
    ary      dw      100   dup(?)
    count    dw      100
    sum      dw      ?
data     ends
;* * * * * * * * * * * * * * * * * * * * * *
code1    segment
main  proc    far
        assume    cs : code1,ds : data
start:  mov       ax,data
        mov       ds,ax
            ⋮
        call      far   ptr   proadd
            ⋮
        ret
main  endp
code1 ends
;* * * * * * * * * * * * * * * * * * * * * * *
            end     start

;模块 2
  public    proadd
;* * * * * * * * * * * * * * * * * * * * *
data     segment  common
    ary      dw      100 dup(?)
    count    dw      100
    sum      dw      ?
data     ends
;* * * * * * * * * * * * * * * * * * * * *
code2    segment
```

```
        proadd    proc    far
                  assume    cs : code2,ds : data
                  mov    ax,data
                  mov    ds,ax
                  push   ax
                  push   cx
                  push   si
                  lea    si,ary
                  mov    cx,count
                  xor    ax,ax
        next:    add    ax,[si]                    ;取 array 的元素
                  add    si,2
                  loop   next
                  mov    sum,ax                     ;求所有元素的和
                  pop    si
                  pop    cx
                  pop    ax
                  ret
        proadd    endp
        code2     ends
        ;* * * * * * * * * * * * * * * * * * * * * * * *
                  end
```

在这个例子中，data 段用 common 合并成为一个覆盖段，所以源模块 2 只引用了本模块中的变量，不必作特殊处理。整个程序的全局符号只有 proadd，处理比较简单。

注意：由于主程序和子程序已经不在同一程序模块中，所以过程定义及调用都应该是 FAR 类型的，而不应该使用原来的 NEAR 类型。如果以上两个模块的 code 段都使用同一段名并加上 PUBLIC 说明，那么连接时它们就可以合并为一个段，此时过程和调用仍可使用 NEAR 属性。

使用公共数据段并不是唯一的办法，可以把变量也定义为全局符号，这样就允许其他模块引用在某一模块中定义的变量名。必须注意，我们在引用本模块中的局部变量前，在程序的一开始就用以下两条指令：

MOV　AX,DATA_SEG
MOV　DS,AX

把数据段地址放入 DS 寄存器中，这样才能保证对局部变量的正确引用。在引用全局符号时也必须把相应的段地址放入段寄存器中。如果程序中要访问的变量处于不同段时，则应动态地改变段寄存器的内容。

【例 11-3】　主程序和子程序不在同一程序模块中时变量的传送方法之二。

有三个源模块如下所示。其中模块 1 本身的局部变量都在 DS 段中，而全局变量在 ES 段中，在程序中动态地改变 ES 寄存器的内容以达到正确访问各全局变量的目的。如果源模块 1 本身使用 ES 段或者全局变量较多，为避免动态改变段地址易产生的错误，也可以用例 11-4 所使用的方法。

;模块1
;* *

```
extrn    var1 : word,output : far
extrn    var2 : word
public   exit
;**************************
local_data   segment
        var   dw   5
              ⋮
local_data   ends
;**************************
code    segment
  main    proc   far
        assume    cs : code,ds : local_data
start: push   ds
       sub    ax,ax
       push   ax
       mov    ax,local_data
       mov    ds,ax
              ⋮
       mov    bx,var
       mov    ax,seg var1
       mov    es,ax
       add    bx,es:var1
              ⋮
       mov    ax,seg  var2
       mov    es,ax
       sub    es : var2,50
              ⋮
       jmp    output
              ⋮
exit:  ret
       main   endp
code ends
;**************************
end    start

;模块 2
;**************************
public   var1
;**************************
extdata1   segment
     var1   dw   10
             ⋮
extdata1   ends
             ⋮
        end
```

```
;模块3
;* * * * * * * * * * * * * * * * * * * * * *
public      var2
extrn       exit:far
;* * * * * * * * * * * * * * * * * * * * * *
extdata2  segment
    var2   dw    3
          ⋮
extdata2  ends
;* * * * * * * * * * * * * * * * * * * * * *
public      output
;
prognam   segment
    assume      cs : prognam,ds : extdata2
          ⋮
output: jmp     exit
          ⋮
prognam   ends
;* * * * * * * * * * * * * * * * * * * * * *
          end
```

【例 11-4】 主程序和子程序不在同一程序模块中时变量的传送方法之三。

```
;模块1
;* * * * * * * * * * * * * * * * * * * * * *
global     segment  public
    extrn     var1 : word,var2 : word
global     ends
;* * * * * * * * * * * * * * * * * * * * * *
local_data    segment
          ⋮
local_data    ends
;* * * * * * * * * * * * * * * * * * * * * *
code    segment
    main    proc   far
          assume      cs : code,ds : local_data,es : global
start: push    ds
      sub     ax,ax
      push    ax
      mov     ax,local_data
      mov     ds,ax
      mov     ax,global
      mov     es,ax
          ⋮
      mov     bx,es : var1
      add     es : var2,bx
          ⋮
ret
```

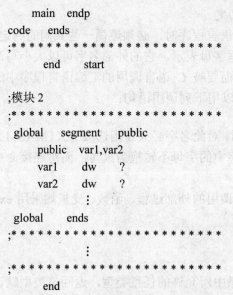

```
        main    endp
code    ends
;* * * * * * * * * * * * * * * * * * * * *
        end     start

;模块2
;* * * * * * * * * * * * * * * * * * * * *
global  segment public
        public  var1,var2
        var1    dw      ?
        var2    dw      ?
            ⋮
global  ends
;* * * * * * * * * * * * * * * * * * * * *
            ⋮
;* * * * * * * * * * * * * * * * * * * * *
        end
```

从以上几个例子可以看出，在掌握了有关全局符号的伪指令及 SEGMENT 伪指令的参数使用方法的情况下，读者可以灵活使用这些工具以编制出较好的程序模块来。

11.3　汇编语言与 C/C++语言的混合编程

高级语言编程方便迅速，而且编写及调试汇编语言程序比高级语言要复杂，所以高级语言比汇编语言的使用更为广泛。但是，汇编语言又有自己的特点：占用存储空间小、运行速度快、程序运行效率高、可以直接控制硬件等，因而在有些场合汇编语言是不可缺少的。经常会有这种情况，程序的大部分是用高级语言编写的，但在某些部分，如程序的关键部分（运行次数很多的部分、运行速度要求很高的部分、直接访问计算机硬件的部分等）则需要用汇编语言编写，两者结合使用可以取长补短。

11.3.1　C/C++语言程序与汇编语言过程的模块连接

为了提高 C/C++语言程序中某部分的执行速度和效率以及涉及到 C/C++语言中无法做到的机器语言操作时，使用汇编语言程序是很明智的。汇编语言虽然在编程、调试方面比较复杂，但某些情况下其执行效率远远高于用 C/C++语言编写的子程序（C 和 C++两者同汇编语言的混合编程相同，为简便起见，下面只阐述 C 语言），如浮点数计算软件包。C 语言程序可以调用汇编语言程序，汇编语言程序也可以调用 C 语言程序，但由于 C 语言的功能强大及汇编语言的局限性，一般情况下只用 C 语言程序调用汇编语言程序。C 语言与汇编语言接口的方法主要有模块连接法、行内汇编法和伪变量法，这里主要介绍模块连接法和行内汇编法，并给出接口实例。

模块连接法是不同程序设计语言间混合编程的常用方法：各种语言的程序分别编写，利用各自的开发环境编译成目标模块文件，即.obj 文件，然后将它们连接在一起，最终生成可执行文件。为了保证各种语言的目标文件的正确连接且连接程序能得到必要的信息，必须对它们的接口、参数传递、返回值处理及寄存器的使用等做出约定。汇编语言程序要与 C 语言混合编程，除了要保证连接程序能正确连接外，还要保证汇编程序格式符合 C 语言的要求。

1. Microsoft C/C++语言调用汇编语言程序的约定

为了正确连接，编写 C/C++语言源程序和汇编语言程序时，必须遵循一些共同的约定。

（1）有关名字的约定。C 语言程序主要用小写字母表示，它的外部名字可以大小写混合使用。每个外部名字隐含地使用下划线作前缀，因而要被 C 语言调用的汇编语言程序中的所有标识符前都要用下划线作前缀。例如，C 语言可以用下列调用语句：

myprog(int a,int b)

相应汇编语言过程的名字应为_myprog。汇编时，对此名字必须使用选项 MX（MASM 5.0）或/CX（MASM 6.0），以便使 MASM 保持公用名字中的字母不转换为大写，而对连接命令则要使用选项/N，使 LINK 不忽略字母的大小写。

（2）声明约定。C 语言程序中，C 语言对所要调用的外部过程、函数、变量均采用 extern 进行说明，并且放在主程序之前，格式如下：

extern　返回值类型　函数名称(参数类型表);

extern　变量类型　变量名;

返回值类型和变量类型是 C 语言中函数、变量中所允许的任意类型，返回值类型默认为 int 型。在参数传递过程中，参数个数、类型、顺序要一一对应。

相应地，如前所述，被调用的汇编语言过程的各个标识符为了能被 C 语言程序调用，必须用 public 定义。

（3）关于寄存器的约定。汇编过程若用到寄存器 DS、CS、SS、BP、SP，并有可能会破坏其中的内容，则应进行保护，先将其内容压入栈中再使用，返回前弹出它们的内容；若需要使用标志寄存器的某一位在子程序和主程序间传递信息，也要注意保护标志寄存器；为保险起见，建议总是保护 SI、DI，因为 C 程序若启用了寄存器变量，会将 SI、DI 作为寄存器变量；ES、AX、BX、CX、DX 及标志寄存器通常可以任意使用。如果有返回值，则应按照返回值传递规则由 AX 或 DX:AX 完成传递返回值的任务。

（4）关于参数传递的约定。将 C 语言程序中的参数传递到汇编程序是通过堆栈操作进行的。参数传递分传递值和传递指针两种。传递值是把参数值直接压入栈中；传递指针则是把参数的地址压入栈中，而且还要区别是近（程）指针还是远（程）指针。近指针的地址为偏移值，只占两个字节；远指针的地址为段值及偏移值，占 4 个字节。

C 语言中非数组的变量传递值：C 语言程序传递到汇编的参数若是基本数据类型之一，则该参数实际值被拷贝到堆栈中，执行时，将从堆栈中取出其参数值；数组变量是传送地址：使用关键字 NEAR 时传递近指针，使用关键字 FAR 时传递远指针。还可以用"&变量"表示变量的地址，用"*指针变量"表示值。

C 语言参数压入栈的顺序是按照调用语句中参数出现的顺序从右到左进行的。

设有下列 C 语言调用语句：

cprog(int　a,int　b,int　c,int　d);

先压入参数 d，再依次压入参数 c、b、a。如图 11-1 为近调用和远调用的堆栈情况。

参数的访问可以通过 BP 寄存器间接存取。为了不破坏 BP 寄存器，可以用下列语句进行保护：

PUSH　　BP

MOV　　　BP,SP

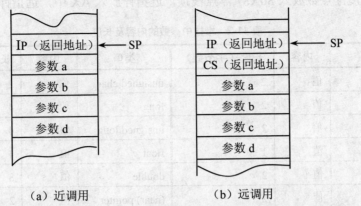

（a）近调用　　　　　　　（b）远调用

图 11-1　C 语言调用汇编语言过程参数的传递（堆栈生长方向为自底向上）

注意：调用时总是先压入参数后再压入返回地址。近调用返回地址占两个字节，故第一个参数地址为[BP+4]；远调用返回地址占 4 个字节，故第一个参数地址为[BP+6]。调用结束时，由主程序完成参数出栈。

（5）局部变量的约定。汇编过程的局部变量可以在堆栈中开辟。例如，使用两个变量，则可使(SP)-4→SP（开辟栈空间），这样两个局部变量的地址则为[BP-2]和[BP-4]。这个方法对于多个局部变量也适用，只要多开辟栈空间即可。

（6）过程结束处理的约定。汇编过程结束时要返回运算结果并恢复堆栈空间。运算结果可以传送到主程序提供的参数中，也可以传送到寄存器中。当运算结果传送到寄存器中时：若返回值为单字节则放入 AL 中；若返回值为单字则放入 AX 中；若返回值为双字则放入 DX:AX 中，高字放在 DX 中，低字放在 AX 中；对于多于两个字的结果（如结构变量、浮点数、双精度数）可以放在汇编语言的数据段空间中，然后将地址作为远指针（对远程数据段）或近指针（对近程数据段）返回给 C 语言主程序。表 11-1 所示是返回值与寄存器的对应关系。

表 11-1　返回值与寄存器的对应关系

C 程序中的数据类型	汇编语言返回值存储单元
char,unsigned char,NEAR 指针	AL
short,unsigned short,int,unsigned int	AX
long,unsigned long,float	高字节在 DX 中，低字节在 AX 中
double	静态存储区，指针在 AX 中
FAR 指针	段值在 DX 中，偏移量在 AX 中

调用返回时 C 语言对堆栈空间的恢复只要执行以下 3 条语句即可：

```
MOV    SP,BP
POP    BP
RET
```

2. Turbo C 语言调用汇编语言过程的约定

Turbo C 语言与 Microsoft C 语言的约定基本一致，其参数在堆栈中的内容及长度如表 11-2 所示，返回值不多于 16 位的放入 AX 中，大于字长而不超过双字长的放入 DX 与 AX（存放低位）中，双精度浮点数放入 80X87 浮点栈顶，近指针放入 AX 中，远指针放入 DX:AX 中。

表 11-2   堆栈中参数的内容及长度

类型	内容	长度（字节数）	类型	内容	长度（字节数）
int	值	2	unsigned char	值	2
signed int	值	2	long	值	4
unsigned int	值	2	unsigned long	值	4
char	值	1	float	值	4
short	值	2	double	值	8
signed char	值	2	(near) pointer	值	2
signed short	值	2	(far) pointer	值	4
unsigned short	值	2			

3．C 语言调用汇编语言的一般格式

C 语言调用汇编语言子程序，要求汇编语言按一定格式书写。汇编模块应是子程序形式，汇编程序的存储模式与 C 语言的存储模式必须一致。汇编程序的存储模式包括 small（小模式）、medium（中模式）、compact（紧凑模式）、large（大模式）和 huge（巨型模式）。C 和汇编语言的默认模式均为 small（小模式）。

C 语言调用汇编语言的一般格式为：

正文段描述；

段模式；

组描述；

进栈；

分配局部数据存储区（可省）；

保存寄存器值；

程序主体；

送返回值到 C 语言程序；

恢复寄存器值；

退栈；

正文段结束。

正文段描述一般按如下形式给出：

subname(可省)   _TEXT SEGMENT BYTE PUBLIC 'CODE'

subname(可省)   _TEXT ENDS

段描述一般按如下形式给出：

DATA   SEGMENT WORD PUBLIC 'DATA'

_DATA   ENDS

CONST   SEGMENT WORD PUBLIC 'CONST'

CONST   ENDS

```
_BBS      SEGMENT  WORD   PUBLIC  'BBS'
_BBS      ENDS
```

组描述按如下形式给出：

```
DGROUP    GROUP DATA,CONST,BBS
```

进栈为：

```
PUSH   BP
MOV    BP,SP
```

分配局部数据存储区可以根据实际例子的需要而设置，不一定是必须的，通常使用堆栈段来实现。

保留寄存器的值主要是保留在子程序体中被破坏了值的寄存器，如 SI、DI 和 DS，只需要在子程序体之前加上 PUSH 寄存器名指令即可。

送返回值是自动的，唯一需要做的是把要返回的值放在适合该值返回的寄存器中，如返回一个整型数据，则只需将其存入 AX 寄存器中。

恢复寄存器的值需要将在子程序体前保留的那些寄存器的值弹出，若保留了局部数据空间，则可以使用指令 MOV SP,BP 来恢复。

C 程序调用的汇编子程序要用 PUBLIC 说明，其类型属性是 NEAR 还是 FAR 取决于 C 程序的存储模式：若存储模式为 small 和 compact，则调用方式为 NEAR；若存储模式为 medium、large 和 huge，则调用方式为 FAR。

4. C 与汇编的模块连接实例程序

下面的 C 主程序通过调用汇编子程序在屏幕上点（25，20）的位置显示一个字符。C 主程序传递一个字符的 ASCII 码到汇编子程序中，汇编子程序接收该值并利用 INT 10H 的 09 号子功能显示它。

【例 11-5】程序的源代码。其中 C 主程序为：

```
#include<stdio.h>
extern void show(int);
int main(void)
{   show(97);    /*调用汇编子程序显示*/
    return 0;
}
```

汇编子程序 SHOW.ASM 为：

```
_test segment byte public 'code'                    ;正文段
_test ends
_data segment                                       ;段描述
_data ends
_bss segment word public 'bss'
_bss ends
dgroup     group _data, _bss                        ;组描述
           assume cs:_test,ds:dgroup
_test      segment
           public _show
_show      proc near
           push bp
```

```
        mov    bp,sp
        push   ds
        mov    ax,0
        push   ax
        mov    ah,2              ;置光标位置
        mov    bh,0              ;选 0 页
        mov    dh,20             ;Y=20
        mov    dl,25             ;X=25
        int    10h
        mov    ah,9              ;显示字符
        mov    al,byte ptr[bp+4] ;C 所传递的参数是
                                 ;所写字符
        mov    bh,0              ;选 0 页
        mov    bl,7              ;正常显示方式
        mov    cx,1              ;字符计数
        int    10h
        pop    ax
        pop    ds
        mov    sp,bp
        pop    bp
        ret
_show   endp
_test   ends
        end
```

编译、连接的过程如下：

（1）输入 MASM SHOW.ASM 汇编，生成 SHOW.OBJ 目标文件。

（2）建立 linkshow.prj 文件。选择 Turbo C 集成开发环境中的 project/project name。写入一个.PRJ 的项目文件，本例设为 linkshow.prj，其中的内容如下：

1inkshow.C（假设 C 主程序名为 linkshow）

show.obj

（3）在 Turbo C 开发环境下将 option 选项下的 compile model 置为 small，linker 选项中的 case _sensitive link 置成 off；project 选项中的 project name 子项为 linkshow.prj，激活此工程文件；在 compile 选项中选择 build all 生成 linkshow.exe 文件。

（4）编译连接时最好关闭 options／linker 中的大小写敏感开关。

11.3.2　C/C++语言程序调用汇编语言的行内汇编法

在 C 语言的程序中直接嵌入汇编语言语句，方法是在嵌入的汇编语句前用关键字 asm 进行说明，格式如下：

asm<操作码><操作数><;或换行符>

其中，操作码可以是任何一条有效的 80X86 指令或汇编语言伪指令；操作数可以是 CPU 内部寄存器或 C 语言源程序中定义的变量、常量和标号；内嵌的汇编语言语句可以用分号或换行符结束；注释部分用 C 语言的标准"/*……*/"格式；同一行内可以有多条内嵌的汇编语句，语句间必须用";"隔开，但一条汇编语句不能跨行。

　　在 C 语言的程序中直接嵌入汇编语言语句，不需要考虑汇编与 C 语言程序的存储模式等编程接口问题。

　　【例 11-6】　编写 C 语言程序，从键盘输入原始数据，并利用嵌入的汇编语句将其乘 2，将结果输出。

```
main()
{
int i,j;
printf("请输入原始数据：i=");
scanf("%d",&i);
asm mov ax,i;
asm mov cl,2;
asm mul cl;
asm mov j,ax;
printf("\n 结果为：%d*2 = %d",i,j);
}
```

　　Turbo C 的嵌入汇编语句的 C 语言程序只能采用命令行的编译连接方法，命令格式为：

　　TCC _B _L:\LIB　文件名　库文件名

　　其中，_B 是必须的，告诉 TCC 编译器需要进行嵌入汇编。若不用_B 选项，则可以在 C 语言程序中加上#program inline 语句，否则编译出错。_L 指定连接所需要的库文件名，即路径，Turbo C 标准库可省略。汇编时 TCC 要用到 TASM.EXE，可以把 MASM 3.0 以上版本的 MASM.EXE 直接改名为 TASM.EXE，否则编译出错。

本章小结

　　汇编程序是汇编语言程序设计的一个重要步骤，它可以把汇编语言源程序模块转换为二进制的目标模块。连接程序是汇编语言程序设计的另一个重要步骤，它按目标模块行中用户所键入文件名的次序来实行连接，装入模块即可执行 EXE 文件，即在汇编程序生成目标程序文件（*.OBJ）的基础上进一步来生成可执行文件（*.EXE）。连接时要注意多个模块组合时的情况，不同的选项会产生不同的连接效果，而且多个模块连接时的变量传送问题也要引起注意。

　　在 C/C++语言程序与汇编语言程序连接时，通常主模块是 C/C++语言程序，部分子模块是汇编语言程序，它们统一使用 C/C++语言程序中的堆栈。主模块与子模块间采用近调用和远调用来实现程序转移，相应的汇编语言程序设计成近过程和远过程，且不设置堆栈。模块间的参数传递多数使用堆栈方法，有时也用寄存器返回运算结果。除了模块连接方式外，也可采用行汇编法在 C/C++语言源程序中嵌入汇编语言实现混合编程。

习题 11

　　1. 有两个源模块如下：
```
    ; 源模块 1
    s_seg       segment   stack
                dw      128   dup(?)
```

```
              top         label    word
          s_seg           ends
          d_seg           segment   common
              var         db       50 dup(?)
          d_seg           ends
          e_seg           segment at 1000h
              area        dw       70 dup(0)
          e_seg           ends
          c_seg           segment   public
                            ⋮
                          (500h bytes)
                            ⋮
          c_seg   ends
              end
          ; 源模块 2
          s_seg           segment   stack
                          dw       64 dup(?)
          s_seg           ends
          d_seg           segment   common
          vect            dw       30
          d_seg           ends
          c_seg           segment public
                            ⋮
                          (1000h bytes)
                            ⋮
          c_seg           ends
              end
```

假设连接程序以 S_SEG、D_SEG 和 C_SEG 的次序建立段，堆栈的栈顶地址为 20000，试画图说明各段在存储器中所占的地址区。

2．以下一组代码，试说明其中哪些段地址和偏移地址是由汇编程序确定的，哪些是由连接程序确定的，为什么？

```
          extrn       cost:word,routine:far
          public      begin
          data_1      segment
              total   dw   50 dup(?)
              num     dw   ?
          data_1      ends
          data_2      segment
              part    dw   100 dup(?)
          data_2      ends
          code        segment
                ⋮
              mov     ax,data_1
              mov     ds,ax
                ⋮
              mov     ax,seg cost
```

```
        mov      es,ax
        mov      ax,total
        add      ax,es:cost
          ⋮
        mov      ax,data_2
        mov      es,ax
        inc      es:part[si]
        mov      cx,num
        cmp      total[di],cx
        je       next
        jmp      far ptr routine
next:
          ⋮
        ret
    code     ends
        end
```

3．假定一个名为 MAINPRO 的程序要调用子程序 SUBPRO，试问：

（1）MAINPRO 中的什么指令告诉汇编程序 SUBPRO 是在外部定义的？

（2）SUBPRO 怎么知道 MAINPRO 要调用它？

4．假定程序 MAINPRO 和 SUBPRO 不在同一个模块中，MAINPRO 中定义字节变量 QTY 和字变量 VALUE 和 PRICE。SUBPRO 程序要把 VALUE 除以 QTY，并把商存放在 PRICE 中。试问：

（1）MAINPRO 怎样告诉汇编程序外部子程序要调用这三个变量？

（2）SUBPRO 怎样告诉汇编程序这三个变量是在另一个汇编语言程序中定义的？

5．假设：

（1）在模块 1 中定义了双字变量 VAR1、首地址为 VAR2 的字节数组和 NEAR 标号 LAB1，它们将由模块 2 和模块 3 所使用。

（2）在模块 2 中定义了字变量 VAR3 和 FAR 标号 LAB2，而模块 1 中要用到 VAR3，模块 3 中要用到 LAB2。

（3）在模块 3 中定义了 FAR 标号 LAB3，而模块 2 中要用到它。

试对每个源模块给出必要的 EXTRN 和 PUBLIC 说明。

6．试编写一个执行以下计算的子程序 COMPUTE：

$$R \leftarrow X+Y-3$$

其中 X、Y 及 R 均为字数组。假设 COMPUTE 与其调用程序都在同一代码段中，数据段 D_SEG 中包含 X 和 Y 数组，数据段 E_SEG 中包含 R 数组，同时写出主程序调用 COMPUTE 过程的部分。

如果主程序和 COMPUTE 在同一程序模块中，但不在同一代码段中，程序应如何修改？

如果主程序和 COMPUTE 不在同一程序模块中，程序应如何修改？

7．编程实现：主程序通过调用子程序把变量 NUM 的值加 1 并输出 NUM 的值。其中，主程序使用 C 语言编写，子程序使用汇编语言编写。

附录 A 8086 指令系统

表 A-1 指令符号说明

符号	说明
r8	任意一个 8 位通用寄存器 AH、AL、BH、BL、CH、CL、DH、DL
r16	任意一个 16 位通用寄存器 AX、BX、CX、DX、SI、DI、BP、SP
reg	代表 r8、r16
seg	段寄存器 CS、DS、ES、SS
m8	一个 8 位存储器操作数单元
m16	一个 16 位存储器操作数单元
mem	代表 m8、m16
i8	一个 8 位立即数
i16	一个 16 位立即数
imm	代表 i8、i16
dest	目的操作数
src	源操作数
label	标号

表 A-2 指令汇编格式

指令类型	指令汇编格式		指令功能简介
传送指令	MOV	reg/mem,imm	dest←src
	MOV	reg/mem/seg,reg	
	MOV	reg/seg,mem	
	MOV	reg/mem,seg	
交换指令	XCHG	reg,reg/mem	Reg←→reg/mem
	XCHG	reg/mem,reg	
转换指令	XLAT	label	AL←[BX+AL]
	XLAT		
堆栈指令	PUSH	rl6/m16/seg	寄存器/存储器入栈
	POP	rl6/m16/seg	寄存器/存储器出栈
标志传送	CLC		CF←0
	STC		CF←1
	CMC		CF←~CF
	CLD		DF←0
	STD		DF←1

续表

指令类型	指令汇编格式		指令功能简介
标志传送	CLI		IF←0
	STI		IF←1
	LAHF		AH←FLAG 低字节
	SAHF		FLAG 低字节←AH
	PUSHF		FLAGS 入栈
	POPF		FLAGS 出栈
地址传送	LEA	r16,mem	r16←16 位有效地址
	LDS	r16,mem	DS：r16←32 位远指针
	LES	r16,mem	ES：r16←32 位远指针
输入	IN	AL/AX,i8/DX	AL/AX←I/O 端口 i8/DX
输出	OUT	i8/DX,AL/AX	I/O 端口 i8/DX←AL/AX
加法运算	ADD	reg,imm/reg/mem	dest←dest+src
	ADD	mem,imm/reg	
	ADC	reg,imm/reg/mem	dest←dest+src+CF
	ADC	mem,imm/reg	
	INC	reg/mem	reg/mem←reg/mem+1
减法运算	SUB	reg,imm/reg/mem	dest←dest-src
	SUB	mem,imm/reg	
	SBB	reg,imm/reg/mem	dest←dest-src-CF
	SBB	mem,imm/reg	
	DEC	reg/mem	Reg/mem←reg/mem-1
	NEG	reg/mem	Reg/mem←0-reg/mem
	CMP	reg,imm/reg/mem	dest-src
	CMP	mem,imm/reg	
乘法运算	MUL	reg/mem	无符号数值乘法
	IMUL	reg/mem	有符号数值乘法
除法运算	DIV	reg/mem	无符号数值除法
	IDIV	reg/mem	有符号数值除法
符号扩展	CBW		把 AL 符号扩展为 AX
	CWD		把 AX 符号扩展为 DX:AX
十进制调整	DAA		将 AL 中的加和调整为压缩 BCD 码
	DAS		将 AL 中的减差调整为压缩 BCD 码
	AAA		将 AL 中的加和调整为非压缩 BCD
	AAS		将 AL 中的减差调整为非压缩 BCD
十进制调整	AAM		将 AX 中的乘积调整为非压缩 BCD
	AAD		将 AX 中的非压缩BCD码扩展成二进制数

指令类型	指令汇编格式	指令功能简介
逻辑运算	AND　reg,imm/reg/mem	dest←dest AND src
	AND　mem,imm/reg	
	OR　reg,imm/reg/mem	dest←dest OR src
	OR　mem,imm/reg	
	XOR　reg,imm/reg/mem	dest←dest XOR src
	XOR　mem,imm/reg	
	TEST　reg,imm/reg/mem	dest AND src
	TEST　mem,imm/reg	
	NOT　reg/mem	reg/mem←NOT reg/mem
移位	SAL　reg/mem,1/CL	算术左移 1/CL 指定的次数
	SAR　reg/mem,1/CL	算术右移 1/CL 指定的次数
	SHL　reg/mem,1/CL	与 SAL 相同
	RCR　reg/mem,1/CL	带进位循环右移 1/CL 指定的次数
串操作	MOVS[B/W]	串传送
	LODS[B/W]	串读取
	STOS[B/W]	串存储
	CMPS[B/W]	串比较
	SCAS[B/W]	串扫描
	REP	重复前缀
	REPZ/REPE	相等重复前缀
	REPNZ/REPNE	不等重复前缀
控制转移	JMP label	无条件直接转移
	JMP rl6/m16	无条件间接转移
	Jcc label	条件转移
循环	LOOP　label	CX←CX-1；若 CX≠0,循环
	LOOPZ/LOOPE　label	CX←CX-1；若 CX≠0 且 ZF=1,循环
	LOOPNZ/LOOPNE　label	CX←CX-1；若 CX≠0 且 ZF=0,循环
	JCXZ　label	CX=0,循环
子程序	CALL　label	直接调用
	CALL　rl6/m16	间接调用
	RET	无参数返回
	RETil6	有参数返回
中断	INTi8	中断调用
	IRET	中断返回
	INTO	溢出中断调用
处理器控制	NOP	空操作指令
	SEG:	段超越前缀
	HLT	停机指令
	LOCK	封锁前缀
	WAIT	等待指令
	ESCi8,reg/mem	交给浮点处理器的浮点指令

表 A-3　状态符号说明

符号	说明
—	标志位不受影响（没有改变）
0	标志位复位（置 0）
1	标志位置位（置 1）
x	标志位按定义功能改变
#	标志位按指令的特定说明改变（参见第 2 章和第 3 章的指令说明）
u	标志位不确定（可能为 0，也可能为 1）

表 A-4　指令对状态标志的影响（未列出的指令不影响标志）

指令	OF	SF	ZF	AF	PF	CF0
SAHF	—	#	#	#	#	#
POPF/IRET	#	#	#	#	#	#
ADD/ADC/SUB/SBB/CMP/NEG/CMPS/SCAS	x	x	x	x	x	x
INC/DEC	x	x	x	x	x	—
MUL/IMUL	#	u	u	u	u	#
DIV/IDIV	u	u	u	u	u	u
DAA/DAS	u	x	x	x	x	x
AAA/AAS	u	u	u	x	u	x
AAM/AAD	u	x	x	u	x	u
AND/OR/XOR/TEST	0	x	x	u	x	0
SAL/SAR/SHL/SHR	#	x	x	u	x	#
ROL/ROR/RCL/RCR	#	—	—	—	—	#
CLC/STC/CMC	—	—	—	—	—	#

附录 B　DOS 系统功能调用（INT 21H）

AH	功能	调用参数	返回参数
00	程序终止（同 INT 21H）	CS=程序段前缀 PSP	
01	键盘输入并回显		AL=输入字符
02	显示输出	DL=输出字符	
03	辅助设备（COM1）输入		AL=输入数据
04	辅助设备（COM1）输出	DL=输出字符	
05	打印机输出	DL=输出字符	
06	直接控制台 I/O	DL=FF（输入） DL=字符（输出）	AL=输入字符
07	键盘输入（无回显）		AL=输入字符
08	键盘输入（无回显） 检测 Ctrl+Break 或 Ctrl+C		AL=输入字符
09	显示字符串	DS:DX=串地址 字符串以 '$' 结尾	
0A	键盘输入到缓冲区	DS:DX=缓冲区首址 (DS:DX)=缓冲区最大字符数 (DS:DX+1)=实际输入字符数	
0B	检验键盘状态		AL=00 有输入 AL=FF 无输入
0C	清除缓冲区并请求指定的输入功能	AL=输入功能号（1，6，7，8）	
0D	磁盘复位		清除文件缓冲区
0E	指定当前默认的磁盘驱动器	DL=驱动器号 （0=A，1=B，…）	AL=系统中的驱动器数
0F	打开文件（FCB）	DS:DX=FCB 首地址	AL=00 文件找到 AL=FF 文件未找到
10	关闭文件（FCB）	DS:DX=FCB 首地址	AL=00 目录修改成功 AL=FF 目录中未找到文件
11	查找第一个目录项（FCB）	DS:DX=FCB 首地址	AL=00 找到匹配的目录项 AL=FF 未找到匹配的目录项
12	查找下一个目录项（FCB） 使用通配符进行目录项查找	DS:DX=FCB 首地址	AL=00 找到匹配的目录项 AL=FF 未找到匹配的目录项

续表

AH	功能	调用参数	返回参数
13	删除文件（FCB）	DS:DX=FCB 首地址	AL=00 删除成功 AL=FF 文件未删除
14	顺序读文件（FCB）	DS:DX=FCB 首地址	AL=00 读成功 AL=01 文件结束，未读到数据 AL=02 DTA 边界错误 AL=03 文件结束，记录不完整
15	顺序写文件（FCB）	DS:DX=FCB 首地址	AL=00 写成功 AL=01 磁盘满或是只读文件 AL=02 DTA 边界错误
16	建文件（FCB）	DS:DX=FCB 首地址	AL=00 建文件成功 AL=FF 磁盘操作有错
17	文件改名（FCB）	DS:DX=FCB 首地址	AL=00 文件被改名 AL=FF 文件未改名
19	取当前默认磁盘驱动器 0=A，1=B，2=C，…	AL=00 默认的驱动器号	
1A	设置 DTA 地址	DS:DX=DTA 地址	
lB	取默认驱动器 FAT 信息		AL=每簇的扇区数 DS:BX=指向介质说明的指针 CX=物理扇区的字节数 DX=每磁盘簇数
lC	取指定驱动器 FAT 信息		同上
1F	取默认磁盘参数块		AL=00 无错 AL=FF 出错 DS:BX=磁盘参数块地址
21	随机读文件（FCB）	DS:DX=FCB 首地址	AL=00 读成功 AL=0l 文件结束 AL=02 DAT 边界错误 AL=03 读部分记录
22	随机写文件（FCB）	DS:DX=FCB 首地址	AL=00 写成功 AL=0l 磁盘满或是只读文件 AL=02 DAT 边界错误
23	测文件大小（FCB）	DS:DX=FCB 首地址	AL=00 成功，记录数填入 FCB AL=FF 未找到匹配的文件
24	设置随机记录号	DS:DX=FCB 首地址	
25	设置中断向量	DS:DX=中断向量 AL=中断类型号	
26	建立程序段前缀 PSP	DX=新 PSP 段地址	

AH	功能	调用参数	返回参数
27	随机分块读（FCB）	DS:DX=FCB 首地址 CX=记录数	AL=00 读成功 AL=01 文件结束 AL=02 DTA 边界错误 AL=03 读入部分记录 CX=读取的记录数
28	随机分块写（FCB）	DS:DX=FCB 首地址 CX=记录数	AL=00 写成功 AL=01 磁盘满或是只读文件 AL=02DAT 边界错误
29	分析文件名字符串（FCB）	ES:DI=FCB 首地址 DS:SI=ASCIIZ 串	AL=00 标准文件 AL=01 多义文件 AL=02 DAT 边界错误
2A	取系统日期		CX=年（1980～2099） DH=月（1～12）DL=日（1～31） AL=星期（0～6）
2B	置系统日期	CX=年（1980～2099） DH=月（1～12） DL=日（1～31）	AL=00 成功 AL =FF 无效
2C	取系统时间		CH:CL=时:分 DH:DL=秒:1/100 秒
2D	置系统时间	CH:CL=时:分 DH:DL=秒:l/100 秒	AL=00 成功 AL =FF 无效
2E	设置磁盘检验标志	AL=00 关闭检验 AL =FF 打开检验	
2F	取 DAT 地址		ES:BX=DAT 首地址
30	取 DOS 版本号		AL=版本号　AH=发行号 BH=DOS 版本标志 BL:CX=序号（24 位）
31	结束并驻留	AL=返回号　DX=驻留区大小	
32	取驱动器参数块	DL=驱动器号	AL=FF 驱动器无效 DS:BX=驱动器参数块地址
33	Ctrl+Break 检测	AL=00 取标志状态	DL=00 关闭检测 DL=01 打开检测
35	取中断向量	AL=中断类型号	ES:BX=驱动器参数块地址
36	取空闲磁盘空间	DL=驱动器号 0=默认，1=A，2=B，…	成功:AX=每簇扇区数 BX=可用扇区数 CX=每扇区字节数 DX=磁盘总扇区数
39	建立子目录	DS:DX=ASCII Z 串	AX=错误代码

AH	功能	调用参数	返回参数
3A	删除子目录	DS:DX=ASCII Z 串	AX=错误代码
3B	设置目录	DS:DX=ASCII Z 串	AX=错误代码
3C	建立文件	DS:DX=ASCII Z 串 CX=文件属性	成功:AX=文件代号 失败:AX=错误代码
3D	打开文件	DS:DX=ASCII Z 串 AL=访问和文件的共享方式 0=读，1=写，2=读/写	成功:AX=文件代号 失败:AX=错误代码
3E	关闭文件	BX=文件代号	失败:AX=错误代码
3F	读文件或设备	DS:DX=ASCII Z 串 BX=文件代号 CX=读取的字节数	成功:AX=实际读入的字节数 AX=0 已到文件末尾 失败:AX=错误代码
40	写文件或设备	DS:DX=ASCII Z 串 BX=文件代号 CX=写入的字节数	成功:AX=实际写入的字节数 失败:AX=错误代码
41	删除文件	DS:DX=ASCII Z 串	成功:AX=00 失败:AX=错误代码
42	移动文件指针	BX=文件代号 CX:DX=位移量 AL=移动方式	成功:DX:AX=新指针位置 失败:AX=错误码
43	置/取文件属性	DS:DX=ASCII Z 串地址 AL=00 取文件属性 AL=01 置文件属性 CX=文件属性	成功:CX=文件属性 失败:AX=错误码
44	设备驱动程序控制	BX=文件代号 AL=设备子功能代码（0~11H） 0=取设备息 1=置设备信息 2=读字符设备 3=写字符设备 4=读块设备	成功:DX=设备信息 AX=传送的字节数 失败:AX=错误码
44	设备驱动程序控制	5=写块设备 6=取输入状态 7=取输出状态 BL=驱动器代码 CX=读/写的字节数	
45	复制文件代号	BX=文件代号1	成功:AX=文件代号2 失败:AX=错误码

AH	功能	调用参数	返回参数
46	强行复制文件代号	BX=文件代号 1 CX=文件代号 2	失败:AX=错误码
47	取当前目录路径名	DL=驱动器号 DS:SI=ASCII Z 串地址 （从根目录开始的路径名）	成功:DS:SI=当前 ASCII Z 串地址 失败:AX=错误码
48	分配内存空间	BX=申请内存字节数	成功:AX=分配内存的初始段 地址 失败:AX=错误码 BX=最大可用空间
49	释放已分配内存	ES=内存起始段地址	失败:AX=错误码
4A	修改内存分配	ES=原内存起始段地址	失败:AX=错误码
4B	装入/执行程序	BX=新申请内存字节数 DS:DX=ASCII Z 串地址 ES:BX=参数区首地址 AL=00 装入并执行程序 AL=01 装入程序，但不执行	BX=最大可用空间 失败:AX=错误码
4C	带返回码终止	AL=返回码	
4D	取返回代码		AL=子出口代码 AH=返回代码 00=正常终止 01=用 Ctrl-c 终止 02=严重设备错误终止 03=用功能调用 31H 终上
4E	查找第一个匹配文件	DS:DX=ASCII Z 串地址 CX=属性	失败:AX=错误码
4F	查找下一个匹配文件	DTA 保留 4EH 的原始信息	失败:AX=错误码
50	置 PSP 段地址	BX=新 PSP 段地址	
51	取 PSP 段地址		BX=当前运行进程的 PSP
52	取磁盘参数块		ES:BX=参数块链表指针
53	把 BIOS 参数块（BPB）转换为 DOS 的驱动器参数块（DPB）	DS:SI=BPB 的指针 ES:BP=DPB 的指针	
54	取写盘后读盘的检验标志		AL=00 检验关闭 AL=01 检验打开
55	建立 PSP	DX=建立 PSP 的段地址	
56	文件改名	DS:DX=当前 ASCII Z 串地址 ES:DI=新 ASCII Z 串地址	失败:AX=错误码

续表

AH	功能	调用参数	返回参数
57	置/取文件日期和时间	BX=文件代号 AL=00 读取日期和时间 AL=0l 设置日期和时间 (DX:CX)=日期:时间	失败:AX=错误码
58	取/置内存分配策略	AL=00 取策略代码 AL=01 置策略代码 BX=策略代码	成功:AX=策略代码 失败:AX=错误码
59	取扩充错误码	BX=00	AX=扩充错误码 BH=错误类型 BL=建议的操作 CH=出错设备代码
5A	建立临时文件	CX=文件属性 DS:DX=ASCII Z 串（以\结束）地址	成功:AX=文件代号 DS:DX=ASCII Z 串地址 失败:AX=错误代码
5B	建立新文件	CX=文件属性 DS:DX=ASCII Z 串地址	成功:AX=文件代号 失败:AX=错误代码
5C	锁定文件存取	AL=00 锁定文件指定的区域 AL=01 开锁 BX=文件代号 CX:DX=文件区域偏移值 SI:DI=文件区域的长度	失败:AX=错误代码
5D	取/置严重错误标志的地址	AL=06 取严重错误标志的地址 AL=0A 置 ERROR 结构指针	DS:SI=严重错误标志的地址
60	扩展为全路径名	DS:SI=ASCII Z 串的地址 ES:DI=工作缓冲区地址	失败:AX=错误代码
62	取程序段前缀地址		BX=PSP 地址
68	刷新缓冲区数据到磁盘	AL=文件代号	失败:AX=错误代码
6C	扩充的文件打开/建立	AL=访问权限 BX=打开方式 CX=文件属性 DS:SI=ASCII Z 串地址	成功:AX=文件代号 CX=采取的动作 失败:AX=错误代码

附录 C　BIOS 功能调用

INT	AH	功能	调用参数	返回参数
10	0	设置显示方式	AL=00　40×25　黑白文本，16 级灰度 　=01　40×25　16 色文本 　=02　80×25　黑白文本，16 级灰度 　=03　80×25　16 色文本 　=04　320×200　4 色图形 　=05　320×200　黑白图形，4 级灰度 　=06　640×200　黑白图形 　=07　80×25　黑白文本 　=08　160×200　16 色图形（MCGA） 　=09　320×200　16 色图形（MCGA） 　=0A　640×200　4 色图形（MCGA） 　=0D　320×200　16 色图形 　=0E　640×200　16 色图形 　=0F　640×350　单色图形 　=10　640×350　16 色图形 　=11　640×480　黑白图形（VGA） 　=12　640×480　16 色图形（VGA） 　=13　320×200　256 色图形（VGA）	
10	1	置光标类型	$(CH)_{0-3}$=光标起始行 $(CL)_{0-3}$=光标结束行	
10	2	置光标位置	BH=页号 DH/DL=行/列	
10	3	读光标位置	BH=页号	CH=光标起始行 CL=光标结束行 DH/DL=行/列
10	4	读光笔位置		AX=0 光笔未触发 =1 光笔触发 CH/BX=像素行/列 DH/DL=字符行/列
10	5	置当前显示页	AL=页号	
10	6	屏幕初始化或上卷	AL=0 初始化窗口 AL=上卷行数　BH=卷入行属性 CH/CL=左上角行/列号 DH/DL=右上角行/列号	

INT	AH	功能	调用参数	返回参数
10	7	屏幕初始化 或下卷	AL=0　初始化窗口 AL=下卷行数 BH=卷入行属性 CH/CL=左上角行/列号 DH/DL=右上角行/列号	
10	8	读光标位置的 字符和属性	BH=显示页	AH/AL=字符/属性
10	9	在光标位置显示 字符和属性	BH=显示页 AL/BL=字符/属性 CX=字符重复次数	
10	A	在光标位置 显示字符	BH=显示页 AL=字符 CX=字符重复次数	
10	B	置彩色调色板	BH=彩色调色板 ID BL=和 ID 配套使用的颜色	
10	C	写像素	AL=颜色值　　BH=页号 DX/CX=像素行/列	
10	D	读像素	BH=页号 DX/CX=像素行/列	AL=像素的颜色值
10	E	显示字符 （光标前移）	AL=字符 BH=页号　　BL=前景色	
10	0F	取当前显示方式		BH=页号 AH=字符列数 AL=显示方式
10	10	置调色板寄存器	AL=0　BL=调色板号　BH=颜色值	
10	11	装入字符发生器 （EGA/VGA）	AL=0～4 全部或部分装入字符点阵集 AL=20～24 置图形方式显示字符集 AL=30 读当前字符集信息	ES:BP=字符集位置
10	12	返回当前适配器 设置的信息 （EGA/VGA）	BL=10H（子功能）	BH=0 单色方式 =1 彩色方式 BL=VRAM 容量 CH=特征位设置 CL=EGA 的开关设置
10	13	显示字符串	ES:BP=字符串地址 AL=写方式（0～3） CX=字符串长度 DH/DI=起始行/列 BH/DI/=页号/属性	

INT	AH	功能	调用参数	返回参数
11		取设备信息		AX=返回值（位映像） 0=设备未安装 1=设备已安装
12		取内存容量		AX=字节数（KB）
13	0	磁盘复位	DL=驱动器号 （00，01 为软盘，80h、…为硬盘）	失败：AH=错误码
13	1	读磁盘驱动器状态		AL=状态字节
13	2	读磁盘扇区	AL=扇区数 $(CL)_{6-7}(CH)_{0\sim7}$=磁道号 $(CL)_{0\sim7}$=扇区号 DH/DL=磁头号/驱动器号 ES:BX=数据缓冲区地址	读成功：AH=0 AL=读取的扇区数 读失败： AH=错误码
13	3	写磁盘扇区	同上	写成功：AH=0 AL=写入的扇区数 写失败：AH=错误码
13	4	检验磁盘扇区	AL=扇区数 $(CL)_{6-7}(CH)_{0\sim7}$=磁道号 $(CL)_{0\sim5}$=扇区号 DH/DI=磁头号/驱动器号	成功：AH=0 AL=检验的扇区数 失败：AH=错误码
13	5	格式化盘磁道	AL=扇区数 $(CL)_{6-7}(CH)_{0\sim7}$=磁道号 $(CL)_{0\sim5}$=扇区号 DH/DL=磁头号/驱动器号 ES:BX=格式化参数表指针	成功：AH=0 失败：AH=错误码
14	0	初始化串行口	AL=初始化参数 DX=串行口号	AH=通信口状态 AL=调制解调器状态
14	1	向通信口写字符	AL=字符 DX=通信口号	写成功：(AH)=0 写失败：(AH)=1 $(AH)_{0\sim6}$=通信口状态
14	2	从通信口读字符	DX=通信口号	读成功：(AH)=0 (AL)=字符 读失败：$(AH)_7$=1
14	3	取通信口状态	DX=通信口号	AH=通信口状态 AL=调制解调器状态
14	4	初始化扩展 COM		
14	5	扩展 COM 控制		
15	0	启动盒式磁带机		

INT	AH	功能	调用参数	返回参数
15	1	停止盒式磁带机		
15	2	磁带分块读	ES:BX=数据传输区地址 CX=字节数	AH=状态字节 　=00 读成功 　=01 冗余检验错 　=02 无数据传输 　=04 无引导 　=80 非法命令
15	3	磁带分块读	DS:BX=数据传输区地址 CX=字节数	AH=状态字节 （同上）
16	0	从键盘读字符		AL=字符码 AH=扫描码
16	1	取键盘缓冲 状态		ZF=0 AL=字符码 AH=扫描码 ZF=l　缓冲区无按键 等待
16	2	取键盘标志字节	AL=键盘标志字节	
17	0	打印字符 回送状态字节	AL=字符	AH=打印机状态字节 DX=打印机号
17	1	初始化打印机 回送状态字节	DX=打印机号	AH=打印机状态字节
17	2	取打印机状态	DX=打印机号	AH=打印机状态字节
18		ROMBASIC 语言		
19		引导装入程序		
1A	0	读时钟		CH:CL=时:分 DH:DL=秒:1/100 秒
1A	1	置时钟	CH:CL=时:分 DH:DL=秒:l/100 秒	

附录 D 80X86 中断向量

表 D-1 80X86 中断向量

I/O 地址	中断类型	功能
0～3	0	除法溢出中断
4～7	1	单步（用于 DEBUG）
8～B	2	非屏蔽中断（NMI）
C～F	3	断点中断（用于 DEBUG）
10～13	4	溢出中断
14～17	5	打印屏幕
18～1F	6、7	保留

表 D-2 8259 中断向量

I/O 地址	中断类型	功能
20～23	8	定时器（IRQ0）
24～27	9	键盘（IRQ1）
28～2B	A	彩色/图形（IRQ2）
2C～2F	B	串行通信 COM2（IRQ3）
30～33	C	串行通信 COM1（IRQ4）
34～37	D	LPT2 控制器中断（IRQ5）
38～3B	E	键盘控制器中断（IRQ6）
3C～3F	F	LPT1 控制器中断（IRQ7）

表 D-3 BIOS 中断

I/O 地址	中断类型	功能
40～43	10	视频显示 I/O
44～47	11	设备检验
48～4B	12	测定存储器容量
4C～4F	13	磁盘 I/O
50～53	14	RS-232 串行口 I/O
54～57	15	系统描述表指针
58～5B	16	键盘 I/O
5C～5F	17	打印机 I/O
60～63	18	ROM BASIC 入口代码
64～67	19	引导装入程序
68～6B	1A	日时钟

表 D-4 提供给用户的中断

I/O 地址	中断类型	功能
6C~6F	1B	Ctrl+Break 控制的软中断
70~73	1C	定时器控制的软中断

表 D-5 参数表指针

I/O 地址	中断类型	功能
74~77	1D	视频参数块
78~7B	1E	软盘参数块
7C~7F	1F	图形字符扩展码

表 D-6 DOS 中断

I/O 地址	中断类型	功能
80~83	20	DOS 中断返回
84~87	21	DOS 系统功能调用
88~8B	22	程序终止时 DOS 返回地址（用户不能直接调用）
8C~8F	23	Ctrl+Break 处理地址（用户不能直接调用）
90~93	24	严重错误处理（用户不能直接调用）
94~97	25	绝对磁盘读功能
98~9B	26	绝对磁盘写功能
9C~9F	27	终止并驻留程序
A0~A3	28	DOS 安全使用
A4~A7	29	快速写字符
A8~AB	2A	Microsoft 网络接口
B8~BB	2E	基本 SHELL 程序装入
BC~BF	2F	多路服务中断
CC~CF	33	鼠标中断
104~107	41	硬盘参数块
118~11B	46	第二硬盘参数表
11C~3FF	47~FF	BASIC 中断

参考文献

[1] 荆淑霞. 微机原理与汇编语言程序设计. 北京：中国水利水电出版社，2005.

[2] 钱晓捷，陈涛. 微型计算机原理及接口技术. 北京：机械工业出版社，1999.

[3] 钱晓捷，陈涛. 16/32 位微机原理、汇编语言及接口技术. 北京：机械工业出版社，2001.

[4] 钱晓捷. 汇编语言程序设计. 北京：电子工业出版社，2000.

[5] 潘峰. 微型计算机原理与汇编语言. 北京：电子工业出版社，1999.

[6] 沈美明，温冬婵. IBM-PC 汇编语言程序设计. 北京：清华大学出版社，2001.

[7] 李文英，刘星，宋蕴新，李勤. 微机原理与接口技术. 北京：清华大学出版社，2001.

[8] 雷丽文，朱晓华，蔡征宇，缪均达. 微机原理与接口技术. 北京：电子工业出版社，1998.

[9] 邹广慧等. 汇编语言程序设计. 北京：机械工业出版社，2001.

[10] 潘名莲，马争，惠林. 微计算机原理. 北京：电子工业出版社，1994.

[11] 徐建民. 汇编语言程序设计. 北京：电子工业出版社，2001.

[12] 李怀强. 全国计算机等级考试三级教程——PC 技术考点与题解. 北京：中国经济出版社，2002.

[13] 沈美明，温冬婵. 80X86 汇编语言程序设计. 北京：清华大学出版社，2001.